高等学校电子与电气工程及自动化专业“十二五”规划教材

现代控制理论基础

（第二版）

舒欣梅　龙　驹　宋潇潇　编著

西安电子科技大学出版社

内容简介

本书是针对理工科电气类专业高年级本科生编写的控制领域基础理论教材。全书共分7章。第0章为绪论。第1章介绍了现代控制理论的基础——状态空间描述。第2～4章着重于控制系统分析，介绍了在已知数学模型的情况下，系统的运动规律和能控性、能观性、稳定性等系统基本结构特性。第5章着重于控制系统设计，介绍了状态反馈、极点配置等状态空间设计方法。第6章介绍了最优控制的一些基本理论和方法。本书的一大创新是引入了国际控制界最流行的软件MATLAB辅助分析和设计控制系统的相应内容，这部分内容可以有效巩固理论知识，弥补教学实践中存在的薄弱环节，有利于提高学生的系统分析和综合能力。

本书可作为高等工科院校自动控制及相关专业高年级本科生或研究生教材，也可供相关领域的工程技术人员、科研工作者参考和自学。

图书在版编目(CIP)数据

现代控制理论基础/舒欣梅，龙驹，宋潇潇编著. —2版. —西安：西安电子科技大学出版社，2013.7
高等学校电子与电气工程及自动化专业"十二五"规划教材
ISBN 978-7-5606-3088-5

Ⅰ. ① 现… Ⅱ. ① 舒 ② 龙… ③ 宋 Ⅲ. ① 现代控制理论—高等学校—教材 Ⅳ. ① O231

中国版本图书馆CIP数据核字(2013)第145680号

策　　划　马乐惠
责任编辑　阎　彬　马乐惠
出版发行　西安电子科技大学出版社(西安市太白南路2号)
电　　话　(029)88242885　88201467　　邮　　编　710071
网　　址　www.xduph.com　　电子邮箱　xdupfxb001@163.com
经　　销　新华书店
印刷单位　西安文化彩印厂
版　　次　2013年7月第2版　2013年7月第2次印刷
开　　本　787毫米×1092毫米　1/16　印　张　10
字　　数　225千字
印　　数　4001～7000册
定　　价　17.00元
ISBN 978-7-5606-3088-5/O

XDUP 3380002-2

第二版前言

本书是2008年出版的《现代控制理论基础》的修订本。自第一版出版以来，该书受到广泛欢迎，为多所高等院校选用。

与第一版相比，第二版在保持原书主要风格和内容的基础上，对部分章节及内容进行了一些调整。修正了第一版中的一些错误，增加了贴近工程实际的例题，使论证和实例更好地结合起来。

本书共分7章。第0章为绪论。第1章介绍了现代控制理论的基础——状态空间描述。第2～4章着重于控制系统分析，介绍了在已知数学模型的情况下，系统的运动规律和能控性、能观性、稳定性等系统基本结构特性。第5章着重于控制系统设计，介绍了状态反馈、极点配置等状态空间设计方法。第6章为选学内容，介绍了最优控制的一些基本理论和方法。本书在第1～6章的最后一节，都介绍了国际控制界最流行的软件MATLAB辅助分析和设计控制系统的相应内容，探讨了控制系统模型的建立、控制系统工具箱的使用、现代控制系统频域和时域的分析与设计方法。

本书内容全面、重点突出，着重于基本概念和方法的介绍，尽量减少繁琐的数学推导，并给出一些结合工程实际的例题。在编写方法上，本书注意各章节之间内容的呼应，将论证和实例相结合，内容阐述循序渐进，可读性好，便于自学。另外，本书中MATLAB计算机辅助分析和设计内容的引入，可以有效巩固理论内容，弥补教学实践中存在的薄弱环节，有利于提高学生的系统分析和综合能力。

本书可作为高等工科院校自动控制及相关专业高年级本科生或研究生教材，也可供相关领域的工程技术人员、科研工作者参考和自学。

本书第0～4章由西华大学舒欣梅编写，第5、6章由西华大学龙驹和宋潇潇两位老师共同编写。在本书的修订过程中得到了西华大学电气工程学院王军院长及各位同仁的关心、帮助和支持，在此表示衷心的感谢！

由于编者水平有限，书中难免存在不妥之处，恳请读者指正。

编　者

2013年4月

第一版前言

“现代控制理论基础”课程是自动化、信息和计算机等学科的一门重要的专业基础课，在我国各高校已有30多年的开设历史。为了适应当前教材改革形势的需要，作者根据自己的教学经验，按照教育部面向21世纪教学改革的大纲要求，编写了本书。

本书共分为7章。第0章为绪论。第1章介绍了现代控制理论的基础——状态空间法。第2～4章着重于控制系统分析，介绍了在已知数学模型的情况下，系统的运动规律和能控性、能观性、稳定性等系统基本结构特性。第5章着重于控制系统设计，介绍了状态反馈、极点配置等状态空间设计方法。第6章介绍了最优控制的基本理论和方法。在每一章的最后，介绍了用国际控制界最流行的软件MATLAB辅助分析和设计控制系统的相应内容，探讨了控制系统模型的建立、控制系统工具箱的使用、现代控制系统频域和时域的分析及设计方法。

本书在选材上内容全面、重点突出，着重于基本概念和方法，尽量减少繁琐的数学推导，并给出一些结合工程实际的例题。在编写方法上，注意各章节之间内容的呼应，论证和实例相结合，内容阐述循序渐进，可读性好，便于自学。另外，MATLAB计算机辅助分析和设计内容的引入，可以有效巩固理论内容，弥补了教学实践上存在的薄弱环节，有利于提高学生的系统分析和综合能力。

本书可作为高等工科院校自动控制及相关专业本科生或研究生的教材，也可供相关领域的工程技术人员、科研工作者参考和自学。

本书由舒欣梅主编，其中第0～4章由舒欣梅编写，第5、6章由龙驹编写。在本书的编写过程中得到了王军教授、董秀成教授、杨燕翔教授的关心、支持和帮助，在此一并致谢。陕西科技大学的党宏社教授担任本书主审，在此表示感谢！

限于编者水平有限，书中不妥之处在所难免，恳请指正。

编　者

2007年11月

目　录

第0章 绪 论

0.1 现代控制理论概述

控制理论一般分为经典控制理论和现代控制理论两大部分。和其他理论一样，控制理论的发展经历了漫长的过程。

0.1.1 控制理论发展历史

1. 经典控制理论的产生和发展

经典控制理论是20世纪50年代之前发展起来的，起源于第一次工业革命。1868年麦克斯韦(J. C. Maxwell)解决了蒸汽机调速系统中出现的剧烈振荡的不稳定问题，提出了简单的稳定性代数判据。1895年劳斯(Routh)与赫尔维茨(Hurwitz)把麦克斯韦的思想扩展到高阶微分方程描述的更复杂的系统中，各自提出了两个著名的稳定性判据——劳斯判据和赫尔维茨判据，这两个判据基本上满足了20世纪初期控制工程师的需要。为了适应第二次世界大战中控制系统需要具有准确跟踪与补偿能力的要求，1932年奈奎斯特(H. Nyquist)提出了频域内研究系统的频率响应法，1948年伊万斯(W. R. Ewans)提出了复数域内研究系统的根轨迹法。建立在这两者基础上的理论，称为经典控制理论。1947年美国数学家维纳(N. Wiener)把控制论引起的自动化同第二次产业革命联系起来，并于1948年出版了《控制论——关于在动物和机器中控制与通讯的科学》，书中论述了控制理论的一般方法，推广了反馈的概念，为控制理论这门学科奠定了基础。

2. 现代控制理论的产生和发展

随着近代科学技术的进步，空间技术和各类高速飞行器得到快速发展，使得工程系统结构和完成的任务越来越复杂，速度和精度也越来越高。这就要求控制理论能够解决动态耦合的多输入多输出、非线性以及时变系统的设计问题。此外，在实际应用中，常常要求系统的某些性能最优，并且要求系统有一定的环境适应能力。这些新的控制要求是经典控制理论所无法解决的，因此，现代控制理论应运而生。

科技的发展不仅对控制理论提出了挑战，也为现代控制理论的形成创造了条件。现代数学，例如泛函分析、线性代数等，为现代控制理论提供了多种多样的分析工具；而数字计算机为现代控制理论的发展提供了应用的平台。20世纪50年代后期，贝尔曼(Bellman)

等人提出了状态分析法和动态规划法；卡尔曼(Kalman)和布西创建了卡尔曼滤波理论；1961年庞特里亚金提出了极大值原理。这些理论的建立与发展标志着现代控制理论的形成。20世纪60年代以来，现代控制理论快速发展，形成了几个重要的分支学科，如线性系统理论、最优控制理论、自适应控制理论、系统辨识理论等。20世纪70年代末，“大系统理论”、“智能控制理论”和“复杂系统理论”得到发展，现代控制理论进入鲁棒控制理论阶段。

近半个世纪以来，现代控制理论已广泛应用于工业、农业、交通运输及国防建设等各个领域。回顾控制理论的发展历程可以看出，它的发展过程反映了人类由机械化时代进入电气化时代，并走向自动化、信息化、智能化时代的前进步伐。

0.1.2　现代控制理论与经典控制理论的差异

现代控制理论与经典控制理论的差异主要表现在研究对象、研究方法、研究工具、分析方法、设计方法等几个方面，具体表现如下：

经典控制理论以单输入单输出系统为研究对象，所用数学模型为高阶微分方程，采用传递函数法(外部描述法)和拉普拉斯变换法作为研究方法和研究工具。其分析方法和设计方法主要运用频域(复域)、频率响应、根轨迹法和PID控制及校正网络。

现代控制理论以多输入多输出系统为研究对象，采用一阶微分方程作为数学模型，研究问题时，以状态空间法(内部描述)为研究方法，以线性代数矩阵为研究工具。其分析方法采用了复域、实域，可控且可观测的方法，设计方法采用了状态反馈和输出反馈。

另外，经典控制理论中，频率法的物理意义直观、实用，但难以实现最优控制；现代控制理论则易于实现最优控制和实时控制。

现代控制理论是在经典控制理论的基础上发展起来的。虽然两者有本质的区别，但对动态系统进行分析研究时，两种理论可以互相补充，相辅相成，而不是互相排斥。对初学者来说，应采用与经典控制理论联系对比的方式进行学习。

0.1.3　现代控制理论的研究内容及其分支

科学在发展，控制论也在不断发展。我们通常讲的现代控制理论指的是20世纪50～60年代所产生的一些重要控制理论，主要包括四个方面：

(1) 线性多变量系统理论。用状态空间法对多输入多输出复杂系统建模，并进一步通过状态方程求解分析，研究系统的能控性、能观性及稳定性，分析系统的实现问题。

(2) 最优控制理论。用变分法、最大(最小)值原理、动态规划原理等求解系统的最优问题，其中常见的最优控制包括时间最短、能耗最少等，以及它们的组合优化问题，相应的有状态调节器、输出调节器、跟踪器等综合设计问题。

(3) 最优估计理论。在对象数学模型已知的情况下，最优估计理论研究的问题是如何从被噪声污染的观测数据中确定系统的状态，并使这种估计在某种意义下是最优的。这往往需要一些专门的处理方法，如卡尔曼滤波技术。

(4) 系统辨识与参数估计。基于对象的输入、输出数据，在希望的估计准则下，找到系统的阶数和参数，建立对象的数学模型。

0.2　本书的主要内容

0.2.1　本书主要内容结构

现代控制理论主要研究线性系统状态的运动规律和改变这种运动规律的可能性与方法，建立和揭示系统结构、参数、行为及性能间的关系。通常，这可以分解为三个问题，即系统数学模型的建立、系统运动规律的分析和致力于改变运动规律的系统的设计。基于控制理论的认识规律，本书内容安排如下：

本书共分7章。第0章是绪论。第1章是控制系统的状态空间描述，主要解决系统数学模型的建立问题，介绍系统的状态空间描述及其与传递函数描述间的关系。第2章是线性系统的运动分析，介绍状态转移矩阵及线性系统的解析响应。第3章是控制系统的能控性和能观性，介绍系统的能控性和能观性的定义与各种判据，以及线性系统按能控性和能观性的分解。第4章是控制系统的稳定性分析，介绍李雅普诺夫稳定性的概念和判定问题。第5章是极点配置与观测器的设计，是对系统的设计和综合，介绍使用极点配置改变系统性能的方法和状态观测器的设计问题。第6章作为选学内容，初步介绍系统的最优控制理论。

0.2.2　MATLAB工程软件简介

除了现代控制理论的理论基础内容外，在本书的第1～6章的最后一节都引入使用MATLAB软件求解控制系统问题的例子。这里对MATLAB软件简略地作一介绍。

美国MathWorks公司推出的MATLAB软件一直是国际科学界应用和影响最广泛的计算机数学软件之一。在控制类学科中，它更是科学研究者首选的计算机软件。它是一种十分有效的工具，能轻松地解决系统仿真及控制系统计算机辅助设计领域内教学与研究中遇到的问题；可以将使用者从繁琐的底层编程中解放出来，把宝贵的时间更多地花在解决科学问题中。近十年来，随着MATLAB软件和Simulink仿真环境在系统仿真、自动控制领域中日益广泛地应用，国外很多高校在教学和研究中都将MATLAB/Simulink作为基本的计算机工具，许多学者都把自己擅长的CAD方法用MATLAB加以实现，出现了大量的MATLAB配套工具箱，如控制系统工具箱(Control System Toolbox)、系统辨识工具箱(System Identification Toolbox)、鲁棒工具箱(Robust Control Toolbox)、最优化工具箱(Optimization Control Toolbox)、信号处理工具箱(Signal Processing Toolbox)等。这些工具箱和功能强大的系统仿真环境Simulink一起，为控制系统的分析设计提供了非常好的工具。

因此，本课程中引入了MATLAB语言，结合相应的课程内容介绍其在控制理论中的分析应用功能，这既有利于读者及时巩固控制理论的知识，又有利于他们学会应用基本的计算仿真工具，提高对各种控制系统、各种控制理论方法的理解和分析综合能力。

第1章 控制系统的状态空间描述

研究系统的首要前提是建立系统的数学模型。随所考察问题的性质的不同，一个系统可以有不同的表示方式，也就是有多种类型的模型。系统的数学模型主要有两种形式，即时域模型和频域模型。时域模型常用微分或差分方程组表示；频域模型常用传递函数和频率响应表示。对应于系统的这两种模型，发展和形成了控制理论中的两类不同方法——状态空间方法和复频域方法。

现代控制理论是在经典控制理论的基础上发展起来的，但它们在数学工具、理论基础和研究方法上有本质的区别。经典控制理论主要以传递函数为数学模型，采用复频域分析方法，并在此基础上建立起频率特性和根轨迹等图解设计法。现代控制理论主要以状态空间描述为基础，采用时域分析方法。与传递函数描述相比，用状态空间描述表示物理系统有以下优点：

第一，状态空间描述更适于表示复杂系统，如多输入多输出系统、时变系统等。

第二，除系统输出的信息外，状态空间方程还可提供系统内部状态的情况，并且在分析时可以把初始条件包括进去。

第三，采用状态反馈的系统在一定条件下可以任意配置极点位置，从而得到理想的系统动态性能。

第四，状态空间描述由于采用了矩阵和状态向量的形式而使格式简单统一，因而可以方便地利用计算机运算和求解，实现最优控制。

1.1 状态空间描述的基本概念

状态空间描述是以状态、状态变量、状态空间等概念为基础建立起来的，其实质是将系统运动方程写成一阶微分方程组的方法。下面我们给出相关概念的定义。

1. 状态

任何一个系统在特定时刻都有一个特定的运动状况。运动状况可以用一组独立的状态来描述。以直线运动的质点为例，每一时刻的位置和速度就是它的状态。

2. 状态变量

状态随时间的变化可以用状态变量来表征。状态变量具有如下特点：

(1) 只要知道状态变量的初值、输入量和描述动态系统的微分方程，就能完全确定系统的未来状态和输出响应。

(2) 状态变量是为完全表征系统行为所必需的系统变量，减少状态变量将破坏表征的完全性，而增加状态变量将是完全表征系统行为所不需要的。

因此，状态变量指的是完全表征系统运动状态的最小个数的一组变量。一个用 n 阶微分方程式描述的系统，有 n 个独立的状态变量，常写作 $x_1(t)$，$x_2(t)$，…，$x_n(t)$。当这 n 个独立变量的时间响应都求得时，系统的运动状态也就被揭示无遗了。如前面质点运动的例子，状态变量就是质点的位置函数和速度函数。

需要注意的是，状态变量是描述系统内部动态特性行为的变量。它可以是能直接测量或观测的量，也可以是不能直接测量或观测的量；可以是物理的，也可以是没有实际物理意义的抽象的数学变量。另外，描述一个系统的状态变量可以有多种不同的选择方式，究竟选哪一组变量作为系统的状态变量，可以视情况而定。

3. 状态向量

完全描述给定系统行为的 n 维状态变量 $x_1(t)$，$x_2(t)$，…，$x_n(t)$ 可以看做是向量 $\boldsymbol{x}(t)$ 的 n 个分量，向量 $\boldsymbol{x}(t)$ 就称为状态向量，记作

$$\boldsymbol{x}(t)=\begin{bmatrix}x_1(t)\\x_2(t)\\\vdots\\x_n(t)\end{bmatrix}$$

或

$$\boldsymbol{x}^{\mathrm{T}}(t)=[x_1(t),\ x_2(t),\ \cdots,\ x_n(t)]$$

4. 状态空间

以选择的一组 n 维状态变量 $x_1(t)$，$x_2(t)$，…，$x_n(t)$ 为基底而构成的 n 维正交空间，称为状态空间。系统在任何时刻的状态都可以用状态空间中的一点来表示。状态向量 $\boldsymbol{x}(t)$ 在状态空间中的变化形成一条轨迹，称为状态轨线。

5. 状态空间方程

当一个动态系统的状态变量确定后，由系统状态变量构成的一阶微分方程组称为系统状态空间方程，简称状态方程。

假设有一个 n 阶的多输入多输出(MIMO)系统，具有 r 个输入量 $u_1(t)$，$u_2(t)$，…，$u_r(t)$，它的状态方程可写为

$$\begin{aligned}\dot{x}_1(t)&=f_1(x_1,\ x_2,\ \cdots,\ x_n;\ u_1,\ u_2,\ \cdots,\ u_r;\ t)\\\dot{x}_2(t)&=f_2(x_1,\ x_2,\ \cdots,\ x_n;\ u_1,\ u_2,\ \cdots,\ u_r;\ t)\\&\ \ \vdots\\\dot{x}_n(t)&=f_n(x_1,\ x_2,\ \cdots,\ x_n;\ u_1,\ u_2,\ \cdots,\ u_r;\ t)\end{aligned}\qquad(1-1)$$

式中 f_1，f_2，…，f_n 为对应的函数关系。状态方程描绘了系统的动态特性，反映了原有的状态和输入信号共同引起系统状态发生变化这一过程。

6. 输出方程

我们希望从系统中获得的信息称为输出变量(输出量)。系统输出量与状态变量、输入量的关系写成方程形式就称为输出方程。假设 n 阶的多输入多输出系统具有 m 个输出量 $y_1(t)$，$y_2(t)$，…，$y_m(t)$，输出方程可以表示为

$$
\begin{aligned}
y_1(t) &= g_1(x_1, x_2, \cdots, x_n; u_1, u_2, \cdots, u_r; t) \\
y_2(t) &= g_2(x_1, x_2, \cdots, x_n; u_1, u_2, \cdots, u_r; t) \\
&\vdots \\
y_m(t) &= g_m(x_1, x_2, \cdots, x_n; u_1, u_2, \cdots, u_r; t)
\end{aligned} \tag{1-2}
$$

式中 $g_1, g_2, \cdots, g_m$ 为对应的函数关系。输出方程描述了系统外在表现的动态特性，反映了输出量与系统内部的状态变量和外部输入量之间的对应关系。

7. 状态空间描述

动态系统的状态方程和输出方程的组合，称为状态空间描述或状态空间表达式。如果定义向量和矩阵如下

$$
\boldsymbol{x}(t)=\begin{bmatrix} x_1(t) \\ x_2(t) \\ \vdots \\ x_n(t) \end{bmatrix}, \quad \boldsymbol{f}(\boldsymbol{x}, \boldsymbol{u}, t)=\begin{bmatrix} f_1(x_1, x_2, \cdots, x_n; u_1, u_2, \cdots, u_r; t) \\ f_2(x_1, x_2, \cdots, x_n; u_1, u_2, \cdots, u_r; t) \\ \vdots \\ f_n(x_1, x_2, \cdots, x_n; u_1, u_2, \cdots, u_r; t) \end{bmatrix}, \quad \boldsymbol{u}(t)=\begin{bmatrix} u_1(t) \\ u_2(t) \\ \vdots \\ u_r(t) \end{bmatrix}
$$

$$
\boldsymbol{y}(t)=\begin{bmatrix} y_1(t) \\ y_2(t) \\ \vdots \\ y_m(t) \end{bmatrix}, \quad \boldsymbol{g}(\boldsymbol{x}, \boldsymbol{u}, t)=\begin{bmatrix} g_1(x_1, x_2, \cdots, x_n; u_1, u_2, \cdots, u_r; t) \\ g_2(x_1, x_2, \cdots, x_n; u_1, u_2, \cdots, u_r; t) \\ \vdots \\ g_m(x_1, x_2, \cdots, x_n; u_1, u_2, \cdots, u_r; t) \end{bmatrix}
$$

则状态空间描述可写为

$$
\begin{cases} \dot{\boldsymbol{x}}(t) = \boldsymbol{f}(\boldsymbol{x}, \boldsymbol{u}, t) \\ \boldsymbol{y}(t) = \boldsymbol{g}(\boldsymbol{x}, \boldsymbol{u}, t) \end{cases} \tag{1-3}
$$

式(1-3)既表征了输入对于系统内部状态的因果关系，又反映了内部状态对于外部输出的影响，所以状态空间描述是对系统的一种完全的描述。由于系统状态变量的选择是非唯一的，因此状态空间描述也是非唯一的。

如果动态系统本身是线性的，则可得到如下方程

$$
\begin{aligned}
\dot{\boldsymbol{x}}(t) &= \boldsymbol{A}(t)\boldsymbol{x}(t) + \boldsymbol{B}(t)\boldsymbol{u}(t) \\
\boldsymbol{y}(t) &= \boldsymbol{C}(t)\boldsymbol{x}(t) + \boldsymbol{D}(t)\boldsymbol{u}(t)
\end{aligned} \tag{1-4}
$$

式中，$\boldsymbol{A}(t)$、$\boldsymbol{B}(t)$、$\boldsymbol{C}(t)$、$\boldsymbol{D}(t)$ 为矩阵，且其元素随时间而变化，这种系统称为线性时变系统。

特别地，如果矩阵 $\boldsymbol{A}(t)$、$\boldsymbol{B}(t)$、$\boldsymbol{C}(t)$、$\boldsymbol{D}(t)$ 中的参数与时间无关，为固定的常数，则称该系统为线性定常系统，此时式(1-4)可写为如下方程

$$
\begin{aligned}
\dot{\boldsymbol{x}}(t) &= \boldsymbol{A}\boldsymbol{x}(t) + \boldsymbol{B}\boldsymbol{u}(t) \\
\boldsymbol{y}(t) &= \boldsymbol{C}\boldsymbol{x}(t) + \boldsymbol{D}\boldsymbol{u}(t)
\end{aligned} \tag{1-5}
$$

其中

$$
\boldsymbol{A}=\begin{bmatrix} a_{11} & a_{12} & \cdots & a_{1n} \\ a_{21} & a_{22} & \cdots & a_{2n} \\ \vdots & \vdots & & \vdots \\ a_{n1} & a_{n2} & \cdots & a_{nn} \end{bmatrix}, \quad \boldsymbol{B}=\begin{bmatrix} b_{11} & b_{12} & \cdots & b_{1r} \\ b_{21} & b_{22} & \cdots & b_{2r} \\ \vdots & \vdots & & \vdots \\ b_{n1} & b_{n2} & \cdots & b_{nr} \end{bmatrix}
$$

$$C=\begin{bmatrix} c_{11} & c_{12} & \cdots & c_{1n} \\ c_{21} & c_{22} & \cdots & c_{2n} \\ \vdots & \vdots & & \vdots \\ c_{m1} & c_{m2} & \cdots & c_{mn} \end{bmatrix},\ D=\begin{bmatrix} d_{11} & d_{12} & \cdots & d_{1r} \\ d_{21} & d_{22} & \cdots & d_{2r} \\ \vdots & \vdots & & \vdots \\ d_{m1} & d_{m2} & \cdots & d_{mr} \end{bmatrix}$$

在状态空间描述式(1-5)中，$n\times n$ 维方阵 $\boldsymbol{A}$ 称为系数矩阵，由系统的结构和参数决定，描述了系统内部状态变量之间的关联情况，是系统中最重要的矩阵，故也称为系统矩阵；$n\times r$ 维矩阵 $\boldsymbol{B}$ 称为输入矩阵或控制矩阵，描述了输入量对系统状态变化的影响；$m\times n$ 维矩阵 $\boldsymbol{C}$ 称为输出矩阵，描述了状态变量和输出变量间的线性关系；$m\times r$ 维矩阵 $\boldsymbol{D}$ 称为直接传递矩阵，也称关联矩阵，描述输入对输出的直接影响。在很多系统中不存在这种直接传递关系，即 $\boldsymbol{D}=\boldsymbol{0}$。

8. 状态空间描述的状态结构图

状态空间描述也可以用图形来表示，即状态结构图。状态结构图是与状态空间描述相对应，描述系统输入量、状态变量和输出量之间函数关系的一种结构图，它的建立有助于动态系统的模拟实现。

状态图只由三种基本结构组成：积分器、加法器和放大器。其符号如图1-1所示。

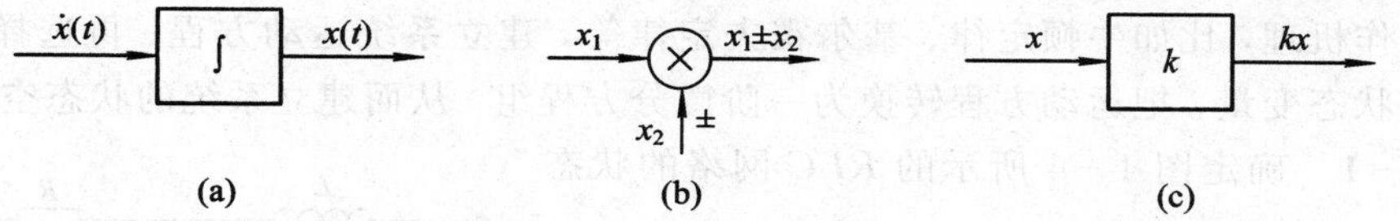

图1-1　状态结构图中的三种基本结构

(*a*) 积分器；(*b*) 加法器；(*c*) 放大器

对于实际的状态空间模型，可以根据状态变量、输入变量和输出变量间的信息传递关系，画出各变量间的结构图。例如对一个二阶系统

$$\dot{x}_1 = x_2$$

$$\dot{x}_2 = 2x_1 + 3x_2 + 4u$$

$$y = x_1 + x_2$$

用状态结构图可表示为如图1-2所示的形式。

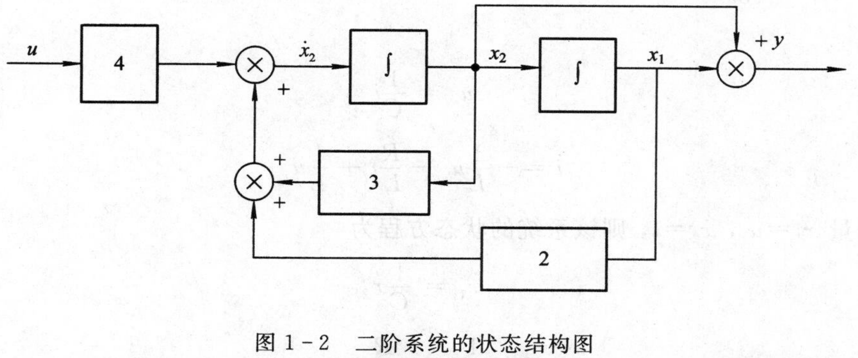

图1-2　二阶系统的状态结构图

对于状态空间表达式(1-5)，其状态结构图可表示为如图1-3所示的形式。

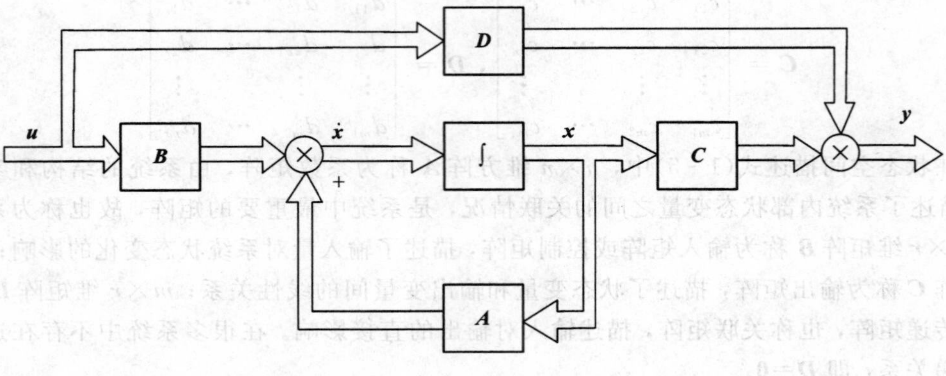

图 1-3 线性定常系统状态图

1.2 状态空间描述的建立

一般控制系统可分为电气、机械、机电、液压、热力等类型。建立控制系统状态空间描述的通常做法是根据具体系统结构及其研究目的，确定系统的输入和输出变量；根据实际系统的工作机理，比如牛顿定律、基尔霍夫定律等，建立系统运动方程；再选择适当的物理量作为状态变量，把运动方程转换为一阶微分方程组，从而建立系统的状态空间描述。

例 1-1 确定图 1-4 所示的 RLC 网络的状态空间方程。

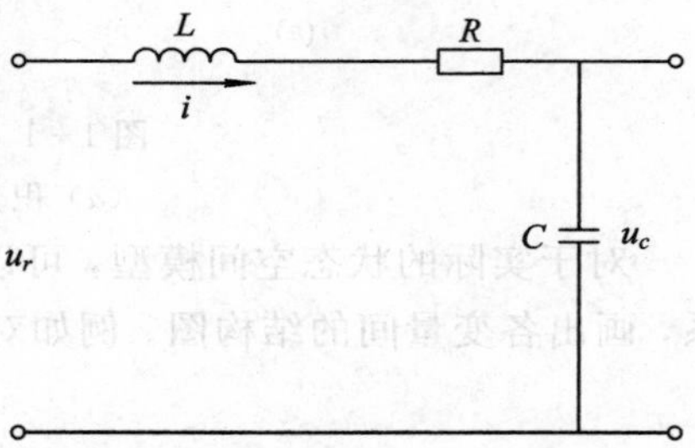

图 1-4 RLC 电路

解：此系统有两个独立储能元件，即电容 C 和电感 L，故用二阶微分方程式描述该系统，所以应有两个状态变量。可以设 u_c 和 i 作为此系统的两个状态变量，根据电工学原理，写出两个含有状态变量的一阶微分方程式：

$$C\frac{\mathrm{d}u_c}{\mathrm{d}t}=i$$

$$L\frac{\mathrm{d}i}{\mathrm{d}t}+Ri+u_c=u_r$$

亦即

$$\dot{u}_c=\frac{1}{C}i$$

$$\dot{i}=-\frac{1}{L}u_c-\frac{R}{L}i+\frac{1}{L}u_r$$

取状态变量 $x_1=u_c$，$x_2=i$，则该系统的状态方程为

$$\dot{x}_1=\frac{1}{C}x_2$$

$$\dot{x}_2=-\frac{1}{L}x_1-\frac{R}{L}x_2+\frac{1}{L}u$$

写成向量矩阵形式为

$$\begin{bmatrix}\dot{x}_1\\ \dot{x}_2\end{bmatrix}=\begin{bmatrix}0 & \dfrac{1}{C}\\ -\dfrac{1}{L} & -\dfrac{R}{L}\end{bmatrix}\begin{bmatrix}x_1\\ x_2\end{bmatrix}+\begin{bmatrix}0\\ \dfrac{1}{L}\end{bmatrix}u \tag{1-6}$$

若改选 u_c 和 $\dot{u}_c$ 作为两个状态变量，即令 $x_1=u_c$，$x_2=\dot{u}_c$，则该系统的状态方程为

$$\dot{x}_1 = x_2$$

$$\dot{x}_2 = -\frac{1}{LC}x_1 - \frac{R}{L}x_2 + \frac{1}{LC}u$$

即

$$\begin{bmatrix}\dot{x}_1\\ \dot{x}_2\end{bmatrix}=\begin{bmatrix}0 & 1\\ -\dfrac{1}{LC} & -\dfrac{R}{L}\end{bmatrix}\begin{bmatrix}x_1\\ x_2\end{bmatrix}+\begin{bmatrix}0\\ \dfrac{1}{LC}\end{bmatrix}u \tag{1-7}$$

比较式(1-6)和式(1-7)，显然，同一系统，状态变量选取得不同，状态方程也不同。

控制系统输出方程中输出量通常由系统任务确定或给定。如在图 1-4 所示系统中，指定 $x_1=u_c$ 作为输出，用 y 表示，则有

$$y = u_c \quad 或 \quad y = x_1$$

写成矩阵形式为

$$y = \begin{bmatrix}1 & 0\end{bmatrix}\begin{bmatrix}x_1\\ x_2\end{bmatrix}$$

例 1-2　考虑如图 1-5 所示的弹簧阻尼系统。设运动物体的质量为 m，弹簧的弹性系数为 k，阻尼器的阻尼系数为 μ。以系统所受外力为输入 u，以运动物体的位移为系统输出 y，试建立该系统的状态空间描述。

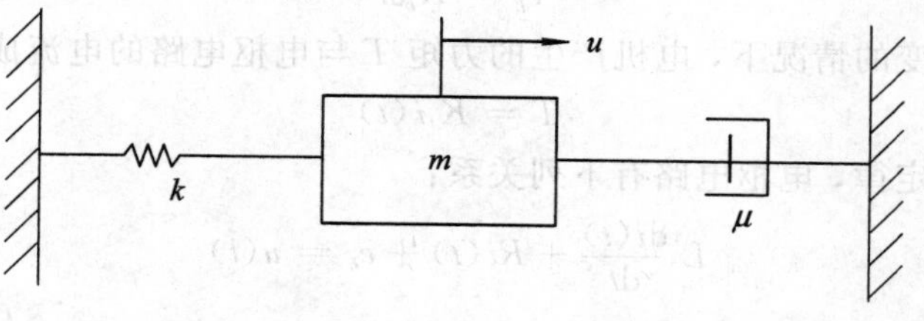

图 1-5　弹簧阻尼系统原理图

解：设位移变量为 x_1，速度变量为 x_2，由牛顿运动定律可知

$$u - kx_1 - \mu x_2 = m\dot{x}_2$$

其中，kx_1 为弹簧的弹力，μx_2 为阻尼力，$\dot{x}_2$ 为物体运动的加速度。写成一阶微分方程，可得

$$\begin{cases}\dot{x}_1 = x_2\\ \dot{x}_2 = -\dfrac{k}{m}x_1 - \dfrac{\mu}{m}x_2 + \dfrac{1}{m}u\end{cases}$$

另外由状态变量的设置可知，系统的位移输出

$$y = x_1$$

写成状态空间描述，即矩阵形式，有

$$\begin{bmatrix}\dot{x}_1\\ \dot{x}_2\end{bmatrix}=\begin{bmatrix}0 & 1\\ -\dfrac{k}{m} & -\dfrac{\mu}{m}\end{bmatrix}\begin{bmatrix}x_1\\ x_2\end{bmatrix}+\begin{bmatrix}0\\ \dfrac{1}{m}\end{bmatrix}u$$

$$y=\begin{bmatrix}1 & 0\end{bmatrix}\begin{bmatrix}x_1\\ x_2\end{bmatrix}$$

例 1-3　电枢控制式电机控制系统原理如图 1-6 所示，其中 R、L 和 $i(t)$分别为电枢电路的内阻、内感和电流，μ 为电机轴的旋转阻尼系数，$u(t)$为电枢回路的控制电压，K_t 为电机的力矩系数，K_b 为电机的反电动势系数，J 为折算到电机轴上的转动惯量。试建立电机的状态空间描述。

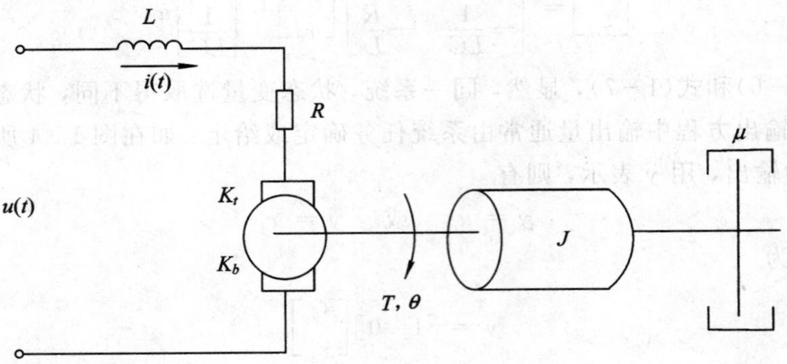

图 1-6　电枢控制式电机控制系统原理图

解：根据电机原理，电机转动时将产生反电动势 e_b，其大小为

$$e_b = K_b\omega$$

在磁场强度不变的情况下，电机产生的力矩 T 与电枢电路的电流成正比，即

$$T = K_t i(t)$$

根据基尔霍夫定律，电枢电路有下列关系：

$$L\frac{\mathrm{d}i(t)}{\mathrm{d}t}+Ri(t)+e_b=u(t)$$

对于电机转轴，根据牛顿定律，有

$$T=J\ddot{\theta}+\mu\dot{\theta}$$

取电枢回路电流 $i(t)$、转角 θ 及其电机轴角速度 ω 为系统的三个状态变量 x_1，x_2，x_3，取电机轴转角 θ 为系统输出，电枢控制电压 $u(t)$为系统输入，于是有

$$\dot{x}_1=-\frac{R}{L}x_1-\frac{K_b}{L}x_3+\frac{1}{L}u$$

$$\dot{x}_2=x_3$$

$$\dot{x}_3=\frac{K_t}{J}x_1-\frac{\mu}{J}x_3$$

$$y=x_2$$

或

$$\dot{\boldsymbol{x}} = \begin{bmatrix} -\dfrac{R}{L} & 0 & -\dfrac{K_b}{L} \\ 0 & 0 & 1 \\ \dfrac{K_t}{J} & 0 & -\dfrac{\mu}{J} \end{bmatrix}\boldsymbol{x} + \begin{bmatrix} \dfrac{1}{L} \\ 0 \\ 0 \end{bmatrix} u$$

$$y = [0 \quad 1 \quad 0]\boldsymbol{x}$$

这是一个三阶系统，可视为在状态变量 ω 之后又增加了一级储能作用，故有三个独立的状态变量。

如果我们对电机轴转角 θ 不感兴趣，在本例中我们可以取电枢电路电流 $i(t)$ 及电机轴角速度 ω 为系统的两个状态变量 x_1，x_2，取电机轴角速度 ω 为系统输出，电枢控制电压 $u(t)$ 为系统输入，于是有

$$\dot{x}_1 = -\frac{R}{L}x_1 - \frac{K_b}{L}x_2 + \frac{1}{L}u$$

$$\dot{x}_2 = \frac{K_t}{J}x_1 - \frac{\mu}{J}x_2$$

$$y = x_2$$

或

$$\dot{\boldsymbol{x}} = \begin{bmatrix} -\dfrac{R}{L} & -\dfrac{K_b}{L} \\ \dfrac{K_t}{J} & -\dfrac{\mu}{J} \end{bmatrix}\boldsymbol{x} + \begin{bmatrix} \dfrac{1}{L} \\ 0 \end{bmatrix} u$$

$$y = [0 \quad 1]\boldsymbol{x}$$

这是一个二阶系统。

例 1-4　设有一倒立摆安装在电机驱动车上，如图 1-7 所示。控制力 u 作用于小车上。假设倒立摆只在图 1-7 所在的平面内运动，试求该系统的数学模型。

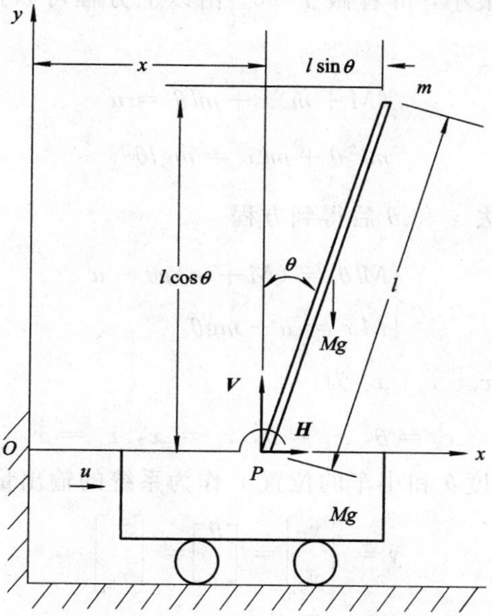

图 1-7　倒立摆系统

解：设小车和摆杆的质量分别为 M 和 m，H 和 V 分别是摆杆和小车接合部的水平反力和垂直反力，摆杆长为 l，所以摆杆重心的水平位置为 $x+l\sin\theta$，垂直位置为 $l\cos\theta$。

按照物理定律，摆杆和小车的运动方程如下：

摆杆的转动方程：

$$J\frac{\mathrm{d}^2\theta}{\mathrm{d}t^2}=Vl\sin\theta-Hl\cos\theta$$

式中 J 为摆杆的转动惯量。

摆杆重心的水平运动：

$$m\frac{\mathrm{d}^2}{\mathrm{d}t^2}(x+l\sin\theta)=H$$

摆杆重心的垂直运动：

$$m\frac{\mathrm{d}^2}{\mathrm{d}t^2}(l\cos\theta)=V-mg$$

小车的水平运动：

$$M\frac{\mathrm{d}^2x}{\mathrm{d}t^2}=u-H$$

因为我们必须保持倒立摆垂直，所以可假设 $\theta(t)$ 和 $\dot{\theta}(t)$ 的量值很小，因而使得 $\sin\theta=\theta$，$\cos\theta=1$，并且 $\dot{\theta}\theta^2=0$，摆杆的几个运动方程可以被线性化。线性化后的方程为

$$J\ddot{\theta}=Vl\theta-Hl$$

$$m(\ddot{x}+l\ddot{\theta})=H$$

$$V-mg=0$$

由于摆杆的转动惯量很小，可看做 $J=0$。由以上方程可以推导出系统微分方程数学模型：

$$(M+m)\ddot{x}+ml\ddot{\theta}=u$$

$$ml^2\ddot{\theta}+ml\ddot{x}=mgl\theta$$

从以上两式中分别消去 $\ddot{x}$ 和 $\ddot{\theta}$ 后得到方程

$$\begin{cases}Ml\ddot{\theta}=(M+m)g\theta-u\\ M\ddot{x}=u-mg\theta\end{cases}\tag{1-8}$$

若定义状态变量 x_1、x_2、x_3、x_4 为

$$x_1=\theta,\ x_2=\dot{\theta},\ x_3=x,\ x_4=\dot{x}\tag{1-9}$$

则以摆杆绕点 P 的转动角度 θ 和小车的位置 x 作为系统的输出量，有

$$\boldsymbol{y}=\begin{bmatrix}y_1\\y_2\end{bmatrix}=\begin{bmatrix}\theta\\x\end{bmatrix}=\begin{bmatrix}x_1\\x_3\end{bmatrix}$$

根据方程组(1-8)和(1-9)，可以得到

$$\dot{x}_1 = x_2$$

$$\dot{x}_2 = \frac{M+m}{Ml}gx_1 - \frac{1}{Ml}u$$

$$\dot{x}_3 = x_4$$

$$\dot{x}_4 = -\frac{m}{M}gx_1 + \frac{1}{M}u$$

或

$$\begin{bmatrix}\dot{x}_1\\ \dot{x}_2\\ \dot{x}_3\\ \dot{x}_4\end{bmatrix} = \begin{bmatrix}0 & 1 & 0 & 0\\ \frac{M+m}{Ml}g & 0 & 0 & 0\\ 0 & 0 & 0 & 1\\ -\frac{m}{M}g & 0 & 0 & 0\end{bmatrix}\begin{bmatrix}x_1\\ x_2\\ x_3\\ x_4\end{bmatrix} + \begin{bmatrix}0\\ -\frac{1}{Ml}\\ 0\\ \frac{1}{M}\end{bmatrix}u$$

$$\begin{bmatrix}y_1\\ y_2\end{bmatrix} = \begin{bmatrix}1 & 0 & 0 & 0\\ 0 & 0 & 1 & 0\end{bmatrix}\begin{bmatrix}x_1\\ x_2\\ x_3\\ x_4\end{bmatrix}$$

1.3　化高阶微分方程为状态空间描述

一个系统常常用微分方程描述输入、输出关系。在选取合适的状态变量后，微分方程可以转换为状态空间方程。我们把微分方程分成两种情况来讨论。

1.3.1　微分方程中不含有输入信号导数项的情况

微分方程中不含有输入信号导数项的情况：

$$y^{(n)} + a_{n-1}y^{(n-1)} + a_{n-2}y^{(n-2)} + \cdots + a_2\ddot{y} + a_1\dot{y} + a_0 y = b_0 u \tag{1-10}$$

画出其状态图如图 1-8 所示。

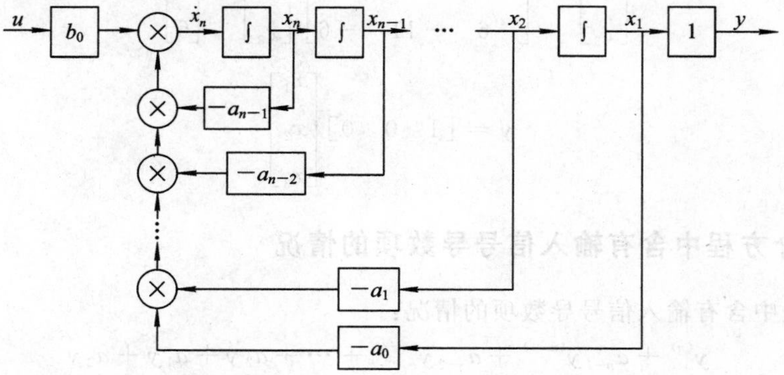

图 1-8　微分方程中不含有输入信号导数项时的状态图

选取每个积分器的输出 y，$\dot{y}$，$\ddot{y}$，…，$y^{(n-1)}$ 为状态量 x_1，x_2，x_3，…，x_n，即有

$$
\begin{aligned}
x_1 &= y \\
\dot{x}_1 &= x_2 = \dot{y} \\
&\vdots \\
\dot{x}_{n-1} &= x_n = y^{(n-1)} \\
\dot{x}_n &= y^{(n)} = -a_{n-1}y^{(n-1)} - a_{n-2}y^{(n-2)} - \cdots - a_1\dot{y} - a_0 y + b_0 u \\
&= -a_{n-1}x_n - a_{n-2}x_{n-1} - \cdots - a_1 x_2 - a_0 x_1 + b_0 u
\end{aligned}
$$

写成矩阵形式，即为

$$
\left\{
\begin{aligned}
&\begin{bmatrix} \dot{x}_1 \\ \dot{x}_2 \\ \vdots \\ \dot{x}_{n-1} \\ \dot{x}_n \end{bmatrix} = \begin{bmatrix} 0 & 1 & 0 & \cdots & 0 \\ 0 & 0 & 1 & \cdots & 0 \\ \vdots & \vdots & \vdots & & \vdots \\ 0 & 0 & 0 & & 1 \\ -a_0 & -a_1 & -a_2 & \cdots & -a_{n-1} \end{bmatrix} \begin{bmatrix} x_1 \\ x_2 \\ \vdots \\ x_{n-1} \\ x_n \end{bmatrix} + \begin{bmatrix} 0 \\ 0 \\ \vdots \\ 0 \\ b_0 \end{bmatrix} u \\
&y = [1 \quad 0 \quad 0 \quad \cdots \quad 0] \begin{bmatrix} x_1 \\ x_2 \\ \vdots \\ x_{n-1} \\ x_n \end{bmatrix}
\end{aligned}
\right. \tag{1-11}
$$

式(1-11)中系数矩阵 $\boldsymbol{A}$ 的形式比较特殊，其特点是主对角线上方的斜对角线上的元素一律为 1，在最下面一行的元素与其高阶微分方程的系数有对应关系，其余元素都为 0。这种形式的矩阵称为友矩阵，在控制理论中经常遇到。

例 1-5 将高阶微分方程 $\dddot{y}+6\ddot{y}+11\dot{y}+6y=6u$ 变换为状态空间方程。

解：由式(1-10)可知 $a_0=6$，$a_1=11$，$a_2=6$，$b_0=6$，代入式(1-11)可得

$$
\begin{bmatrix} \dot{x}_1 \\ \dot{x}_2 \\ \dot{x}_3 \end{bmatrix} = \begin{bmatrix} 0 & 1 & 0 \\ 0 & 0 & 1 \\ -6 & -11 & -6 \end{bmatrix} \begin{bmatrix} x_1 \\ x_2 \\ x_3 \end{bmatrix} + \begin{bmatrix} 0 \\ 0 \\ 6 \end{bmatrix} u
$$

$$
y = [1 \quad 0 \quad 0] \begin{bmatrix} x_1 \\ x_2 \\ x_3 \end{bmatrix}
$$

1.3.2 微分方程中含有输入信号导数项的情况

微分方程中含有输入信号导数项的情况：

$$
\begin{aligned}
&y^{(n)} + a_{n-1}y^{(n-1)} + a_{n-2}y^{(n-2)} + \cdots + a_2\ddot{y} + a_1\dot{y} + a_0 y \\
&= b_n u^{(n)} + b_{n-1}u^{(n-1)} + \cdots + b_2\ddot{u} + b_1\dot{u} + b_0 u
\end{aligned} \tag{1-12}
$$

为了使系统状态方程中不出现 u 的导数项，状态变量可以这样选择：

$$\begin{cases} x_1 = y - \beta_0 u \\ x_2 = \dot{x}_1 - \beta_1 u = \dot{y} - \beta_0 \dot{u} - \beta_1 u \\ x_3 = \dot{x}_2 - \beta_2 u = \ddot{y} - \beta_0 \ddot{u} - \beta_1 \dot{u} - \beta_2 u \\ \vdots \\ x_n = \dot{x}_{n-1} - \beta_{n-1} u = y^{(n-1)} - \beta_0 u^{(n-1)} - \beta_1 u^{(n-2)} - \cdots - \beta_{n-2}\dot{u} - \beta_{n-1} u \end{cases}$$

整理后可得到

$$\begin{cases} \dot{x}_1 = x_2 + \beta_1 u \\ \dot{x}_2 = x_3 + \beta_2 u \\ \vdots \\ \dot{x}_{n-1} = x_n + \beta_{n-1} u \end{cases}$$

画出其状态图如图 1－9 所示。

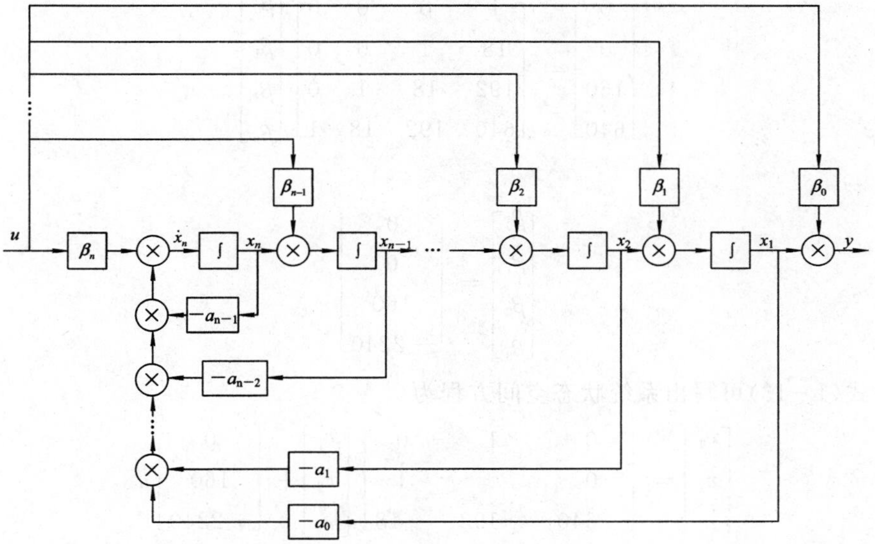

图 1－9　微分方程中含有输入信号高阶导数项时的状态图

可求得状态空间方程为

$$\begin{cases} \begin{bmatrix} \dot{x}_1 \\ \dot{x}_2 \\ \vdots \\ \dot{x}_{n-1} \\ \dot{x}_n \end{bmatrix} = \begin{bmatrix} 0 & 1 & 0 & \cdots & 0 \\ 0 & 0 & 1 & \cdots & 0 \\ \vdots & \vdots & \vdots & & \vdots \\ 0 & 0 & 0 & \cdots & 1 \\ -a_0 & -a_1 & -a_2 & \cdots & -a_{n-1} \end{bmatrix} \begin{bmatrix} x_1 \\ x_2 \\ \vdots \\ x_{n-1} \\ x_n \end{bmatrix} + \begin{bmatrix} \beta_1 \\ \beta_2 \\ \vdots \\ \beta_{n-1} \\ \beta_n \end{bmatrix} u \\ \boldsymbol{y} = [1 \quad 0 \quad 0 \quad \cdots \quad 0] \begin{bmatrix} x_1 \\ x_2 \\ \vdots \\ x_{n-1} \\ x_n \end{bmatrix} + \beta_0 u \end{cases} \tag{1-13}$$

式中β_0，β_1，…，β_n是待定系数，可以由递推公式求出。为简便起见，将式(1-13)写成矩阵形式：

$$\begin{bmatrix} b_n \\ b_{n-1} \\ \vdots \\ b_1 \\ b_0 \end{bmatrix} = \begin{bmatrix} 1 & & & & & \mathbf{0} \\ a_{n-1} & 1 & & & & \\ \vdots & \vdots & \ddots & & & \\ a_1 & a_2 & a_3 & \cdots & 1 & \\ a_0 & a_1 & a_2 & \cdots & a_{n-1} & 1 \end{bmatrix} \begin{bmatrix} \beta_0 \\ \beta_1 \\ \vdots \\ \beta_{n-1} \\ \beta_n \end{bmatrix} \tag{1-14}$$

例 1-6 已知高阶微分方程

$$\dddot{y} + 18\ddot{y} + 192\dot{y} + 640y = 160\dot{u} + 640u$$

试求系统的状态空间方程。

解：由原式可知$a_0=640$，$a_1=192$，$a_2=18$，$b_0=640$，$b_1=160$，代入式(1-14)得

$$\begin{bmatrix} 0 \\ 0 \\ 160 \\ 640 \end{bmatrix} = \begin{bmatrix} 1 & 0 & 0 & 0 \\ 18 & 1 & 0 & 0 \\ 192 & 18 & 1 & 0 \\ 640 & 192 & 18 & 1 \end{bmatrix} \begin{bmatrix} \beta_0 \\ \beta_1 \\ \beta_2 \\ \beta_3 \end{bmatrix}$$

可解得

$$\begin{bmatrix} \beta_0 \\ \beta_1 \\ \beta_2 \\ \beta_3 \end{bmatrix} = \begin{bmatrix} 0 \\ 0 \\ 160 \\ -2240 \end{bmatrix}$$

于是由公式(1-13)可写出系统状态空间方程为

$$\begin{bmatrix} \dot{x}_1 \\ \dot{x}_2 \\ \dot{x}_3 \end{bmatrix} = \begin{bmatrix} 0 & 1 & 0 \\ 0 & 0 & 1 \\ -640 & -192 & -18 \end{bmatrix} \begin{bmatrix} x_1 \\ x_2 \\ x_3 \end{bmatrix} + \begin{bmatrix} 0 \\ 160 \\ -2240 \end{bmatrix} u$$

$$\boldsymbol{y} = [1 \quad 0 \quad 0] \begin{bmatrix} x_1 \\ x_2 \\ x_3 \end{bmatrix}$$

实际上，由于采用该方法较为繁琐，通常的做法是将微分方程转换为传递函数，再由传递函数来实现。

1.4 状态空间方程的线性变换

1.4.1 状态向量线性变换

对于一个给定的定常系统，由于状态变量选取得不同，状态空间方程也就不同，但它们描述了同一个线性系统，因此在各状态空间方程所选取的状态向量之间，实际上存在着一种向量的线性变换关系。

1. 等价系统方程

设给定系统为

$$\begin{cases}\dot{\boldsymbol{x}} = \boldsymbol{Ax} + \boldsymbol{Bu} \\ \boldsymbol{y} = \boldsymbol{Cx} + \boldsymbol{Du}\end{cases} \tag{1-15}$$

我们总可以找到任意一个非奇异矩阵 $\boldsymbol{P}$，将原状态向量 $\boldsymbol{x}$ 作线性变换，得到另一状态向量 $\bar{\boldsymbol{x}}$，设变换关系为 $\bar{\boldsymbol{x}}=\boldsymbol{Px}$ 即 $\boldsymbol{x}=\boldsymbol{P}^{-1}\bar{\boldsymbol{x}}$，代入式(1-15)，得到新的状态空间方程

$$\begin{cases}\dot{\bar{\boldsymbol{x}}} = \boldsymbol{P}\dot{\boldsymbol{x}} = \boldsymbol{P}(\boldsymbol{Ax} + \boldsymbol{Bu}) = \boldsymbol{PAP}^{-1}\bar{\boldsymbol{x}} + \boldsymbol{PBu} = \bar{\boldsymbol{A}}\bar{\boldsymbol{x}} + \bar{\boldsymbol{B}}\boldsymbol{u} \\ \boldsymbol{y} = \boldsymbol{Cx} + \boldsymbol{Du} = \boldsymbol{CP}^{-1}\bar{\boldsymbol{x}} + \boldsymbol{Du} = \bar{\boldsymbol{C}}\bar{\boldsymbol{x}} + \bar{\boldsymbol{D}}\boldsymbol{u}\end{cases} \tag{1-16}$$

其中

$$\bar{\boldsymbol{A}} = \boldsymbol{PAP}^{-1},\ \bar{\boldsymbol{B}} = \boldsymbol{PB},\ \bar{\boldsymbol{C}} = \boldsymbol{CP}^{-1},\ \bar{\boldsymbol{D}} = \boldsymbol{D}$$

这里可以将非奇异矩阵 $\boldsymbol{P}$ 称为变换矩阵。从几何意义上来说，向量之间的线性变换，实际上是变换前后各向量所处的坐标系之间的变换。也就是说，通过线性变换 $\bar{\boldsymbol{x}}=\boldsymbol{Px}$，原状态向量 $\boldsymbol{x}$ 变换为新坐标系中的状态向量 $\bar{\boldsymbol{x}}$，但系统的特征和性质并没有改变。因此方程(1-16)可称为原系统方程(1-15)的等价方程。由于 $\boldsymbol{P}$ 的选择非唯一，故等价的系统方程也不是唯一的。

由此可知，同一系统的各个不同的状态空间描述互为等价。这些状态空间描述之间可以通过线性变换彼此得到。例如在例 1-1 中，选取非奇异变换矩阵

$$\boldsymbol{P} = \begin{bmatrix} 0 & 1 \\ \dfrac{1}{C} & 0 \end{bmatrix}$$

就可以将式(1-6)变为式(1-7)。

对系统进行线性变换的目的在于使系数矩阵 $\bar{\boldsymbol{A}}=\boldsymbol{PAP}^{-1}$ 规范化，以便于揭示系统的某些特性及分析计算。

2. 线性变换的特性

对于线性定常系统，系统的特征值是一个重要概念，它决定了系统的基本特性。通常常数 λ 与单位矩阵的乘积和系数矩阵之差的行列式称为特征多项式，即

$$|\lambda\boldsymbol{I} - \boldsymbol{A}| = \lambda^n + a_{n-1}\lambda^{n-1} + a_{n-2}\lambda^{n-2} + \cdots + a_1\lambda + a_0 \tag{1-17}$$

该特征多项式的根称为特征值。

对于式(1-15)表示的线性变换前的系统，特征值为 $|\lambda\boldsymbol{I}-\boldsymbol{A}|=0$ 的根。对于式(1-16)表示的线性变换后的系统，特征值为 $|\lambda\boldsymbol{I}-\bar{\boldsymbol{A}}|=0$ 的根，而

$$\begin{aligned}|\lambda\boldsymbol{I} - \bar{\boldsymbol{A}}| &= |\lambda\boldsymbol{I} - \boldsymbol{PAP}^{-1}| = |\boldsymbol{P}\lambda\boldsymbol{P}^{-1} - \boldsymbol{PAP}^{-1}| = |\boldsymbol{P}^{-1}(\lambda\boldsymbol{I} - \boldsymbol{A})\boldsymbol{P}| \\ &= |\boldsymbol{P}^{-1}||\lambda\boldsymbol{I} - \boldsymbol{A}||\boldsymbol{P}| = |\lambda\boldsymbol{I} - \boldsymbol{A}|\end{aligned}$$

说明线性变换不改变状态方程的特征值，故线性变换有等价变换之称。

1.4.2　化系数矩阵 A 为对角标准形

定理 1-1　对于式(1-15)所示的线性定常系统，当矩阵 $\boldsymbol{A}$ 的特征值 $\lambda_1, \lambda_2, \cdots, \lambda_n$ 互异时，每一个特征值对应一个特征向量，则矩阵 $\boldsymbol{A}$ 共有 n 个独立的特征向量。即

$$\boldsymbol{Aq}_i = \lambda_i\boldsymbol{q}_i \quad 或 \quad (\lambda_i\boldsymbol{I} - \boldsymbol{A})\boldsymbol{q}_i = 0 \qquad (i = 1, 2, \cdots, n) \tag{1-18}$$

此时，令 $\boldsymbol{Q}=[\boldsymbol{q}_1 \quad \boldsymbol{q}_2 \quad \cdots \quad \boldsymbol{q}_n]$，取变换矩阵

$$\boldsymbol{P}=\boldsymbol{Q}^{-1}=[\boldsymbol{q}_1 \quad \boldsymbol{q}_2 \quad \cdots \quad \boldsymbol{q}_n]^{-1} \tag{1-19}$$

通过变换 $\bar{\boldsymbol{x}}=\boldsymbol{P}\boldsymbol{x}$，可以将 $\boldsymbol{A}$ 矩阵化为对角标准形 $\boldsymbol{\Lambda}$：

$$\boldsymbol{PAP}^{-1}=\boldsymbol{\Lambda}=\begin{bmatrix}\lambda_1 & & & \boldsymbol{0}\\ & \lambda_2 & & \\ & & \ddots & \\ \boldsymbol{0} & & & \lambda_n\end{bmatrix} \tag{1-20}$$

对角标准形矩阵的特点是对角线上的元素是特征值，其余元素均为零，也称为对角线标准形。可以看出，对于变换后的状态方程 $\dot{\bar{\boldsymbol{x}}}=\boldsymbol{\Lambda}\bar{\boldsymbol{x}}+\bar{\boldsymbol{B}}\boldsymbol{u}$，每个状态变量 $\dot{\bar{x}}_i$ 只是与其自身的状态变量 $\bar{x}_i$ 有关，而与其他状态变量无关。也就是说，状态变量之间不再有耦合关系，这称为“状态解耦”。状态解耦对于研究多变量系统的性能很有用。

例 1-7 已知线性定常系统

$$\dot{\boldsymbol{x}}=\begin{bmatrix}2 & -1 & -1\\ 0 & -1 & 0\\ 0 & 2 & 1\end{bmatrix}\boldsymbol{x}+\begin{bmatrix}7\\ 2\\ 3\end{bmatrix}u$$

将此状态方程化为对角标准形。

解：(1) 求系统特征值：

$$|\lambda\boldsymbol{I}-\boldsymbol{A}|=\begin{vmatrix}\lambda-2 & 1 & 1\\ 0 & \lambda+1 & 0\\ 0 & -2 & \lambda-1\end{vmatrix}=(\lambda-2)(\lambda+1)(\lambda-1)=0$$

可解得 $\boldsymbol{A}$ 的特征值为 $\lambda_1=2$，$\lambda_2=-1$，$\lambda_3=1$。

(2) 确定非奇异变换矩阵 $\boldsymbol{P}$：

当 $\lambda_1=2$ 时，有

$$[\lambda_1\boldsymbol{I}-\boldsymbol{A}]\boldsymbol{q}_1=\begin{bmatrix}0 & 1 & 1\\ 0 & 3 & 0\\ 0 & -2 & 1\end{bmatrix}\begin{bmatrix}q_{11}\\ q_{21}\\ q_{31}\end{bmatrix}=0 \Rightarrow \begin{cases}q_{21}+q_{31}=0\\ 3q_{21}=0\\ -2q_{21}+q_{31}=0\end{cases} \Rightarrow \boldsymbol{q}_1=\begin{bmatrix}1\\ 0\\ 0\end{bmatrix}$$

当 $\lambda_2=-1$ 时，有

$$[\lambda_2\boldsymbol{I}-\boldsymbol{A}]\boldsymbol{q}_2=\begin{bmatrix}-3 & 1 & 1\\ 0 & 0 & 0\\ 0 & -2 & -2\end{bmatrix}\begin{bmatrix}q_{12}\\ q_{22}\\ q_{32}\end{bmatrix}=0 \Rightarrow \begin{cases}-3q_{12}+q_{22}+q_{32}=0\\ -2q_{22}-2q_{32}=0\end{cases} \Rightarrow \boldsymbol{q}_2=\begin{bmatrix}0\\ 1\\ -1\end{bmatrix}$$

当 $\lambda_3=1$ 时，同理可得 $\boldsymbol{q}_3=[1 \quad 0 \quad 1]^{\mathrm{T}}$。

所以可求出线性变换矩阵 $\boldsymbol{P}$

$$\boldsymbol{P}=[\boldsymbol{q}_1 \quad \boldsymbol{q}_2 \quad \boldsymbol{q}_3]^{-1}=\begin{bmatrix}1 & 0 & 1\\ 0 & 1 & 0\\ 0 & -1 & 1\end{bmatrix}^{-1}=\begin{bmatrix}1 & -1 & -1\\ 0 & 1 & 0\\ 0 & 1 & 1\end{bmatrix}$$

(3) 求线性变换后的状态方程：

$$\bar{A} = PAP^{-1} = \begin{bmatrix} 1 & -1 & -1 \\ 0 & 1 & 0 \\ 0 & 1 & 1 \end{bmatrix} \begin{bmatrix} 2 & -1 & -1 \\ 0 & -1 & 0 \\ 0 & 2 & 1 \end{bmatrix} \begin{bmatrix} 1 & 0 & 1 \\ 0 & 1 & 0 \\ 0 & -1 & 1 \end{bmatrix} = \begin{bmatrix} 2 & 0 & 0 \\ 0 & -1 & 0 \\ 0 & 0 & 1 \end{bmatrix}$$

$$\bar{B} = PB = \begin{bmatrix} 1 & -1 & -1 \\ 0 & 1 & 0 \\ 0 & 1 & 1 \end{bmatrix} \begin{bmatrix} 7 \\ 2 \\ 3 \end{bmatrix} = \begin{bmatrix} 2 \\ 2 \\ 5 \end{bmatrix}$$

所以对角标准形状态方程为

$$\dot{\bar{x}} = \begin{bmatrix} 2 & 0 & 0 \\ 0 & -1 & 0 \\ 0 & 0 & 1 \end{bmatrix} \bar{x} + \begin{bmatrix} 2 \\ 2 \\ 5 \end{bmatrix} u$$

定理 1-2　若线性定常系统的特征值 λ_1，λ_2，…，λ_n 互异，且系数矩阵 A 是友矩阵，即

$$A = \begin{bmatrix} 0 & 1 & 0 & \cdots & 0 \\ 0 & 0 & 1 & \cdots & 0 \\ \vdots & \vdots & \vdots & & \vdots \\ 0 & 0 & 0 & \cdots & 1 \\ -a_0 & -a_1 & -a_2 & \cdots & -a_{n-1} \end{bmatrix} \tag{1-21}$$

则矩阵 A 可化为对角标准形。这时由 n 个独立的特征向量构成的矩阵 Q 为一个范德蒙矩阵，其形式为

$$Q = \begin{bmatrix} 1 & 1 & \cdots & 1 \\ \lambda_1 & \lambda_2 & \cdots & \lambda_n \\ \lambda_1^2 & \lambda_2^2 & \cdots & \lambda_n^2 \\ \vdots & \vdots & & \vdots \\ \lambda_1^{n-1} & \lambda_2^{n-1} & \cdots & \lambda_n^{n-1} \end{bmatrix} \tag{1-22}$$

这时对应的线性变换矩阵 $P=Q^{-1}$。

例 1-8　已知线性定常系统

$$\dot{x} = \begin{bmatrix} 0 & 1 & 0 \\ 0 & 0 & 1 \\ -2 & 1 & 2 \end{bmatrix} x + \begin{bmatrix} 9 \\ 7 \\ 15 \end{bmatrix} u$$

将此状态方程化为对角标准形。

解：(1) 求系统特征值：

$$|\lambda I - A| = \begin{vmatrix} \lambda & -1 & 0 \\ 0 & \lambda & -1 \\ 2 & -1 & \lambda-2 \end{vmatrix} = (\lambda-2)(\lambda-1)(\lambda+1) = 0$$

可解得 A 的特征值为 $\lambda_1=2$，$\lambda_2=1$，$\lambda_3=-1$。

(2) 确定非奇异变换矩阵 P。

由于系统的特征值互异，且系数矩阵为友矩阵，故可由定理 1-2 求出非奇异变换矩阵 P 为

$$P = Q^{-1} = \begin{bmatrix} 1 & 1 & 1 \\ \lambda_1 & \lambda_2 & \lambda_3 \\ \lambda_1^2 & \lambda_2^2 & \lambda_3^2 \end{bmatrix}^{-1} = \begin{bmatrix} 1 & 1 & 1 \\ 2 & 1 & -1 \\ 4 & 1 & 1 \end{bmatrix}^{-1} = \begin{bmatrix} -\frac{1}{3} & 0 & \frac{1}{3} \\ 1 & \frac{1}{2} & -\frac{1}{2} \\ \frac{1}{3} & -\frac{1}{2} & \frac{1}{6} \end{bmatrix}$$

(3) 求线性变换后的状态方程：

$$\boldsymbol{\Lambda} = PAP^{-1} = \begin{bmatrix} \lambda_1 & 0 & 0 \\ 0 & \lambda_2 & 0 \\ 0 & 0 & \lambda_3 \end{bmatrix} = \begin{bmatrix} 2 & 0 & 0 \\ 0 & 1 & 0 \\ 0 & 0 & -1 \end{bmatrix}$$

$$\bar{B} = PB = \begin{bmatrix} -\frac{1}{3} & 0 & \frac{1}{3} \\ 1 & \frac{1}{2} & -\frac{1}{2} \\ \frac{1}{3} & -\frac{1}{2} & \frac{1}{6} \end{bmatrix} \begin{bmatrix} 9 \\ 7 \\ 15 \end{bmatrix} = \begin{bmatrix} 2 \\ 5 \\ 2 \end{bmatrix}$$

所以对角标准形状态方程为

$$\dot{\bar{x}} = \begin{bmatrix} 2 & 0 & 0 \\ 0 & 1 & 0 \\ 0 & 0 & -1 \end{bmatrix} \bar{x} + \begin{bmatrix} 2 \\ 5 \\ 2 \end{bmatrix} u$$

定理 1-3 对于式(1-15)所示的线性定常系统，当矩阵 $\boldsymbol{A}$ 具有重特征值，但 $\boldsymbol{A}$ 独立的特征向量的个数仍然为 n 个时，可以通过变换 $\bar{x}=Px$，将矩阵 $\boldsymbol{A}$ 化为对角标准形。

例 1-9 已知矩阵 $A=\begin{bmatrix} 1 & 0 & -1 \\ 0 & 1 & 0 \\ 0 & 0 & 2 \end{bmatrix}$，试化矩阵 $\boldsymbol{A}$ 为对角标准形。

解：(1) 求系统特征值：

$$|\lambda I - A| = \begin{vmatrix} \lambda-1 & 0 & 1 \\ 0 & \lambda-1 & 0 \\ 0 & 0 & \lambda-2 \end{vmatrix} = (\lambda-1)^2(\lambda-2) = 0$$

可解得 $\boldsymbol{A}$ 的特征值为 $\lambda_1=\lambda_2=1$，$\lambda_3=2$，有重根。

(2) 确定非奇异变换阵 $\boldsymbol{P}$：

当 $\lambda_{1,2}=1$ 时，有

$$[\lambda_1 I - A]q_1 = \begin{bmatrix} 0 & 0 & 1 \\ 0 & 0 & 0 \\ 0 & 0 & -1 \end{bmatrix} \begin{bmatrix} q_{11} \\ q_{21} \\ q_{31} \end{bmatrix} = 0$$

可得 $q_{31}=0$，q_{11} 和 q_{21} 可取任意值。令 $q_{11}=1$，$q_{21}=0$ 及 $q_{11}=0$，$q_{21}=1$，可得到两组线性无关解，故对应 $\lambda_{1,2}=1$ 有两个独立的特征向量：

$$q_1 = \begin{bmatrix} 1 \\ 0 \\ 0 \end{bmatrix}, \quad q_2 = \begin{bmatrix} 0 \\ 1 \\ 0 \end{bmatrix}$$

当 $\lambda_3=2$ 时，有

$$[\lambda_3 \boldsymbol{I}-\boldsymbol{A}]\boldsymbol{q}_3=\begin{bmatrix}1&0&1\\0&1&0\\0&0&0\end{bmatrix}\begin{bmatrix}q_{13}\\q_{23}\\q_{33}\end{bmatrix}=0\Rightarrow\begin{bmatrix}q_{13}\\q_{23}\\q_{33}\end{bmatrix}=\begin{bmatrix}-1\\0\\1\end{bmatrix}$$

由于系统有 3 个独立特征向量，故原系统状态空间方程可化为对角标准形。对应线性变换矩阵 $\boldsymbol{P}$ 可求出为

$$\boldsymbol{P}=[\boldsymbol{q}_1\quad \boldsymbol{q}_2\quad \boldsymbol{q}_3]^{-1}=\begin{bmatrix}1&0&-1\\0&1&0\\0&0&1\end{bmatrix}^{-1}=\begin{bmatrix}1&0&1\\0&1&0\\0&0&1\end{bmatrix}$$

(3) 将矩阵 $\boldsymbol{A}$ 化为对角标准形：

$$\boldsymbol{\Lambda}=\boldsymbol{PAP}^{-1}=\begin{bmatrix}1&0&1\\0&1&0\\0&0&1\end{bmatrix}\begin{bmatrix}1&0&-1\\0&1&0\\0&0&2\end{bmatrix}\begin{bmatrix}1&0&-1\\0&1&0\\0&0&1\end{bmatrix}=\begin{bmatrix}1&0&0\\0&1&0\\0&0&2\end{bmatrix}$$

1.4.3　化系数矩阵 A 为约当标准形

定理 1-4　当矩阵 $\boldsymbol{A}$ 具有 m 个重特征值，且对应于每个互异的特征值，只存在一个独立的特征向量时，必存在一个非奇异矩阵 $\boldsymbol{P}$，将矩阵 $\boldsymbol{A}$ 化为约当标准形：

$$\boldsymbol{J}=\boldsymbol{PAP}^{-1}=\begin{bmatrix}\boldsymbol{J}_1&&&\boldsymbol{0}\\&\boldsymbol{J}_2&&\\&&\ddots&\\\boldsymbol{0}&&&\boldsymbol{J}_m\end{bmatrix}_{n\times n}\tag{1-23}$$

约当标准形 $\boldsymbol{J}$ 是由约当块 $\boldsymbol{J}_i$ 组成的准对角矩阵。约当块 $\boldsymbol{J}_i$ 的形式为

$$\boldsymbol{J}_i=\begin{bmatrix}\lambda_i&1&&\boldsymbol{0}\\&\lambda_i&\ddots&\\&&\ddots&1\\\boldsymbol{0}&&&\lambda_i\end{bmatrix}$$

其中，λ_i 为第 i 个重特征值。由定理 1-4 可知，对角矩阵是一种特殊形式的约当矩阵。

为了将一般形式的矩阵 $\boldsymbol{A}$ 化成式(1-23)形式的约当矩阵，必须确定变换矩阵 $\boldsymbol{P}$。其求法如下：假设系统有 n 个重特征值，设为 λ_1，对应特征向量为 $\boldsymbol{q}_1$，$\boldsymbol{q}_2$，…，$\boldsymbol{q}_n$。由特征向量的定义，得到

$$\boldsymbol{A}[\boldsymbol{q}_1\quad \boldsymbol{q}_2\quad \cdots\quad \boldsymbol{q}_n]=[\boldsymbol{q}_1\quad \boldsymbol{q}_2\quad \cdots\quad \boldsymbol{q}_n]\begin{bmatrix}\lambda_1&1&&\boldsymbol{0}\\&\lambda_1&\ddots&\\&&\ddots&1\\\boldsymbol{0}&&&\lambda_1\end{bmatrix}$$

将上式展开，可得到

$$\begin{aligned}\lambda_1\boldsymbol{q}_1&=\boldsymbol{A}\boldsymbol{q}_1\\\boldsymbol{q}_1+\lambda_1\boldsymbol{q}_2&=\boldsymbol{A}\boldsymbol{q}_2\\\boldsymbol{q}_2+\lambda_1\boldsymbol{q}_3&=\boldsymbol{A}\boldsymbol{q}_3\end{aligned}$$

$$\vdots$$

$$\boldsymbol{q}_{n-1} + \lambda_1 \boldsymbol{q}_n = \boldsymbol{A}\boldsymbol{q}_n$$

可改写为

$$\begin{cases} [\lambda_1 \boldsymbol{I} - \boldsymbol{A}]\boldsymbol{q}_1 = 0 \\ [\lambda_1 \boldsymbol{I} - \boldsymbol{A}]\boldsymbol{q}_2 = -\boldsymbol{q}_1 \\ [\lambda_1 \boldsymbol{I} - \boldsymbol{A}]\boldsymbol{q}_3 = -\boldsymbol{q}_2 \\ \quad\vdots \\ [\lambda_1 \boldsymbol{I} - \boldsymbol{A}]\boldsymbol{q}_n = -\boldsymbol{q}_{n-1} \end{cases} \tag{1-24}$$

利用方程组(1-24)可以求出 n 重特征值对应的特征向量。其中 $\boldsymbol{q}_2$，$\boldsymbol{q}_3$，…，$\boldsymbol{q}_n$ 称为对应于 λ_1 的广义特征向量。此时变换矩阵为

$$\boldsymbol{P} = \boldsymbol{Q}^{-1} = [\boldsymbol{q}_1 \quad \boldsymbol{q}_2 \quad \cdots \quad \boldsymbol{q}_n]^{-1} \tag{1-25}$$

此法可推广到多个重特征值的情况。

假定 $n \times n$ 矩阵 $\boldsymbol{A}$ 有 m 重特征值 λ_1，$n-m$ 个互异特征值 λ_{m+1}，…，λ_{n-1}，λ_n。为确定线性变换矩阵，可以按上述方法求出对应于 λ_1 的 m 个特征向量 $\boldsymbol{q}_1$，$\boldsymbol{q}_2$，…，$\boldsymbol{q}_m$。按前面求对角标准形的方法求出其余对应于 λ_{m+1}，…，λ_{n-1}，λ_n 的 $n-m$ 个特征向量 $\boldsymbol{q}_{m+1}$，…，$\boldsymbol{q}_{n-1}$，$\boldsymbol{q}_n$。最后解得对应的线性变换矩阵为

$$\boldsymbol{P} = \boldsymbol{Q}^{-1} = [\boldsymbol{q}_1 \quad \cdots \quad \boldsymbol{q}_m \quad \boldsymbol{q}_{m+1} \quad \cdots \quad \boldsymbol{q}_n]^{-1} \tag{1-26}$$

例 1-10 已知矩阵 $\boldsymbol{A} = \begin{bmatrix} 0 & 6 & -5 \\ 1 & 0 & 2 \\ 3 & 2 & 4 \end{bmatrix}$，试化矩阵 $\boldsymbol{A}$ 为约当标准形。

解：(1) 求系统特征值：

$$|\lambda \boldsymbol{I} - \boldsymbol{A}| = \begin{vmatrix} \lambda & -6 & 5 \\ -1 & \lambda & -2 \\ -3 & -2 & \lambda-4 \end{vmatrix} = (\lambda-1)^2(\lambda-2) = 0$$

可解得 $\boldsymbol{A}$ 的特征值为 $\lambda_1 = \lambda_2 = 1$，$\lambda_3 = 2$。

(2) 确定非奇异变换矩阵 $\boldsymbol{P}$：

当 $\lambda_{1,2} = 1$ 时，有

$$[\lambda_1 \boldsymbol{I} - \boldsymbol{A}]\boldsymbol{q}_1 = \begin{bmatrix} 1 & -6 & 5 \\ -1 & 1 & -2 \\ -3 & -2 & -3 \end{bmatrix} \begin{bmatrix} q_{11} \\ q_{21} \\ q_{31} \end{bmatrix} = 0 \Rightarrow \begin{bmatrix} q_{11} \\ q_{21} \\ q_{31} \end{bmatrix} = \begin{bmatrix} 7 \\ -3 \\ -5 \end{bmatrix}$$

再将 $\boldsymbol{q}_1$ 代入 $[\lambda_1 \boldsymbol{I} - \boldsymbol{A}]\boldsymbol{q}_2 = -\boldsymbol{q}_1$，有

$$\begin{bmatrix} 1 & -6 & 5 \\ -1 & 1 & -2 \\ -3 & -2 & -3 \end{bmatrix} \begin{bmatrix} q_{12} \\ q_{22} \\ q_{32} \end{bmatrix} = -\begin{bmatrix} 7 \\ -3 \\ -5 \end{bmatrix} \Rightarrow \begin{bmatrix} q_{12} \\ q_{22} \\ q_{32} \end{bmatrix} = \begin{bmatrix} 0.6 \\ -0.4 \\ -2 \end{bmatrix}$$

当 $\lambda_3 = 2$ 时，有

$$[\lambda_3 \boldsymbol{I} - \boldsymbol{A}]\boldsymbol{q}_3 = \begin{bmatrix} 2 & -6 & 5 \\ -1 & 2 & -2 \\ -3 & -2 & -2 \end{bmatrix} \begin{bmatrix} q_{13} \\ q_{23} \\ q_{33} \end{bmatrix} = 0 \Rightarrow \begin{bmatrix} q_{13} \\ q_{23} \\ q_{33} \end{bmatrix} = \begin{bmatrix} 2 \\ -1 \\ -2 \end{bmatrix}$$

所以有

$$P^{-1}=\begin{bmatrix} q_{11} & q_{12} & q_{13} \\ q_{21} & q_{22} & q_{23} \\ q_{31} & q_{32} & q_{33} \end{bmatrix}=\begin{bmatrix} 7 & 0.6 & 2 \\ -3 & -0.4 & -1 \\ -5 & -2 & -2 \end{bmatrix},\quad P=\begin{bmatrix} 1.2 & 2.8 & -0.2 \\ 1 & 4 & -1 \\ -4 & -11 & 1 \end{bmatrix}$$

（3）化 $\boldsymbol{A}$ 为约当标准形：

$$J=PAP^{-1}=\begin{bmatrix} 1.2 & 2.8 & -0.2 \\ 1 & 4 & -1 \\ -4 & -11 & 1 \end{bmatrix}\begin{bmatrix} 0 & 6 & -5 \\ 1 & 0 & 2 \\ 3 & 2 & 4 \end{bmatrix}\begin{bmatrix} 7 & 0.6 & 2 \\ -3 & -0.4 & -1 \\ -5 & -2 & -2 \end{bmatrix}=\begin{bmatrix} 1 & 1 & 0 \\ 0 & 1 & 0 \\ 0 & 0 & 2 \end{bmatrix}$$

定理 1-5　如果 $n\times n$ 矩阵 $\boldsymbol{A}$ 有 n 重特征值 λ_1，且为友矩阵，则将系统状态方程化为约当标准形的非奇异矩阵 $P=Q^{-1}$，矩阵 Q 的形式为

$$Q=\begin{bmatrix} 1 & 0 & 0 & \cdots & 0 \\ \lambda_1 & 1 & 0 & \cdots & 0 \\ \lambda_1^2 & 2\lambda_1 & 1 & \cdots & 0 \\ \lambda_1^3 & 3\lambda_1^2 & 3\lambda_1 & \cdots & 0 \\ \vdots & \vdots & \vdots & & \vdots \\ \lambda_1^{n-1} & (n-1)\lambda_1^{n-2} & \dfrac{(n-1)(n-2)}{2}\lambda_1^{n-3} & \cdots & 1 \end{bmatrix} \tag{1-27}$$

如果 $\boldsymbol{A}$ 为友矩阵，且有 m 重特征值 λ_1，$n-m$ 个互异特征值 λ_{m+1}，…，λ_{n-1}，λ_n，则将系统状态方程化为约当标准形的非奇异矩阵 $P=Q^{-1}$，矩阵 Q 的形式为

$$Q=\begin{bmatrix} 1 & 0 & 0 & \cdots & 0 & 1 & \cdots & 1 \\ \lambda_1 & 1 & 0 & \cdots & 0 & \lambda_{m+1} & \cdots & \lambda_n \\ \lambda_1^2 & 2\lambda_1 & 1 & \cdots & 0 & \lambda_{m+1}^2 & \cdots & \lambda_n^2 \\ \lambda_1^3 & 3\lambda_1^2 & 3\lambda_1 & \cdots & 0 & \lambda_{m+1}^3 & \cdots & \lambda_n^3 \\ \vdots & \vdots & \vdots & & \vdots & \vdots & & \vdots \\ \lambda_1^{n-1} & (n-1)\lambda_1^{n-2} & \dfrac{(n-1)(n-2)}{2}\lambda_1^{n-3} & \cdots & \dfrac{(n-1)(n-2)\cdots(n-m+1)}{(m-1)!}\lambda_1^{n-m} & \lambda_{m+1}^{n-1} & \cdots & \lambda_n^{n-1} \end{bmatrix} \tag{1-28}$$

例 1-11　已知矩阵 $A=\begin{bmatrix} 0 & 1 & 0 \\ 0 & 0 & 1 \\ -1 & -3 & -3 \end{bmatrix}$，试化矩阵 $\boldsymbol{A}$ 为约当标准形。

解：（1）求系统特征值：

$$|\lambda I-A|=\begin{vmatrix} \lambda & -1 & 0 \\ 0 & \lambda & -1 \\ 1 & 3 & \lambda+3 \end{vmatrix}=(\lambda+1)^3=0$$

可解得 $\boldsymbol{A}$ 的特征值为 $\lambda_1=\lambda_2=\lambda_3=-1$。

（2）确定非奇异变换矩阵 $\boldsymbol{P}$：

系统有三重特征值，且系数矩阵为友矩阵，按照式(1-28)可求出变换矩阵：

$$\boldsymbol{P}=\boldsymbol{Q}^{-1}=[\boldsymbol{q}_1\quad \boldsymbol{q}_2\quad \boldsymbol{q}_3]^{-1}=\begin{bmatrix}1&0&0\\ \lambda_1&1&0\\ \lambda_1^2&2\lambda_1&1\end{bmatrix}^{-1}=\begin{bmatrix}1&0&0\\ -1&1&0\\ 1&-2&1\end{bmatrix}^{-1}=\begin{bmatrix}1&0&0\\ 1&1&0\\ 1&2&1\end{bmatrix}$$

（3）化 $\boldsymbol{A}$ 为约当标准形：

$$\boldsymbol{J}=\boldsymbol{PAP}^{-1}=\begin{bmatrix}1&0&0\\ 1&1&0\\ 1&2&1\end{bmatrix}\begin{bmatrix}0&1&0\\ 0&0&1\\ -1&-3&-3\end{bmatrix}\begin{bmatrix}1&0&0\\ -1&1&0\\ 1&-2&1\end{bmatrix}=\begin{bmatrix}-1&1&0\\ 0&-1&1\\ 0&0&1\end{bmatrix}$$

1.5　传递函数矩阵

线性定常系统初始条件为零时，输出量的拉普拉斯变换与输入量的拉普拉斯变换之比称为传递函数。系统的状态空间方程和传递函数是对同一系统的不同数学描述，因此可以相互转换。

1.5.1　由状态空间方程转换成传递函数矩阵

设系统状态空间方程为

$$\dot{\boldsymbol{x}}=\boldsymbol{Ax}+\boldsymbol{Bu}$$
$$\boldsymbol{y}=\boldsymbol{Cx}+\boldsymbol{Du}$$

对上式进行拉普拉斯变换，得

$$s\boldsymbol{X}(s)-\boldsymbol{x}(0)=\boldsymbol{AX}(s)+\boldsymbol{BU}(s)$$

化简后为

$$[s\boldsymbol{I}-\boldsymbol{A}]\boldsymbol{X}(s)=\boldsymbol{BU}(s)+\boldsymbol{x}(0)$$

令初始条件为零，即 $\boldsymbol{x}(0)=0$，有

$$\boldsymbol{X}(s)=(s\boldsymbol{I}-\boldsymbol{A})^{-1}\boldsymbol{BU}(s)$$
$$\boldsymbol{Y}(s)=[\boldsymbol{C}(s\boldsymbol{I}-\boldsymbol{A})^{-1}\boldsymbol{B}+\boldsymbol{D}]\boldsymbol{U}(s)$$

则系统的传递函数矩阵表达式为

$$\boldsymbol{G}_{yu}(s)=\boldsymbol{C}(s\boldsymbol{I}-\boldsymbol{A})^{-1}\boldsymbol{B}+\boldsymbol{D}\tag{1-29}$$

若系统是单输入单输出系统，则 $\boldsymbol{G}_{yu}(s)$ 的形式和古典控制理论中的传递函数一样。

例 1-12　系统状态空间方程为

$$\dot{\boldsymbol{x}}=\begin{bmatrix}0&1\\ -6&-5\end{bmatrix}\boldsymbol{x}+\begin{bmatrix}0\\ 1\end{bmatrix}u$$
$$\boldsymbol{y}=[1\quad 1]\boldsymbol{x}$$

求系统的传递函数。

解：利用式(1-29)可求出系统的传递函数，可先求出 $(s\boldsymbol{I}-\boldsymbol{A})^{-1}$：

$$(s\boldsymbol{I}-\boldsymbol{A})^{-1}=\begin{bmatrix}s&-1\\ 6&s+5\end{bmatrix}^{-1}=\frac{\mathrm{adj}(s\boldsymbol{I}-\boldsymbol{A})}{\det(s\boldsymbol{I}-\boldsymbol{A})}=\frac{\begin{bmatrix}s+5&1\\ -6&s\end{bmatrix}}{s^2+5s+6}$$

其中，$\mathrm{adj}(s\boldsymbol{I}-\boldsymbol{A})$ 表示 $(s\boldsymbol{I}-\boldsymbol{A})$ 的伴随矩阵；$\det(s\boldsymbol{I}-\boldsymbol{A})$ 表示 $(s\boldsymbol{I}-\boldsymbol{A})$ 的行列式。代入式(1-29)，可得

$$G_{yu}(s) = C(sI - A)^{-1}B = \begin{bmatrix} 1 & 1 \end{bmatrix} \frac{\begin{bmatrix} s+5 & 1 \\ -6 & s \end{bmatrix}}{s^2+5s+6} \begin{bmatrix} 0 \\ 1 \end{bmatrix} = \frac{s+1}{s^2+5s+6}$$

若系统为有 r 个输入、m 个输出的系统，则 $G_{yu}(s)$ 是一个 $m \times r$ 矩阵，称为系统输出向量对输入向量的传递函数矩阵，即

$$G_{yu}(s) = \begin{bmatrix} g_{11}(s) & g_{12}(s) & \cdots & g_{1r}(s) \\ g_{21}(s) & g_{22}(s) & \cdots & g_{2r}(s) \\ \vdots & \vdots & & \vdots \\ g_{m1}(s) & g_{m2}(s) & \cdots & g_{mr}(s) \end{bmatrix} \tag{1-30}$$

其中各元素 $g_{ij}(s)$ 都是标量函数，它表征第 j 个输入对第 i 个输出的传递关系。当 $i \neq j$ 时，意味着不同标号的输入与输出之间有相互关联，这种关联称为耦合关系，这正是多变量系统的特点。

例 1-13　试将下列系统状态方程变换为传递函数。

$$\dot{x} = \begin{bmatrix} 0 & 1 & 0 \\ 0 & -4 & 3 \\ -1 & -1 & -2 \end{bmatrix} x + \begin{bmatrix} 0 & 0 \\ 1 & 0 \\ 0 & 1 \end{bmatrix} u$$

$$y = \begin{bmatrix} 1 & 0 & 0 \\ 0 & 0 & 1 \end{bmatrix} x$$

解：

$$G_{yu}(s) = C(sI - A)^{-1}B = \begin{bmatrix} 1 & 0 & 0 \\ 0 & 0 & 1 \end{bmatrix} \begin{bmatrix} s & -1 & 0 \\ 0 & s+4 & -3 \\ 1 & 1 & s+2 \end{bmatrix}^{-1} \begin{bmatrix} 0 & 0 \\ 1 & 0 \\ 0 & 1 \end{bmatrix}$$

$$= \begin{bmatrix} 1 & 0 & 0 \\ 0 & 0 & 1 \end{bmatrix} \frac{\begin{bmatrix} s^2+6s+11 & s+2 & 3 \\ -3 & s(s+2) & 3s \\ -(s+4) & -(s+1) & s(s+4) \end{bmatrix}}{s^3+6s^2+11s+3} \begin{bmatrix} 0 & 0 \\ 1 & 0 \\ 0 & 1 \end{bmatrix}$$

$$= \begin{bmatrix} \dfrac{s+2}{s^3+6s^2+11s+3} & \dfrac{3}{s^3+6s^2+11s+3} \\ \dfrac{-(s+1)}{s^3+6s^2+11s+3} & \dfrac{s(s+4)}{s^3+6s^2+11s+3} \end{bmatrix}$$

1.5.2　子系统串并联与闭环系统传递函数矩阵

工程中较为复杂的系统，通常是由多个子系统按照某种方式组合而成的。通常组合的形式有并联、串联和反馈三种，以下仅以两个子系统组合连接为例，推导其等效的传递函数矩阵。

1. 子系统串联

子系统 $G_1(s)$ 和 $G_2(s)$ 串联连接如图 1-10 所示，前一个子系统的输出是后一个子系统的输入。串联后系统的传递函数矩阵可推导如下：

$$Y_1(s) = G_1(s)U_1(s)$$

$$\boldsymbol{Y}_2(s)=\boldsymbol{G}_2(s)\boldsymbol{U}_2(s)=\boldsymbol{G}_2(s)\boldsymbol{Y}_1(s)=\boldsymbol{G}_2(s)\boldsymbol{G}_1(s)\boldsymbol{U}_1(s)$$

所以串联后的等效传递函数矩阵为

$$\boldsymbol{G}_{yu}(s)=\frac{\boldsymbol{Y}_2(s)}{\boldsymbol{U}_1(s)}=\boldsymbol{G}_2(s)\boldsymbol{G}_1(s) \tag{1-31}$$

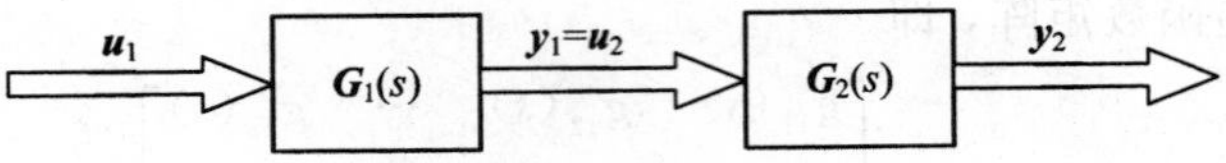

图 1-10　子系统串联

可见，两个子系统串联时，系统等效的传递函数矩阵等于两个子系统传递函数矩阵的乘积。注意 $\boldsymbol{G}_2(s)\boldsymbol{G}_1(s)$ 的相乘次序是不能随意改变的，应从输出端依次向前排列。

2. 子系统并联

子系统 $\boldsymbol{G}_1(s)$ 和 $\boldsymbol{G}_2(s)$ 并联连接如图 1-11 所示。所谓并联连接，是指各子系统的输入皆相同，输出是各子系统输出的代数和，且各输出的维数都一致。

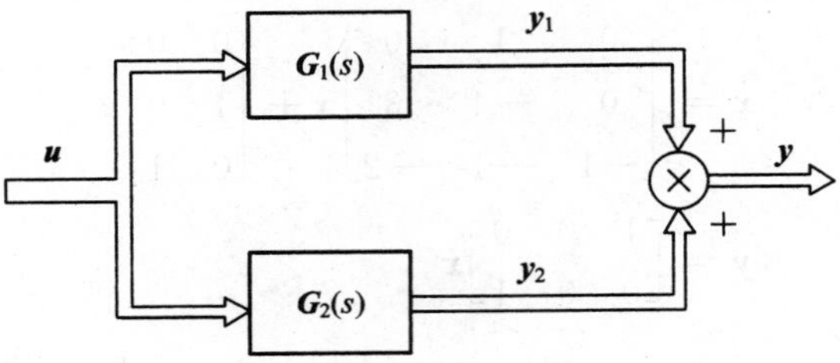

图 1-11　子系统并联

由图 1-11 可知：

$$\boldsymbol{Y}_1(s)=\boldsymbol{G}_1(s)\boldsymbol{U}(s)$$

$$\boldsymbol{Y}_2(s)=\boldsymbol{G}_2(s)\boldsymbol{U}(s)$$

$$\boldsymbol{Y}(s)=\boldsymbol{Y}_1(s)+\boldsymbol{Y}_2(s)=\boldsymbol{G}_1(s)\boldsymbol{U}(s)+\boldsymbol{G}_2(s)\boldsymbol{U}(s)=[\boldsymbol{G}_1(s)+\boldsymbol{G}_2(s)]\boldsymbol{U}(s)$$

所以并联后的等效传递函数为

$$\boldsymbol{G}_{yu}(s)=\frac{\boldsymbol{Y}(s)}{\boldsymbol{U}(s)}=\boldsymbol{G}_1(s)+\boldsymbol{G}_2(s) \tag{1-32}$$

可见，两个子系统并联时，系统等效的传递函数矩阵等于两个并联子系统传递函数矩阵之和。按矩阵加法，显然应要求传递函数矩阵 $\boldsymbol{G}_1(s)$ 和 $\boldsymbol{G}_2(s)$ 有完全相同的维数。

3. 具有输出反馈的闭环系统

子系统 $\boldsymbol{G}_0(s)$ 和 $\boldsymbol{H}(s)$ 构成的反馈连接如图 1-12 所示。

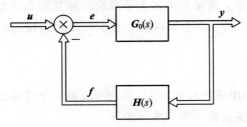

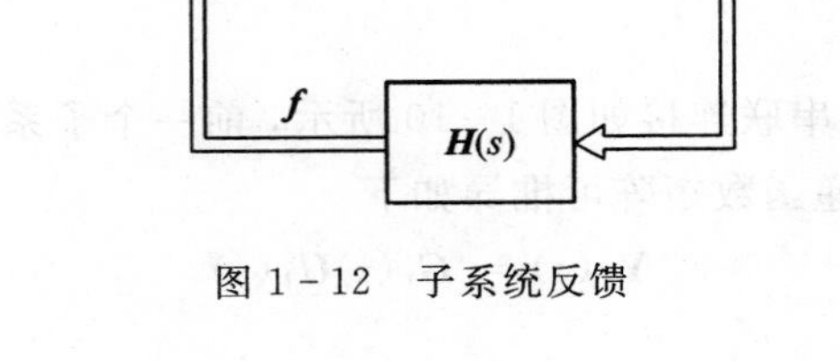

图 1-12　子系统反馈

下面推导闭环系统等效传递函数矩阵 $\boldsymbol{G}_{yu}(s)$。

$$\boldsymbol{Y}(s)=\boldsymbol{G}_0(s)[\boldsymbol{U}(s)-\boldsymbol{F}(s)]=\boldsymbol{G}_0(s)[\boldsymbol{U}(s)-\boldsymbol{H}(s)\boldsymbol{Y}(s)] \tag{1-33}$$

整理得

$$[\boldsymbol{I}+\boldsymbol{G}_0(s)\boldsymbol{H}(s)]\boldsymbol{Y}(s)=\boldsymbol{G}_0(s)\boldsymbol{U}(s)$$

故

$$\boldsymbol{Y}(s)=[\boldsymbol{I}+\boldsymbol{G}_0(s)\boldsymbol{H}(s)]^{-1}\boldsymbol{G}_0(s)\boldsymbol{U}(s)$$

所以并联后的等效传递函数矩阵为

$$\boldsymbol{G}_{yu}(s)=[\boldsymbol{I}+\boldsymbol{G}_0(s)\boldsymbol{H}(s)]^{-1}\boldsymbol{G}_0(s) \tag{1-34}$$

另外，由式(1-33)还可以作如下不同的整理：

$$\boldsymbol{G}_0^{-1}(s)[\boldsymbol{I}+\boldsymbol{G}_0(s)\boldsymbol{H}(s)]\boldsymbol{Y}(s)=\boldsymbol{U}(s)$$

即

$$\boldsymbol{Y}(s)=\boldsymbol{G}_0(s)[\boldsymbol{I}+\boldsymbol{H}(s)\boldsymbol{G}_0(s)]^{-1}\boldsymbol{U}(s)$$

所以并联后的等效传递函数矩阵也可以写为

$$\boldsymbol{G}_{yu}(s)=\boldsymbol{G}_0(s)[\boldsymbol{I}+\boldsymbol{H}(s)\boldsymbol{G}_0(s)]^{-1} \tag{1-35}$$

应该强调的是，在反馈连接的组合系统中，$[\boldsymbol{I}+\boldsymbol{G}_0(s)\boldsymbol{H}(s)]^{-1}$ 或 $[\boldsymbol{I}+\boldsymbol{H}(s)\boldsymbol{G}_0(s)]^{-1}$ 存在的条件是至关重要的，否则反馈系统对于某些输入就没有一个满足式(1-34)或式(1-35)的输出。就这个意义来说，反馈连接就变得无意义了。另外在使用式(1-34)或式(1-35)求传递函数矩阵时，切不可将矩阵相乘顺序任意颠倒。

例 1-14　已知系统结构如图 1-13 所示，求该组合系统结构图。

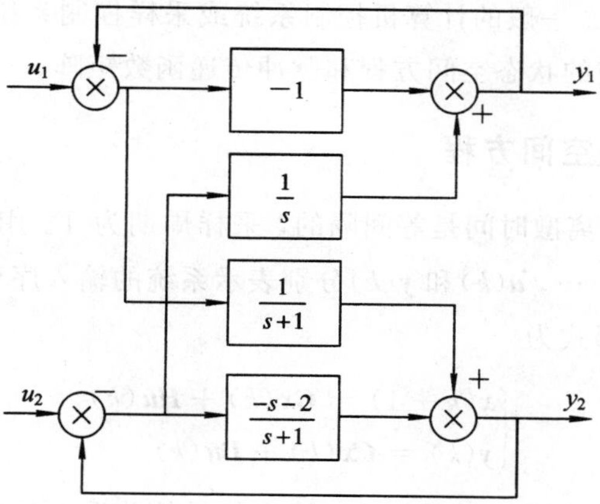

图 1-13　系统结构图

解：该系统可看做两个子系统反馈连接。由图可知：

$$\boldsymbol{G}_0(s)=\begin{bmatrix}-1 & \dfrac{1}{s}\\ \dfrac{1}{s+1} & \dfrac{-s-2}{s+1}\end{bmatrix},\ \boldsymbol{H}(s)=\begin{bmatrix}1 & 0\\ 0 & 1\end{bmatrix}$$

由式(1-34)可得

$$\boldsymbol{G}_{yu}(s) = [\boldsymbol{I} + \boldsymbol{G}_0(s)\boldsymbol{H}(s)]^{-1}\boldsymbol{G}_0(s)$$

$$= \begin{bmatrix} 0 & \dfrac{1}{s} \\ \dfrac{1}{s+1} & \dfrac{-1}{s+1} \end{bmatrix}^{-1} \begin{bmatrix} -1 & \dfrac{1}{s} \\ \dfrac{1}{s+1} & \dfrac{-s-2}{s+1} \end{bmatrix}$$

$$= \begin{bmatrix} -s+1 & -s-1 \\ -s & 1 \end{bmatrix}$$

或者由式(1-35)可得

$$\boldsymbol{G}_{yu}(s) = \boldsymbol{G}_0(s)[\boldsymbol{I} + \boldsymbol{H}(s)\boldsymbol{G}_0(s)]^{-1}$$

$$= \begin{bmatrix} -1 & \dfrac{1}{s} \\ \dfrac{1}{s+1} & \dfrac{-s-2}{s+1} \end{bmatrix} \begin{bmatrix} 0 & \dfrac{1}{s} \\ \dfrac{1}{s+1} & \dfrac{-1}{s+1} \end{bmatrix}^{-1}$$

$$= \begin{bmatrix} -s+1 & -s-1 \\ -s & 1 \end{bmatrix}$$

1.6 离散系统的数学描述

以上各节讨论的系统均为连续系统，实际生产生活中还存在另一种变量定义在离散时间上的系统，即离散系统。一般的计算机控制系统或采样控制系统多属离散控制系统。本节讨论线性定常离散系统的状态空间方程和脉冲传递函数矩阵。

1.6.1 离散系统状态空间方程

为了方便起见，假定离散时间是等间隔的，采样周期为 T。用 $\boldsymbol{u}(k)$ 代表 $\boldsymbol{u}(kT)$，$\boldsymbol{y}(k)$ 代表 $\boldsymbol{y}(kT)$，$k=0, 1, 2, \cdots$，$\boldsymbol{u}(k)$ 和 $\boldsymbol{y}(k)$ 分别表示系统的输入序列和输出序列。线性定常离散系统动态方程一般形式为

$$\begin{cases} \boldsymbol{x}(k+1) = \boldsymbol{G}\boldsymbol{x}(k) + \boldsymbol{H}\boldsymbol{u}(k) \\ \boldsymbol{y}(k) = \boldsymbol{C}\boldsymbol{x}(k) + \boldsymbol{D}\boldsymbol{u}(k) \end{cases} \tag{1-36}$$

离散系统一般用差分方程表示其输入、输出信号的关系，下面分两种情况讨论由差分方程建立状态空间方程的方法。

1. 差分方程中不含输入信号的差分项

$$y(k+n) + a_{n-1}y(k+n-1) + \cdots + a_2 y(k+2) + a_1 y(k+1) + a_0 y(k) = b_0 u(k) \tag{1-37}$$

依次选取 $y(k)$，$y(k+1)$，$y(k+2)$，…，$y(k+n-1)$ 为状态变量，采用和 1.3 节线性连续系统相同的分析方法，可得到系统的状态空间方程为

$$
\left\{\begin{aligned}
&\begin{bmatrix} x_1(k+1) \\ x_2(k+1) \\ \vdots \\ x_{n-1}(k+1) \\ x_n(k+1) \end{bmatrix} = \begin{bmatrix} 0 & 1 & 0 & \cdots & 0 \\ 0 & 0 & 1 & \cdots & 0 \\ \vdots & \vdots & \vdots & & \vdots \\ 0 & 0 & 0 & \cdots & 1 \\ -a_0 & -a_1 & -a_2 & \cdots & -a_{n-1} \end{bmatrix} \begin{bmatrix} x_1(k) \\ x_2(k) \\ \vdots \\ x_{n-1}(k) \\ x_n(k) \end{bmatrix} + \begin{bmatrix} 0 \\ 0 \\ \vdots \\ 0 \\ b_0 \end{bmatrix} u(k) \\
&y(k) = [1 \quad 0 \quad 0 \quad \cdots \quad 0] \begin{bmatrix} x_1(k) \\ x_2(k) \\ \vdots \\ x_{n-1}(k) \\ x_n(k) \end{bmatrix}
\end{aligned}\right.
\tag{1-38}
$$

例 1-15　将高阶微分方程

$$y(k+3)+6y(k+2)+11y(k+1)+6y(k)=6u(k)$$

变换为状态空间方程。

解：$a_0=6$，$a_1=11$，$a_2=6$，$b_0=6$，由式(1-38)可得

$$\begin{bmatrix} x_1(k+1) \\ x_2(k+1) \\ x_3(k+1) \end{bmatrix} = \begin{bmatrix} 0 & 1 & 0 \\ 0 & 0 & 1 \\ -6 & -11 & -6 \end{bmatrix} \begin{bmatrix} x_1(k) \\ x_2(k) \\ x_3(k) \end{bmatrix} + \begin{bmatrix} 0 \\ 0 \\ 6 \end{bmatrix} u(k)$$

$$y(k) = [1 \quad 0 \quad 0] \begin{bmatrix} x_1(k) \\ x_2(k) \\ x_3(k) \end{bmatrix}$$

2. 差分方程中含有输入信号的差分项

$$
\begin{aligned}
&y(k+n)+a_{n-1}y(k+n-1)+\cdots+a_2y(k+2)+a_1y(k+1)+a_0y(k) \\
&=b_nu(k+n)+b_{n-1}u(k+n-1)+\cdots+b_2u(k+2)+b_1u(k+1)+b_0u(k)
\end{aligned}
\tag{1-39}
$$

同样采用和 1.3 节线性系统相同的分析方法，可得到系统的状态空间方程为

$$
\left\{\begin{aligned}
&\begin{bmatrix} x_1(k+1) \\ x_2(k+1) \\ \vdots \\ x_{n-1}(k+1) \\ x_n(k+1) \end{bmatrix} = \begin{bmatrix} 0 & 1 & 0 & \cdots & 0 \\ 0 & 0 & 1 & \cdots & 0 \\ \vdots & \vdots & \vdots & & \vdots \\ 0 & 0 & 0 & \cdots & 1 \\ -a_0 & -a_1 & -a_2 & \cdots & -a_{n-1} \end{bmatrix} \begin{bmatrix} x_1(k) \\ x_2(k) \\ \vdots \\ x_{n-1}(k) \\ x_n(k) \end{bmatrix} + \begin{bmatrix} \beta_1 \\ \beta_2 \\ \vdots \\ \beta_{n-1} \\ \beta_n \end{bmatrix} u(k) \\
&y(k) = [1 \quad 0 \quad 0 \quad \cdots \quad 0] \begin{bmatrix} x_1(k) \\ x_2(k) \\ \vdots \\ x_{n-1}(k) \\ x_n(k) \end{bmatrix} + \beta_0 u(k)
\end{aligned}\right.
\tag{1-40}
$$

式中 β_0，β_1，…，β_n 同样可由式(1-14)求取。

例 1-16 已知高阶微分方程

$$y(k+3)+4y(k+2)+3y(k+1)+y(k)=u(k+3)+2u(k+2)+u(k+1)+3u(k)$$

试求系统的状态空间方程。

解：由原式可知 $a_0=1$，$a_1=3$，$a_2=4$，$b_0=3$，$b_1=1$，$b_2=2$，$b_3=1$，代入式(1-14)得

$$\begin{bmatrix}1\\2\\1\\3\end{bmatrix}=\begin{bmatrix}1&0&0&0\\4&1&0&0\\3&4&1&0\\1&3&4&1\end{bmatrix}\begin{bmatrix}\beta_0\\\beta_1\\\beta_2\\\beta_3\end{bmatrix}$$

可解得

$$\begin{bmatrix}\beta_0\\\beta_1\\\beta_2\\\beta_3\end{bmatrix}=\begin{bmatrix}1\\-2\\6\\-16\end{bmatrix}$$

于是由公式(1-40)可得系统状态空间方程为

$$\begin{bmatrix}x_1(k+1)\\x_2(k+1)\\x_3(k+1)\end{bmatrix}=\begin{bmatrix}0&1&0\\0&0&1\\-1&-3&-4\end{bmatrix}\begin{bmatrix}x_1(k)\\x_2(k)\\x_3(k)\end{bmatrix}+\begin{bmatrix}-2\\6\\-16\end{bmatrix}u(k)$$

$$y(k)=\begin{bmatrix}1&0&0\end{bmatrix}\begin{bmatrix}x_1(k)\\x_2(k)\\x_3(k)\end{bmatrix}+u(k)$$

1.6.2 脉冲传递函数矩阵

对于描述线性定常离散系统的差分方程，通过 $\mathscr{Z}$ 变换，在系统初始条件为零时，可求出系统的脉冲传递函数。而当给出系统状态空间方程时，通过 $\mathscr{Z}$ 变换也可以得到脉冲传递函数矩阵。

将方程(1-36)进行 $\mathscr{Z}$ 变换得

$$z\boldsymbol{X}(z)-z\boldsymbol{x}(0)=\boldsymbol{G}\boldsymbol{X}(z)+\boldsymbol{H}\boldsymbol{U}(z)$$

如果 $[z\boldsymbol{I}-\boldsymbol{G}]^{-1}$ 存在，则可求出状态解

$$\boldsymbol{X}(z)=[z\boldsymbol{I}-\boldsymbol{G}]^{-1}\boldsymbol{H}\boldsymbol{U}(z)+[z\boldsymbol{I}-\boldsymbol{G}]^{-1}z\boldsymbol{x}(0) \tag{1-41}$$

在系统初始条件为零时，有 $\boldsymbol{x}(0)=0$，代入式(1-41)有

$$\boldsymbol{X}(z)=[z\boldsymbol{I}-\boldsymbol{G}]^{-1}\boldsymbol{H}\boldsymbol{U}(z)$$

系统输出为

$$\begin{aligned}\boldsymbol{Y}(z)&=\boldsymbol{C}\boldsymbol{X}(z)+\boldsymbol{D}\boldsymbol{U}(z)\\&=\boldsymbol{C}[z\boldsymbol{I}-\boldsymbol{G}]^{-1}\boldsymbol{H}\boldsymbol{U}(z)+\boldsymbol{D}\boldsymbol{U}(z)\\&=\{\boldsymbol{C}[z\boldsymbol{I}-\boldsymbol{G}]^{-1}\boldsymbol{H}+\boldsymbol{D}\}\boldsymbol{U}(z)\end{aligned}$$

定义系统输出量对输入向量的 $m\times r$ 型脉冲传递函数矩阵为

$$\boldsymbol{G}_{yu}(z)=\boldsymbol{C}[z\boldsymbol{I}-\boldsymbol{G}]^{-1}\boldsymbol{H}+\boldsymbol{D} \tag{1-42}$$

例 1-17 已知线性定常离散系统方程为

$$\begin{bmatrix} x_1(k+1) \\ x_2(k+1) \end{bmatrix} = \begin{bmatrix} 0 & -1 \\ -0.4 & 0.3 \end{bmatrix} \begin{bmatrix} x_1(k) \\ x_2(k) \end{bmatrix} + \begin{bmatrix} 0 \\ 1 \end{bmatrix} u(k)$$

$$\boldsymbol{y}(k) = \begin{bmatrix} 1 & 1 \\ 0 & 1 \end{bmatrix} \begin{bmatrix} x_1(k) \\ x_2(k) \end{bmatrix} + u(k)$$

求其脉冲传递函数矩阵。

解：由式(1-42)可知

$$\begin{aligned} \boldsymbol{G}_{yu}(z) &= \boldsymbol{C}[z\boldsymbol{I} - \boldsymbol{G}]^{-1}\boldsymbol{H} \\ &= \begin{bmatrix} 1 & 1 \\ 0 & 1 \end{bmatrix} \begin{bmatrix} z & 1 \\ 0.4 & z-0.3 \end{bmatrix}^{-1} \begin{bmatrix} 0 \\ 1 \end{bmatrix} \\ &= \begin{bmatrix} 1 & 1 \\ 0 & 1 \end{bmatrix} \begin{bmatrix} \dfrac{z-0.3}{(z-0.8)(z+0.5)} & \dfrac{-1}{(z-0.8)(z+0.5)} \\ \dfrac{-0.4}{(z-0.8)(z+0.5)} & \dfrac{z}{(z-0.8)(z+0.5)} \end{bmatrix} \begin{bmatrix} 0 \\ 1 \end{bmatrix} \\ &= \begin{bmatrix} \dfrac{z-1}{(z-0.8)(z+0.5)} \\ \dfrac{z}{(z-0.8)(z+0.5)} \end{bmatrix} \end{aligned}$$

1.7 用 MATLAB 进行数学建模和模型转换

MATLAB 是美国 MathWorks Inc. 开发的一个用于科学和工程计算的大型综合软件，具有强大的数值计算和工程运算功能，完美的图形可视化数据处理能力，标准的开放式可扩充结构，极多的工具箱。目前 MATLAB 在工程和非工程领域的科研、教学和开发中已得到广泛的应用。对控制领域，MATLAB 是应用最广的首选计算机工具。在本节中，将介绍在自动控制系统设计和分析中所用到的 MATLAB 的一些基础知识。

1.7.1 MATLAB 简介

1. 使用 MATLAB 的窗口环境

MATLAB 是一个高度集成的语言环境，在它的窗口环境中可以编写、运行并跟踪调试程序。MATLAB 的基本界面如图 1-14 所示。

1) MATLAB 命令窗口

MATLAB 安装好之后，双击 MATLAB 图标，就可以进入命令窗口，此时意味着系统处于准备接受命令的状态，可以在命令窗口中直接输入命令语句。MATLAB 的命令窗口是工作的主要窗口。

MATLAB 的菜单命令由 File、Edit、View、Window、Help 这几组命令组成。通过菜单命令可以完成保存工作空间中变量、打开 M 文件编辑/调试器等操作。

工具栏是 MATLAB 为用户提供的常用命令的快捷方式。当前路径是 MATLAB 搜索命令和函数的路径，可以通过当前路径浏览器来重新设置或改变当前路径。

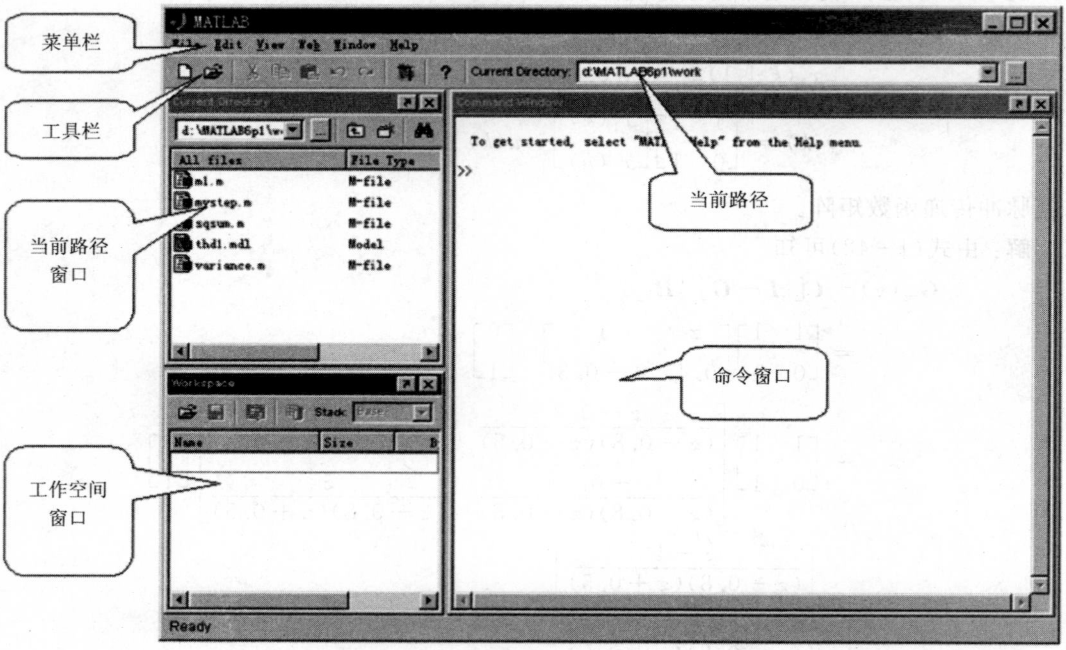

图 1-14 MATLAB 的窗口环境

2) MATLAB 命令、函数和文件

MATLAB 的程序类型包括脚本文件和函数(function)文件，它们都是以“.m”为扩展名的文本文件。脚本文件是一些 MATLAB 的命令和函数的组合，类似 DOS 下的批处理文件。函数文件是有输入、输出参数的 M 文件。函数接受输入参数，然后执行并输出结果。用 help 命令可以显示它的注释说明。文件名必须与函数名一致。

在 MATLAB 窗口中创建 M 文件时，可以从 File 菜单中选择 New 及 M-file 项，然后打开一个文本编辑窗口用于输入 MATLAB 命令。在其他平台上也很容易打开一个独立的终端窗口，选用用户最熟悉的文本编辑器来生成 M 文件。M 文件中的命令可访问 MATLAB 工作空间中的所有变量，且 M 文件中的变量也成为工作空间的一部分。M 文件执行时，echo on 将把读入和运行的命令显示在窗口上，echo off 关闭前述功能。

3) MATLAB 使用帮助

MATLAB 的命令和函数很多，容易遗忘。这时可以用 help 或 lookfor 加函数名的方式获取帮助，也可以打开帮助窗口求助，另外还可以打开示例窗口学习。

2. MATLAB 基本数学运算

1) MATLAB 的变量、表达式和运算符

MATLAB 的变量不需要在使用前声明，并且系统会自动给变量分配适当的内存。MATLAB 的变量必须用字母开头，由字母、数字和下划线组成(字母区分大小写)。

MATLAB 的表达式由运算符、变量、函数和数字组成。格式形式有两种：一种是在提示符后直接输入表达式，系统会自动将运算后的结果赋给变量 ans，并显示在屏幕上。ans 是默认的变量名，会在以后类似的操作中被覆盖掉；另一种格式是“变量=表达式”，系统

将等号右侧计算后的结果赋给等号左侧的变量并放入内存中，而且还会显示在屏幕上。

在运算式中，MATLAB 通常不需要考虑空格；多条命令可以放在一行中，它们之间需要用分号隔开。在表达式的末尾加上分号则表示禁止结果显示。

表达式在 MATLAB 中占了很重要的地位，几乎所有操作都必须借助表达式来进行。

MATLAB 的运算符有三种类型：算术运算符、关系运算符、逻辑运算符。它们的处理顺序依次为算术运算符、关系运算符、逻辑运算符。主要的算术运算符有：＋(加法)、－(减法)、^(幂)、*(乘)、/(左除)、\(右除)等；关系运算符有：＜(小于)、＞(大于)、＜＝(小于等于)、＞＝(大于等于)、＝＝(等于)、～＝(不等于)等；逻辑运算符有：&(与)、|(或)、～(非)。

2) 矩阵的输入

MATLAB 以矩阵为基本运算单元。矩阵输入时，整个矩阵以方括号[ ]作为首尾，行和行之间必须以分号或 Enter 键分隔，每行中的元素用逗号或空格分隔。

例 1-18　输入矩阵 $\boldsymbol{B}=\begin{bmatrix}1 & 2 & 3 & 4\\ 5 & 6 & 7 & 8\\ 9 & 10 & 11 & 12\end{bmatrix}$。

```
≫B = [1 2 3 4; 5 6 7 8; 9 10 11 12]
```

回车后得到：

```
B=

        1   2   3   4
        5   6   7   8
        9  10  11  12
```

1.7.2　控制系统的数学描述

1. 连续系统的传递函数描述

连续系统的传递函数有两种表示形式，即有理函数形式和零极点形式。

1) 有理函数形式的传递函数模型表示

$$G(s)=\frac{b_0 s^m+b_1 s^{m-1}+\cdots+b_{m-1}s+b_m}{a_0 s^n+a_1 s^{n-1}+\cdots+a_{n-1}s+a_n}$$

式中 s 的系数均为常数，且 a_0 不等于零，这时函数在 MATLAB 中可以方便地用由分子和分母中各项的系数构成的两个向量唯一地确定出来，这两个向量分别用 num 和 den 表示(当然也可以用其他变量表示)：

num＝[b_0, b_1, b_2, …, b_{m-1}, b_m]

den＝[a_0, a_1, a_2, …, a_{n-1}, a_n]

注意：它们都是按 s 的降幂排列的。

由函数 tf(num, den)可输入并显示系统的传递函数模型。

例 1-19　试用 MATLAB 输入系统传递函数

$$G(s)=\frac{2s^2+s+1}{4s^3+2s^2+s+3}$$

```
≫ num=[2 1 1]; den=[4 2 1 3];              %输入传递函数模型
```

```
≫ tf(num, den)                    %构造出有理函数形式的传递对象
                                  %用来检验输入是否正确
```

输出结果为

```
Transfer function:
 2 s^2 + s + 1
---------------------
4 s^3 + 2 s^2 + s + 3
```

2）零极点形式的传递函数模型表示

$$G(s)=K\frac{(s-z_1)(s-z_2)\cdots(s-z_m)}{(s-p_1)(s-p_2)\cdots(s-p_n)}$$

可以采用下面的语句输入：

$z=[z_1, z_2, \cdots, z_m]$

$p=[p_1, p_2, \cdots, p_n]$

$k=[K]$

变量 z、p、k 分别是系统的零点、极点和增益向量。

由函数 zpk(z, p, k)可输入并显示出零极点形式的传递函数。

例 1-20 试用 MATLAB 输入系统传递函数

$$G(s)=\frac{5(s+1)}{(s+2)(s+3)(s+4)}$$

```
≫p=[-2 -3 -4]; k=5; z=[-1];       %输入传递函数模型
≫zpk(z, p, k)                      %用 zpk( )函数可构造出零极点形式的
                                   %传递函数，用来检验输入是否正确
```

输出结果为

```
Zero/pole/gain:
   5 (s+1)
-------------------
(s+2) (s+3) (s+4)
```

3）多变量系统的传递函数矩阵

对于多变量系统，只需要先输入矩阵的各个子传递函数矩阵，再按照常规矩阵的方式输入整个传递函数矩阵即可。

例 1-21 试用 MATLAB 输入一个多变量传递函数矩阵

$$\boldsymbol{G}(s)=\begin{bmatrix}\frac{1}{s^2-3s+2} & \frac{4}{s^2-3s+2}\\ \frac{s+1}{s^2-3s+2} & \frac{2s-5}{s^2-3s+2}\end{bmatrix}$$

```
≫g11=tf(1, [1 -3 2]);             %输入传递函数矩阵的各个元素
≫g12=tf(4, [1 -3 2]);
≫g21=tf([1 1], [1 -3 2]);
≫g22=tf([2 -5], [1 -3 2]);
≫G=[g11, g12; g21 g22];           %由各个元素构成传递函数矩阵
```

2. 状态空间描述

系统状态空间方程

$$\dot{x} = Ax + Bu$$
$$y = Cx + Du$$

在MATLAB中用(A，B，C，D)矩阵组表示。由函数ss()可输入并显示出系统状态空间方程。

例1-22　试用MATLAB输入系统

$$\dot{x} = \begin{bmatrix} 1 & 6 & 9 & 10 \\ 3 & 12 & 6 & 8 \\ 4 & 7 & 9 & 11 \\ 5 & 12 & 13 & 14 \end{bmatrix} x + \begin{bmatrix} 4 & 6 \\ 2 & 4 \\ 2 & 2 \\ 1 & 0 \end{bmatrix} u$$

$$y = \begin{bmatrix} 0 & 0 & 2 & 1 \\ 8 & 0 & 2 & 2 \end{bmatrix} x$$

```
≫A=[1 6 9 10; 3 12 6 8; 4 7 9 11; 5 12 13 14];    %输入传递函数模型
≫B=[4 6; 2 4; 2 2; 1 0]; C=[0 0 2 1; 8 0 2 2]; D=0;
≫ss(A, B, C, D)                       %用ss( )函数构造出系统状态空间方程
                                      %用来检验输入是否正确
```

输出结果为

```
a=
        x1   x2   x3   x4
   x1   1    6    9    10
   x2   3    12   6    8
   x3   4    7    9    11
   x4   5    12   13   14
b=
        u1   u2
   x1   4    6
   x2   2    4
   x3   2    2
   x4   1    0
c=
        x1   x2   x3   x4
   y1   0    0    2    1
   y2   8    0    2    2
d=
        u1   u2
   y1   0    0
   y2   0    0
Continuous-time model
```

3. 离散系统的传递函数描述

(1) 离散系统的传递函数模型通常可表示为

$$G(z)=\frac{b_0z^m+b_1z^{m-1}+\cdots+b_{m-1}z+b_m}{a_0z^n+a_1z^{n-1}+\cdots+a_{n-1}z+a_n}$$

输入离散系统的传递函数模型的方式和输入连续系统的传递函数模型的方式一样，只需要分别按要求输入系统函数的分子和分母多项式系数，就可以利用tf( )函数将其输入到MATLAB环境中。唯一的区别是，对于离散系统的传递函数，还需要输入系统的采样周期 T。具体语句如下：

num=[b_0, b_1, b_2, …, b_{m-1}, b_m]

den=[a_0, a_1, a_2, …, a_{n-1}, a_n]

G=tf(num, den, 'Ts', T)，T 即是确定的采样周期

例 1-23 假设离散系统的传递函数模型为

$$G(z)=\frac{6z^2-0.6z-0.12}{z^4-z^3+0.25z^2+0.25z-0.125}$$

且已知系统的采样周期 $T=0.1$ s。试输入MATLAB模型。

```
≫num=[6 -0.6 -0.12]; den=[1 -1 0.25 0.25 -0.125];
≫G=tf(num, den, 'Ts', 0.1)
```

结果为 Transfer function:

```
        6z^2 - 0.6 z - 0.12
---------------------------------
z^4 - z^3 + 0.25 z^2 + 0.25 z - 0.125
Sampling time: 0.1
```

(2) 离散系统的状态空间方程模型可表示为

$$\boldsymbol{x}(k+1)=\boldsymbol{Gx}(k)+\boldsymbol{Hu}(k)$$
$$\boldsymbol{y}(k)=\boldsymbol{Cx}(k)+\boldsymbol{Du}(k)$$

可以看出，该模型的输入应该和连续系统的状态空间方程的输入方式一样，只需要输入 $\boldsymbol{G}$、$\boldsymbol{H}$、$\boldsymbol{C}$、$\boldsymbol{D}$ 矩阵，就可以用下列格式将其输入到MATLAB工作空间中：

H=ss(G, H, C, D, 'Ts', T)

1.7.3 模型的转换

1. 不同模型之间的转换

在一些场合需要用到某种模型，而在另外一些场合可能需要另外的模型，这就需要进行模型的转换。模型转换函数包括：

[num, den]=ss2tf(A, B, C, D, iu)：状态空间描述转换为传递函数模型。iu 用于指定转换所使用的输入量，对单输入系统可以缺省。

[z, p, k]=ss2zp(A, B, C, D, iu)：状态空间描述转换为零极点增益模型。

[A, B, C, D]=tf2ss(num, den)：传递函数模型转换为状态空间描述。

[z, p, k]=tf2zp(num, den)：传递函数模型转换为零极点增益模型。

[A, B, C, D]=zp2ss(z, p, k)：零极点增益模型转换为状态空间描述。

[num, den]=zp2tf(z, p, k)：零极点增益模型转换为传递函数模型。

例 1-24　已知系统状态空间描述为

$$\dot{\boldsymbol{x}}=\begin{bmatrix}0 & 1\\ 1 & -2\end{bmatrix}\boldsymbol{x}+\begin{bmatrix}0\\ 1\end{bmatrix}u$$

$$y=\begin{bmatrix}1 & 3\end{bmatrix}\boldsymbol{x}$$

将其变换为传递函数模型。

```
≫A=[0  1; 1  -2]; B=[0; 1]; C=[1  3]; D=0;  %输入系统的状态空间描述
≫[num, den]=ss2tf(A, B, C, D)                  %模型转换
```

转换结果为

```
num =
       0      3      1
den =
       1.0000      2.0000      -1.0000
```

即传递函数为

$$G(s)=\frac{3s+1}{s^2+2s-1}$$

2. 状态空间描述的线性变换

1）线性变换

MATLAB 控制工具箱中提供了函数 ss2ss( )来实现状态空间描述的线性变换，调用格式为

$[A_t, B_t, C_t, D_t]$=ss2ss(A, B, C, D, T)

T 用于指定变换所使用的线性变换矩阵，转换方式为 $A_t=T^{-1}AT$，$B_t=T^{-1}B$，$C_t=CT$，$D_t=D$，注意这与式(1-16)有所不同。

例 1-25　已知系统状态空间描述为

$$\dot{\boldsymbol{x}}=\begin{bmatrix}0 & 1 & 0\\ 0 & 0 & 1\\ -2 & -5 & -4\end{bmatrix}\boldsymbol{x}+\begin{bmatrix}0\\ 0\\ 1\end{bmatrix}u$$

$$y=\begin{bmatrix}6 & 2 & 0\end{bmatrix}\boldsymbol{x}$$

设线性变换阵 $\boldsymbol{P}^{-1}=\boldsymbol{Q}=\begin{bmatrix}1 & 1 & 1\\ -1 & 0 & -2\\ 1 & -1 & 4\end{bmatrix}$，求系统线性变换后的模型。

```
≫A=[0 1 0; 0 0 1; -2 -5 -4]; B=[0; 0; 1]; C=[6 2 0]; D=0;
                                          %输入原系统状态空间描述
≫Q=[1 1 1; -1 0 -2; 1 -1 4];             %输入线性变换矩阵 Q
≫[Aq, Bq, Cq, Dq]=ss2ss(A, B, C, D, Q)   %线性转换
```

转换结果为

```
Aq=
      -1     1     0
       0    -1     0
       0     0    -2
```

Bq=

  -2

  1

  1

Cq=

  4 6 2

Dq=

  0

2）化对角标准形

如果系数矩阵A的特征值互异，则必存在非奇异变换矩阵T，使矩阵A化为对角标准形。在MATLAB中求特征值的函数eig( )，当返回双变量格式时，可以完成对矩阵A的对角化。调用格式为

[T，A_t]=eig(A)

其中返回变量T为相应于矩阵A的特征向量的非奇异变换矩阵，A_t为变换后的对角形阵，且$A_t = T^{-1}AT$。

另外，也可以采用函数canon( )来实现，调用格式为

[A_t，B_t，C_t，D_t，T]=canon(A，B，C，D，'mod')

T表示所使用的线性变换矩阵。注意这里T的定义不同，即$A_t = TAT^{-1}$，$B_t = TB$，$C_t = CT^{-1}$，$D_t = D$。

例1-26 已知系统状态空间描述为

$$\dot{\boldsymbol{x}} = \begin{bmatrix} 0 & 1 & 0 \\ 0 & 0 & 1 \\ -6 & -11 & -6 \end{bmatrix} \boldsymbol{x} + \begin{bmatrix} 1 \\ 0 \\ 0 \end{bmatrix} u$$

$$y = \begin{bmatrix} 1 & 1 & 0 \end{bmatrix} \boldsymbol{x}$$

将其转换为对角标准形。

```
≫A=[0 1 0; 0 0 1; -6 -11 -6]; B=[1; 0; 0]; C=[1 1 0]; D=0;
                                                %输入系统状态空间描述
≫[Ap, Bp, Cp, Dp, P]=canon(A, B, C, D, 'mod')   %线性转换
```

转换结果为

```
Ap=
    -1.0000        0          0
          0  -2.0000          0
          0        0    -3.0000
Bp=
    -5.1962
    -13.7477
    -9.5394
Cp=
    0.0000    -0.2182    0.2097
```

Dp＝

0

P＝

```
  -5.1962    -4.3301    -0.8660
 -13.7477   -18.3303    -4.5826
  -9.5394   -14.3091    -4.7687
```

3）化约当标准形

如果系数矩阵 A 的特征值中有重根，则必存在非奇异变换矩阵 T，使矩阵 A 化为约当标准形。在 MATLAB 中使用函数 jordan( )可将矩阵 **A** 化为约当标准形，调用格式为

［T，J］＝jordan(A)

其中返回变量 T 为相应于矩阵 A 的特征向量和广义特征向量的非奇异变换矩阵，J 为变换后的约当阵，且 $J=T^{-1}AT$。由于对角形是约当形的特例，因此也可以直接使用函数 jordan( )来求对角标准形。

例 1－27 已知系数矩阵为

$$\boldsymbol{A}=\begin{bmatrix}0 & 6 & -5\\1 & 0 & 2\\3 & 2 & 4\end{bmatrix}$$

将其变换为约当标准形。

```
≫A=[0 6 -5; 1 0 2; 3 2 4];
≫[Q, J]=jordan(A)
```

结果为

Q＝

```
  -8    7    9
   4   -3   -4
   8   -5   -8
```

J＝

```
  2  0  0
  0  1  1
  0  0  1
```

1.7.4 模型的连接

模型的连接包括并联、串联和反馈几种形式，分别用以下函数实现：

G＝parallel(G1，G2)：并联连接两个系统。

G＝series(G1，G2)：串联连接两个系统。

G＝feedback(G1，G2，sign)：反馈连接两个系统。其中，sign 用来指示系统 2 输出到系统 1 输入的连接符号。sign 缺省时，默认为负反馈。

以上这些函数对离散控制系统也都适用。

例 1-28　考虑如图 1-15 所示的典型反馈控制系统框图，假设各个子传递函数模型为

$$G_1(s)=\frac{5s+3}{s}$$

$$G_2(s)=\frac{s+4}{s^3+2s^2+5s+1}$$

$$H(s)=\frac{10}{s+10}$$

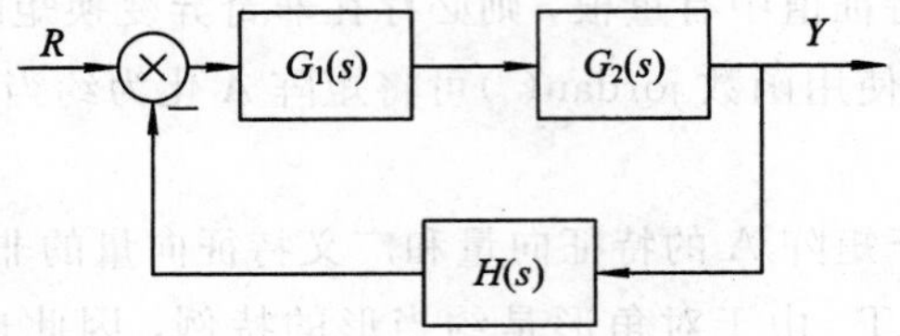

图 1-15　典型反馈控制系统框图

```
≫G1=tf([5 3],[1 0]);                 %输入子传递函数 G1
≫G2=tf([1 4],[1 2 5 1]);             %输入子传递函数 G2
≫H=tf(10,[1 10]);                    %输入子传递函数 H
≫GG=feedback(G1*G2,H)                %求取并显示负反馈系统的传递函数模型
```

结果为

```
Transfer function:
       5 s^3 + 73 s^2 + 242 s + 120
———————————————————————————
s^5 + 12 s^4 + 25 s^3 + 101 s^2 + 240 s + 120
```

习　题

1-1　已知 RLC 电路如图 1-16 所示。设状态变量 $x_1=i_1$，$x_2=i_2$，$x_3=u_c$。求电路的状态方程。

1-2　电路如图 1-17 所示，$u_1(t)$、$u_2(t)$为输入，电压 y 为输出，试建立该电路的状态空间方程。

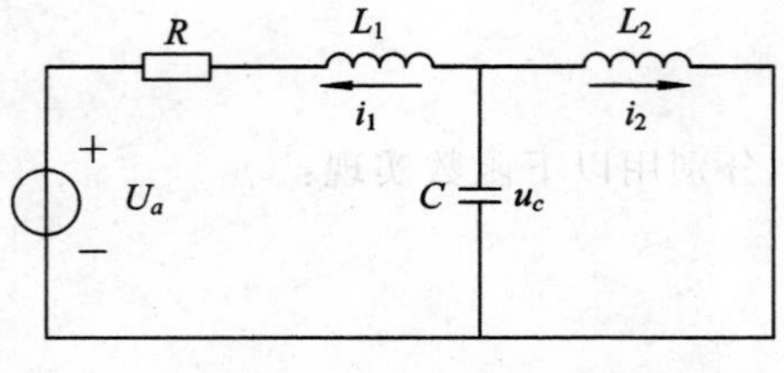

图 1-16　题 1-1 图

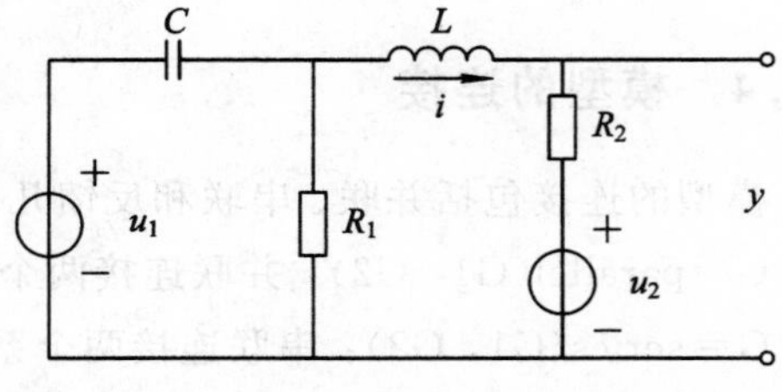

图 1-17　题 1-2 图

1-3　建立如图 1-18 所示的机械系统的状态空间方程。

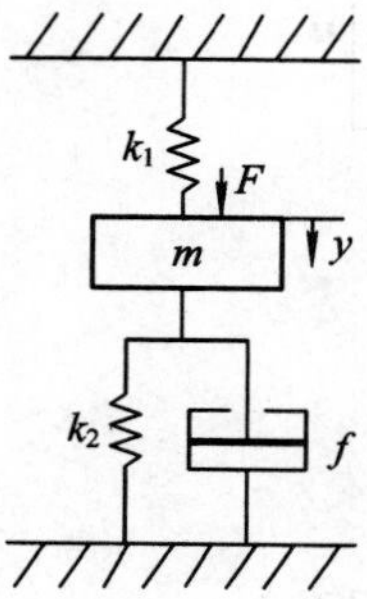

图 1-18　题 1-3 图

1-4　系统的动态特性由下列微分方程描述，试列写其相应的状态空间方程。

(1) $3\dddot{y}+6\ddot{y}+4\dot{y}+3y=2\dot{u}+u$

(2) $\dddot{y}+3\dot{y}+y=\ddot{u}+u$

(3) $\ddot{y}-3y=\ddot{u}-\dot{u}+2u$

(4) $\begin{cases}2\ddot{y}_1+4\dot{y}_1-3y_2=2u_1\\3\dot{y}_2+\dot{y}_1+y_1+2y_2=u_2\end{cases}$

1-5　试将下列状态空间方程化为对角标准形。

(1) $\dot{\boldsymbol{x}}=\begin{bmatrix}0 & 1\\-2 & -3\end{bmatrix}\boldsymbol{x}+\begin{bmatrix}1\\1\end{bmatrix}u$

$\boldsymbol{y}=\begin{bmatrix}0 & 1\end{bmatrix}\boldsymbol{x}$

(2) $\dot{\boldsymbol{x}}=\begin{bmatrix}0 & 1 & 0\\0 & 0 & 1\\-6 & -11 & -6\end{bmatrix}\boldsymbol{x}+\begin{bmatrix}0\\0\\1\end{bmatrix}u$

$\boldsymbol{y}=\begin{bmatrix}3 & -3 & 1\end{bmatrix}x$

(3) $\dot{\boldsymbol{x}}=\begin{bmatrix}2 & -1 & -1\\0 & -1 & 0\\0 & 2 & 1\end{bmatrix}\boldsymbol{x}+\begin{bmatrix}1\\2\\1\end{bmatrix}u$

$\boldsymbol{y}=\begin{bmatrix}1 & 0 & 0\end{bmatrix}\boldsymbol{x}$

(4) $\dot{\boldsymbol{x}}=\begin{bmatrix}0 & 1 & 0\\3 & 0 & 2\\-12 & -7 & -6\end{bmatrix}\boldsymbol{x}+\begin{bmatrix}0\\0\\1\end{bmatrix}u$

$\boldsymbol{y}=\begin{bmatrix}1 & 1 & 4\end{bmatrix}\boldsymbol{x}$

1-6　试将下列状态空间方程化为约当标准形。

(1) $\dot{\boldsymbol{x}}=\begin{bmatrix}-2 & 0\\1 & 2\end{bmatrix}\boldsymbol{x}+\begin{bmatrix}1\\1\end{bmatrix}u$

$\boldsymbol{y}=\begin{bmatrix}0 & 1\end{bmatrix}\boldsymbol{x}$

(2)
$$\dot{\boldsymbol{x}}=\begin{bmatrix}8 & -8 & -2\\4 & -3 & -2\\3 & -4 & 1\end{bmatrix}\boldsymbol{x}+\begin{bmatrix}3 & 1\\2 & 7\\5 & 3\end{bmatrix}\boldsymbol{u}$$
$$\boldsymbol{y}=\begin{bmatrix}1 & 2 & 0\\0 & 1 & 1\end{bmatrix}\boldsymbol{x}$$

(3)
$$\dot{\boldsymbol{x}}=\begin{bmatrix}0 & 1\\-9 & -6\end{bmatrix}\boldsymbol{x}+\begin{bmatrix}1\\3\end{bmatrix}u$$
$$\boldsymbol{y}=[1 \quad 0]\boldsymbol{x}$$

(4)
$$\dot{\boldsymbol{x}}=\begin{bmatrix}0 & 1 & 0\\0 & 0 & 1\\-16 & -24 & -9\end{bmatrix}\boldsymbol{x}+\begin{bmatrix}1\\1\\1\end{bmatrix}u$$
$$\boldsymbol{y}=[0 \quad 1 \quad 0]\boldsymbol{x}$$

1-7　已知控制系统状态空间方程如下，试求其传递函数或传递函数矩阵。

(1)
$$\dot{\boldsymbol{x}}=\begin{bmatrix}1 & 0\\0 & -3\end{bmatrix}\boldsymbol{x}+\begin{bmatrix}0\\1\end{bmatrix}\boldsymbol{u}$$
$$\boldsymbol{y}=[1 \quad 2]\boldsymbol{x}+2u$$

(2)
$$\dot{\boldsymbol{x}}=\begin{bmatrix}0 & 1\\-2 & -1\end{bmatrix}\boldsymbol{x}+\begin{bmatrix}1 & 0\\0 & 1\end{bmatrix}\boldsymbol{u}$$
$$\boldsymbol{y}=\begin{bmatrix}2 & 0\\1 & 3\end{bmatrix}\boldsymbol{x}+\begin{bmatrix}1 & 4\\2 & 3\end{bmatrix}\boldsymbol{u}$$

(3)
$$\dot{\boldsymbol{x}}=\begin{bmatrix}-3 & 1 & 0\\1 & -1 & 0\\0 & 0 & -2\end{bmatrix}\boldsymbol{x}+\begin{bmatrix}1\\0\\1\end{bmatrix}\boldsymbol{u}$$
$$y=[1 \quad 0 \quad 0]\boldsymbol{x}$$

(4)
$$\dot{\boldsymbol{x}}=\begin{bmatrix}-3 & 0 & 0\\0 & -4 & 3\\1 & -1 & 2\end{bmatrix}\boldsymbol{x}+\begin{bmatrix}0 & 1\\1 & 1\\0 & 2\end{bmatrix}\boldsymbol{u}$$
$$y=\begin{bmatrix}1 & 2 & 1\\3 & 1 & 0\end{bmatrix}\boldsymbol{x}$$

1-8　已知两个子系统的传递函数为

$$\boldsymbol{G}_1(s)=\begin{bmatrix}\dfrac{s+1}{s+3} & \dfrac{1}{s+1}\\0 & \dfrac{s+2}{s+1}\end{bmatrix},\qquad \boldsymbol{G}_2(s)=\begin{bmatrix}0 & \dfrac{1}{s+4}\\\dfrac{1}{s+5} & \dfrac{1}{s+3}\end{bmatrix}$$

求图 1-19 所示系统的传递函数矩阵。

1-9　已知系统差分方程如下，试建立系统的状态空间方程，并求出系统脉冲传递函数。

(1) $3y(k+2)+2y(k+1)+y(k)=2u(k)$

(2) $2y(k+3)+2y(k+2)+3y(k+1)+4y(k)=u(k+2)+3u(k+1)+2u(k)$

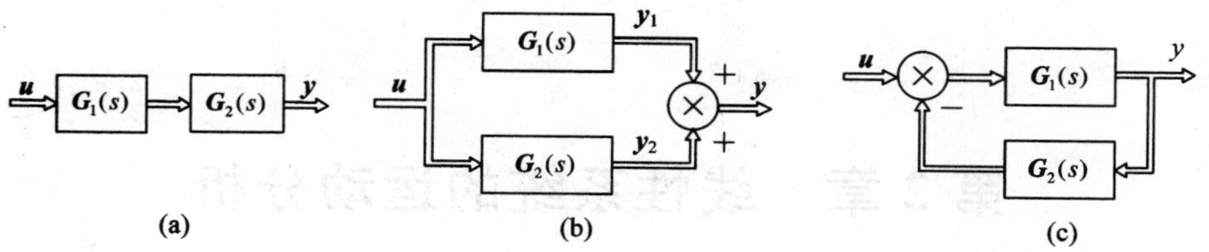

图 1-19　题 1-8 图

1-10　设系统微分方程为 $2\ddot{y}+4\dot{y}+y=2u$，其中 u、y 分别为系统的输入、输出量。

(1) 试写出系统的状态空间方程。

(2) 选择状态变量 $\bar{x}_1$ 和 $\bar{x}_2$，满足 $x_2=-\bar{x}_1-2\bar{x}_2$，写出系统线性变换后的状态方程。

1-11　设系统结构图如图 1-20 所示，试写出状态空间方程。

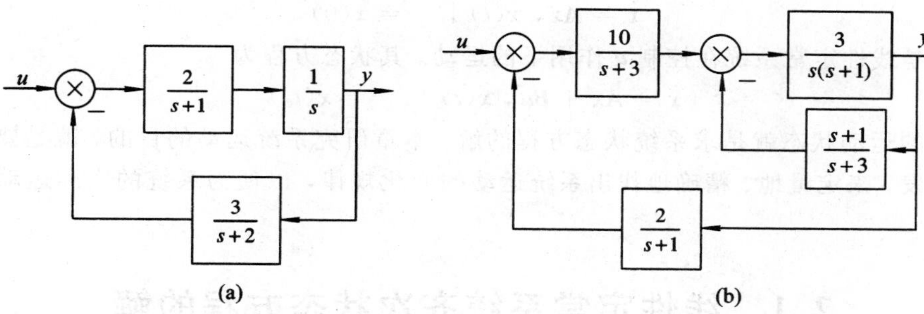

图 1-20　题 1-11 图

1-12　试用 MATLAB 语言求解习题 1-5～1-8。

第2章 线性系统的运动分析

由第1章我们知道，线性系统状态的运动过程可以用系统状态空间方程来描述。这种运动可以分为自由运动和强迫运动两种情况。自由运动是指线性定常系统在没有控制作用，即 $\boldsymbol{u}=0$ 时，由初始状态引起的运动。其状态方程为

$$\dot{\boldsymbol{x}} = \boldsymbol{A}\boldsymbol{x}\,,\ \boldsymbol{x}(t)\mid_{t=0} = \boldsymbol{x}(0) \tag{2-1}$$

强迫运动是线性定常系统在控制 $\boldsymbol{u}$ 作用下的运动。其状态方程为

$$\dot{\boldsymbol{x}} = \boldsymbol{A}\boldsymbol{x} + \boldsymbol{B}\boldsymbol{u},\ \boldsymbol{x}(t)\mid_{t=t_0} = \boldsymbol{x}(t_0) \tag{2-2}$$

研究系统的运动状态就是求系统状态方程的解。本章研究系统运动的目的，就是要从其数学模型出发，来定量地、精确地找出系统运动的变化规律，以便为系统的实际运动过程作出估计。

2.1 线性定常系统齐次状态方程的解

线性定常系统的自由运动，可由齐次状态方程(2-1)来描述。该方程为矢量一阶微分方程，可仿照标量微分方程求解的方法来求解。

设齐次方程(2-1)的解是 t 的矢量幂级数，即

$$\boldsymbol{x}(t) = \boldsymbol{b}_0 + \boldsymbol{b}_1 t + \boldsymbol{b}_2 t^2 + \cdots + \boldsymbol{b}_k t^k + \cdots$$

式中，$\boldsymbol{x}$，$\boldsymbol{b}_0$，$\boldsymbol{b}_1$，…，$\boldsymbol{b}_k$，…都是 n 维向量，且 $\boldsymbol{x}(0)=\boldsymbol{b}_0$，求导并考虑状态方程，得

$$\dot{\boldsymbol{x}}(t) = \boldsymbol{b}_1 + 2\boldsymbol{b}_2 t + \cdots + k\boldsymbol{b}_k t^{k-1} + \cdots = \boldsymbol{A}(\boldsymbol{b}_0 + \boldsymbol{b}_1 t + \boldsymbol{b}_2 t^2 + \cdots + \boldsymbol{b}_k t^k + \cdots)$$

由等号两边对应的系数相等，有

$$\begin{aligned}
\boldsymbol{b}_1 &= \boldsymbol{A}\boldsymbol{b}_0 \\
\boldsymbol{b}_2 &= \frac{1}{2}\boldsymbol{A}\boldsymbol{b}_1 = \frac{1}{2}\boldsymbol{A}^2\boldsymbol{b}_0 \\
\boldsymbol{b}_3 &= \frac{1}{3}\boldsymbol{A}\boldsymbol{b}_2 = \frac{1}{6}\boldsymbol{A}^3\boldsymbol{b}_0 \\
&\vdots \\
\boldsymbol{b}_k &= \frac{1}{k}\boldsymbol{A}\boldsymbol{b}_{k-1} = \frac{1}{k!}\boldsymbol{A}^k\boldsymbol{b}_0 \\
&\vdots
\end{aligned}$$

故

$$\boldsymbol{x}(t) = \left(\boldsymbol{I} + \boldsymbol{A}t + \frac{1}{2}\boldsymbol{A}^2 t^2 + \cdots + \frac{1}{k!}\boldsymbol{A}^k t^k + \cdots\right)\boldsymbol{x}(0) \tag{2-3}$$

定义

$$e^{At} = I + At + \frac{1}{2}A^2t^2 + \cdots + \frac{1}{k!}A^kt^k + \cdots = \sum_{k=0}^{\infty}\frac{1}{k!}A^kt^k \tag{2-4}$$

则

$$x(t) = e^{At}x(0) \tag{2-5}$$

标量微分方程 $\dot{x}=ax$ 的解与指数函数 e^{at} 的关系为 $x(t)=e^{at}x(0)$，由此可以看出，向量微分方程的解(2-5)与其在形式上是相似的，故把 e^{At} 称为矩阵指数函数，简称矩阵指数。另外，齐次状态方程的解 $\boldsymbol{x}(t)$实质上也可看做是初始状态 $\boldsymbol{x}(0)$在 t 时间内的转移，因此 e^{At} 又称为状态转移矩阵，记为 $\boldsymbol{\Phi}(t)$，即

$$\boldsymbol{\Phi}(t) = e^{At} \tag{2-6}$$

例 2-1 已知某二阶系统齐次状态方程 $\dot{\boldsymbol{x}}=\boldsymbol{A}\boldsymbol{x}$，其解如下：

当 $x(0)=\begin{bmatrix}2\\1\end{bmatrix}$时，$x(t)=\begin{bmatrix}2e^{-t}\\e^{-t}\end{bmatrix}$；

当 $x(0)=\begin{bmatrix}1\\1\end{bmatrix}$时，$x(t)=\begin{bmatrix}e^{-t}+2te^{-t}\\e^{-t}+te^{-t}\end{bmatrix}$。

求该系统的状态转移矩阵。

解：由 $\boldsymbol{x}(t)=\boldsymbol{\Phi}(t)\boldsymbol{x}(0)$可以写出下列方程

$$\begin{bmatrix}2e^{-t} & e^{-t}+2te^{-t}\\ e^{-t} & e^{-t}+te^{-t}\end{bmatrix} = \boldsymbol{\Phi}(t)\begin{bmatrix}2 & 1\\1 & 1\end{bmatrix}$$

$$\boldsymbol{\Phi}(t) = \begin{bmatrix}2e^{-t} & e^{-t}+2te^{-t}\\ e^{-t} & e^{-t}+te^{-t}\end{bmatrix}\begin{bmatrix}2 & 1\\1 & 1\end{bmatrix}^{-1} = \begin{bmatrix}e^{-t}-2te^{-t} & 4te^{-t}\\ -te^{-t} & e^{-t}+2te^{-t}\end{bmatrix}$$

从上述分析可看出，齐次状态方程的求解问题，核心就是状态转移矩阵 $\boldsymbol{\Phi}(t)$的计算问题。因而有必要进一步研究状态转移矩阵的算法和性质。

2.2 状态转移矩阵

2.2.1 状态转移矩阵 $\boldsymbol{\Phi}(t)$的基本性质

状态转移矩阵 $\boldsymbol{\Phi}(t)$具有如下运算性质：

(1) $$\boldsymbol{\Phi}(0)=\boldsymbol{I} \tag{2-7}$$

(2) $$\dot{\boldsymbol{\Phi}}(t)=\boldsymbol{A}\boldsymbol{\Phi}(t)=\boldsymbol{\Phi}(t)\boldsymbol{A} \tag{2-8}$$

上述性质利用定义很容易证明。式(2-8)表明 $\boldsymbol{A}\boldsymbol{\Phi}(t)$与 $\boldsymbol{\Phi}(t)\boldsymbol{A}$ 可交换，且 $\dot{\boldsymbol{\Phi}}(0)=\boldsymbol{A}$。

(3) $$\boldsymbol{\Phi}(t_1 \pm t_2)=\boldsymbol{\Phi}(t_1)\boldsymbol{\Phi}(\pm t_2)=\boldsymbol{\Phi}(\pm t_2)\boldsymbol{\Phi}(t_1) \tag{2-9}$$

在式(2-6)中，令 $t=t_1 \pm t_2$ 便可证明这一性质。$\boldsymbol{\Phi}(t_1)$，$\boldsymbol{\Phi}(t_2)$，$\boldsymbol{\Phi}(t_1 \pm t_2)$分别表示由状态 $\boldsymbol{x}(0)$转移至状态 $\boldsymbol{x}(t_1)$，$\boldsymbol{x}(t_2)$，$\boldsymbol{x}(t_1 \pm t_2)$的状态转移矩阵。该性质表明 $\boldsymbol{\Phi}(t_1 \pm t_2)$可分解为 $\boldsymbol{\Phi}(t_1)$与 $\boldsymbol{\Phi}(\pm t_2)$的乘积，且 $\boldsymbol{\Phi}(t_1)$与 $\boldsymbol{\Phi}(\pm t_2)$是可交换的。

(4) $$\boldsymbol{\Phi}^{-1}(t)=\boldsymbol{\Phi}(-t),\ \boldsymbol{\Phi}^{-1}(-t)=\boldsymbol{\Phi}(t) \tag{2-10}$$

证明 由性质(3)有

$$\boldsymbol{\Phi}(t-t) = \boldsymbol{\Phi}(t)\boldsymbol{\Phi}(-t) = \boldsymbol{\Phi}(-t)\boldsymbol{\Phi}(t) = \boldsymbol{\Phi}(0) = \boldsymbol{I}$$

根据逆矩阵的定义可得式(2-10)。根据 $\boldsymbol{\Phi}(t)$的这一性质，对于线性定常系统，显然有

$$\boldsymbol{x}(t)=\boldsymbol{\Phi}(t)\boldsymbol{x}(0),\ \boldsymbol{x}(0)=\boldsymbol{\Phi}^{-1}(t)\boldsymbol{x}(t)=\boldsymbol{\Phi}(-t)\boldsymbol{x}(t)$$

(5)
$$\boldsymbol{x}(t_2)=\boldsymbol{\Phi}(t_2-t_1)\boldsymbol{x}(t_1) \tag{2-11}$$

证明 由于

$$\boldsymbol{x}(t_1)=\boldsymbol{\Phi}(t_1)\boldsymbol{x}(0),\ \boldsymbol{x}(0)=\boldsymbol{\Phi}^{-1}(t_1)\boldsymbol{x}(t_1)=\boldsymbol{\Phi}(-t_1)\boldsymbol{x}(t_1)$$

则

$$\boldsymbol{x}(t_2)=\boldsymbol{\Phi}(t_2)\boldsymbol{x}(0)=\boldsymbol{\Phi}(t_2)\boldsymbol{\Phi}(-t_1)\boldsymbol{x}(t_1)=\boldsymbol{\Phi}(t_2-t_1)\boldsymbol{x}(t_1)$$

即由 $\boldsymbol{x}(t_1)$转移至 $\boldsymbol{x}(t_2)$的状态转移矩阵为 $\boldsymbol{\Phi}(t_2-t_1)$。

(6)
$$\boldsymbol{\Phi}(t_2-t_0)=\boldsymbol{\Phi}(t_2-t_1)\cdot\boldsymbol{\Phi}(t_1-t_0) \tag{2-12}$$

证明 由

$$\boldsymbol{x}(t_2)=\boldsymbol{\Phi}(t_2-t_0)\boldsymbol{x}(t_0)\ \text{和}\ \boldsymbol{x}(t_1)=\boldsymbol{\Phi}(t_1-t_0)\boldsymbol{x}(t_0)$$

得到

$$\boldsymbol{x}(t_2)=\boldsymbol{\Phi}(t_2-t_1)\boldsymbol{x}(t_1)=\boldsymbol{\Phi}(t_2-t_1)\boldsymbol{\Phi}(t_1-t_0)\boldsymbol{x}(t_0)=\boldsymbol{\Phi}(t_2-t_0)\boldsymbol{x}(t_0)$$

(7)
$$[\boldsymbol{\Phi}(t)]^k=\boldsymbol{\Phi}(kt) \tag{2-13}$$

证明
$$[\boldsymbol{\Phi}(t)]^k=(\mathrm{e}^{\boldsymbol{A}t})^k=\mathrm{e}^{k\boldsymbol{A}t}=\mathrm{e}^{\boldsymbol{A}(kt)}=\boldsymbol{\Phi}(kt)$$

(8) 若 $\boldsymbol{AB}=\boldsymbol{BA}$，则

$$\mathrm{e}^{(\boldsymbol{A}+\boldsymbol{B})t}=\mathrm{e}^{\boldsymbol{A}t}\mathrm{e}^{\boldsymbol{B}t}=\mathrm{e}^{\boldsymbol{B}t}\mathrm{e}^{\boldsymbol{A}t} \tag{2-14}$$

证明从略。

例 2-2 已知状态转移矩阵为

$$\boldsymbol{\Phi}(t)=\begin{bmatrix}2\mathrm{e}^{-t}-\mathrm{e}^{-2t} & \mathrm{e}^{-t}-\mathrm{e}^{-2t}\\ -2\mathrm{e}^{-t}+2\mathrm{e}^{-2t} & -\mathrm{e}^{-t}+2\mathrm{e}^{-2t}\end{bmatrix}$$

试求 $\boldsymbol{\Phi}^{-1}(t)$和 $\boldsymbol{A}$。

解：根据状态转移矩阵的运算性质有

$$\boldsymbol{\Phi}^{-1}(t)=\boldsymbol{\Phi}(-t)=\begin{bmatrix}2\mathrm{e}^{t}-\mathrm{e}^{2t} & \mathrm{e}^{t}-\mathrm{e}^{2t}\\ -2\mathrm{e}^{t}+2\mathrm{e}^{2t} & -\mathrm{e}^{t}+2\mathrm{e}^{2t}\end{bmatrix}$$

$$\boldsymbol{A}=\dot{\boldsymbol{\Phi}}(0)=\begin{bmatrix}-2\mathrm{e}^{-t}+2\mathrm{e}^{-2t} & -\mathrm{e}^{-t}+2\mathrm{e}^{-2t}\\ 2\mathrm{e}^{-t}-4\mathrm{e}^{-2t} & \mathrm{e}^{-t}-4\mathrm{e}^{-2t}\end{bmatrix}_{t=0}=\begin{bmatrix}0 & 1\\ -2 & -3\end{bmatrix}$$

2.2.2 状态转移矩阵 $\boldsymbol{\Phi}(t)$的计算方法

线性定常系统的状态转移矩阵的求法很多，常用的有以下四种。

1. 定义法

由定义

$$\boldsymbol{\Phi}(t)=\mathrm{e}^{\boldsymbol{A}t}=\boldsymbol{I}+\boldsymbol{A}t+\frac{1}{2}\boldsymbol{A}^2t^2+\cdots+\frac{1}{k!}\boldsymbol{A}^kt^k+\cdots \tag{2-15}$$

来求解。该方法不易得到封闭解。由于此法具有步骤简便和编程容易的优点，适合于计算机计算。

2. 拉普拉斯变换法

将式(2-1)取拉普拉斯变换，有

$$s\boldsymbol{X}(s)-\boldsymbol{x}(0)=\boldsymbol{A}\boldsymbol{X}(s)$$

整理得

$$\boldsymbol{X}(s) = (s\boldsymbol{I} - \boldsymbol{A})^{-1}\boldsymbol{x}(0) \tag{2-16}$$

进行拉普拉斯反变换，有

$$\boldsymbol{x}(t) = \mathscr{L}^{-1}[(s\boldsymbol{I} - \boldsymbol{A})^{-1}]\boldsymbol{x}(0) \tag{2-17}$$

上式与式(2 - 5)相比有

$$\boldsymbol{\Phi}(t) = e^{\boldsymbol{A}t} = \mathscr{L}^{-1}[(s\boldsymbol{I} - \boldsymbol{A})^{-1}] \tag{2-18}$$

式(2 - 18)是 $\boldsymbol{\Phi}(t)$ 的闭合形式。

例 2 - 3 设系统状态方程为

$$\begin{bmatrix}\dot{x}_1(t)\\ \dot{x}_2(t)\end{bmatrix} = \begin{bmatrix}0 & 1\\ -2 & -3\end{bmatrix}\begin{bmatrix}x_1(t)\\ x_2(t)\end{bmatrix}$$

试用拉普拉斯变换求解 $\boldsymbol{\Phi}(t)$。

解：

$$s\boldsymbol{I} - \boldsymbol{A} = \begin{bmatrix}s & 0\\ 0 & s\end{bmatrix} - \begin{bmatrix}0 & 1\\ -2 & -3\end{bmatrix} = \begin{bmatrix}s & -1\\ 2 & s+3\end{bmatrix}$$

$$(s\boldsymbol{I} - \boldsymbol{A})^{-1} = \frac{\operatorname{adj}(s\boldsymbol{I} - \boldsymbol{A})}{|s\boldsymbol{I} - \boldsymbol{A}|} = \frac{1}{(s+1)(s+2)}\begin{bmatrix}s+3 & 1\\ -2 & s\end{bmatrix}$$

$$= \begin{bmatrix}\dfrac{s+3}{(s+1)(s+2)} & \dfrac{1}{(s+1)(s+2)}\\ \dfrac{-2}{(s+1)(s+2)} & \dfrac{s}{(s+1)(s+2)}\end{bmatrix} = \begin{bmatrix}\dfrac{2}{s+1} - \dfrac{1}{s+2} & \dfrac{1}{s+1} - \dfrac{1}{s+2}\\ \dfrac{-2}{s+1} + \dfrac{2}{s+2} & \dfrac{-1}{s+1} + \dfrac{2}{s+2}\end{bmatrix}$$

$$\boldsymbol{\Phi}(t) = \mathscr{L}^{-1}[(s\boldsymbol{I} - \boldsymbol{A})^{-1}] = \begin{bmatrix}2e^{-t} - e^{-2t} & e^{-t} - e^{-2t}\\ -2e^{-t} + 2e^{-2t} & -e^{-t} + 2e^{-2t}\end{bmatrix}$$

状态方程的解为

$$\begin{bmatrix}x_1(t)\\ x_2(t)\end{bmatrix} = \boldsymbol{\Phi}(t)\begin{bmatrix}x_1(0)\\ x_2(0)\end{bmatrix} = \begin{bmatrix}2e^{-t} - e^{-2t} & e^{-t} - e^{-2t}\\ -2e^{-t} + 2e^{-2t} & -e^{-t} + 2e^{-2t}\end{bmatrix}\begin{bmatrix}x_1(0)\\ x_2(0)\end{bmatrix}$$

3. 凯莱—哈密顿定理法

凯莱—哈密顿定理是这样表述的：设 $n\times n$ 维矩阵 $\boldsymbol{A}$ 的特征方程为

$$f(\lambda) = |\lambda\boldsymbol{I} - \boldsymbol{A}| = \lambda^n + a_{n-1}\lambda^{n-1} + \cdots + a_1\lambda + a_0 = 0 \tag{2-19}$$

则矩阵 $\boldsymbol{A}$ 满足其自身的特征方程，即

$$f(\boldsymbol{A}) = \boldsymbol{A}^n + a_{n-1}\boldsymbol{A}^{n-1} + \cdots + a_1\boldsymbol{A} + a_0\boldsymbol{I} = 0 \tag{2-20}$$

由定理可知，$\boldsymbol{A}$ 所有高于 $n-1$ 次的幂都可以由 $\boldsymbol{A}$ 的 $0\sim n-1$ 次幂线性表示，即当 $m>n-1$ 时，有 $\boldsymbol{A}^m = \sum_{j=0}^{n-1}\alpha_{mj}\boldsymbol{A}^j$。将此式代入 $e^{\boldsymbol{A}t}$ 的定义，可将 $e^{\boldsymbol{A}t}$ 化为 $\boldsymbol{A}$ 的有限项表达式，即封闭形式：

$$\boldsymbol{\Phi}(t) = e^{\boldsymbol{A}t} = \sum_{j=0}^{n-1}a_j(t)\boldsymbol{A}^j = a_0(t)\boldsymbol{I} + a_1(t)\boldsymbol{A} + \cdots + a_{n-1}(t)\boldsymbol{A}^{n-1} \tag{2-21}$$

其中 $a_0(t)$，$a_1(t)$，…，$a_{n-1}(t)$ 为待定系数。

由凯莱—哈密顿定理可知，矩阵 $\boldsymbol{A}$ 满足它自己的特征方程，即在式(2 - 21)中用 $\boldsymbol{A}$ 的特征值 $\lambda_i(i=1, 2, \cdots, k)$ 替代 $\boldsymbol{A}$ 后，等式仍成立，即

$$e^{\lambda_i t} = \sum_{j=0}^{k-1} \alpha_j(t)\lambda_i^j \tag{2-22}$$

利用上式和 k 个 λ_i 就可以确定待定系数 $\alpha_j(t)$。

(1) 若 λ_i 互不相等，则根据式(2-22)，可写出各 $\alpha_j(t)$ 所构成的 n 元一次方程组为

$$\begin{cases} e^{\lambda_1 t} = \alpha_0 + \alpha_1\lambda_1 + \alpha_2\lambda_1^2 + \cdots + \alpha_{n-1}\lambda_1^{n-1} \\ e^{\lambda_2 t} = \alpha_0 + \alpha_1\lambda_2 + \alpha_2\lambda_2^2 + \cdots + \alpha_{n-1}\lambda_2^{n-1} \\ \vdots \\ e^{\lambda_n t} = \alpha_0 + \alpha_1\lambda_n + \alpha_2\lambda_n^2 + \cdots + \alpha_{n-1}\lambda_n^{n-1} \end{cases} \tag{2-23}$$

求解式(2-23)，可求得系数 $\alpha_0, \alpha_1, \cdots, \alpha_{n-1}$：

$$\begin{bmatrix} \alpha_0(t) \\ \alpha_1(t) \\ \vdots \\ \alpha_{n-1}(t) \end{bmatrix} = \begin{bmatrix} 1 & \lambda_1 & \lambda_1^2 & \cdots & \lambda_1^{n-1} \\ 1 & \lambda_2 & \lambda_2^2 & \cdots & \lambda_2^{n-1} \\ \vdots & \vdots & \vdots & & \vdots \\ 1 & \lambda_n & \lambda_n^2 & \cdots & \lambda_n^{n-1} \end{bmatrix}^{-1} \begin{bmatrix} e^{\lambda_1 t} \\ e^{\lambda_2 t} \\ \vdots \\ e^{\lambda_n t} \end{bmatrix} \tag{2-24}$$

例 2-4　已知 $\boldsymbol{A} = \begin{bmatrix} -3 & 1 \\ 2 & -2 \end{bmatrix}$，求 $\boldsymbol{\Phi}(t)$。

解：首先求 $\boldsymbol{A}$ 的特征值：

$$|\lambda \boldsymbol{I} - \boldsymbol{A}| = \begin{vmatrix} \lambda+3 & -1 \\ -2 & \lambda+2 \end{vmatrix} = \lambda^2 + 5\lambda + 4 = 0$$

解得 $\lambda_1 = -1$，$\lambda_2 = -4$。将其代入式(2-24)，有

$$\begin{bmatrix} \alpha_0 \\ \alpha_1 \end{bmatrix} = \begin{bmatrix} 1 & \lambda_1 \\ 1 & \lambda_2 \end{bmatrix}^{-1} \begin{bmatrix} e^{\lambda_1 t} \\ e^{\lambda_2 t} \end{bmatrix} = \begin{bmatrix} 1 & -1 \\ 1 & -4 \end{bmatrix}^{-1} \begin{bmatrix} e^{-t} \\ e^{-4t} \end{bmatrix} = \begin{bmatrix} \frac{4}{3}e^{-t} - \frac{1}{3}e^{-4t} \\ \frac{1}{3}e^{-t} - \frac{1}{3}e^{-4t} \end{bmatrix}$$

所以

$$\boldsymbol{\Phi}(t) = e^{\boldsymbol{A}t} = \alpha_0 \boldsymbol{I} + \alpha_1 \boldsymbol{A} = \left(\frac{4}{3}e^{-t} - \frac{1}{3}e^{-4t}\right)\begin{bmatrix} 1 & 0 \\ 0 & 1 \end{bmatrix} + \left(\frac{1}{3}e^{-t} - \frac{1}{3}e^{-4t}\right)\begin{bmatrix} -3 & 1 \\ 2 & -2 \end{bmatrix}$$

$$= \begin{bmatrix} \frac{1}{3}e^{-t} + \frac{2}{3}e^{-4t} & \frac{1}{3}e^{-t} - \frac{1}{3}e^{-4t} \\ \frac{2}{3}e^{-t} - \frac{2}{3}e^{-4t} & \frac{2}{3}e^{-t} + \frac{1}{3}e^{-4t} \end{bmatrix}$$

(2) 若矩阵 $\boldsymbol{A}$ 的特征值均相同，设该重特征值为 λ_1，各系数 α_j 的计算公式如下：

$$\begin{bmatrix} \alpha_0(t) \\ \alpha_1(t) \\ \vdots \\ \alpha_{n-3}(t) \\ \alpha_{n-2}(t) \\ \alpha_{n-1}(t) \end{bmatrix} = \begin{bmatrix} 0 & 0 & 0 & 0 & \cdots & 1 \\ 0 & 0 & 0 & 0 & \cdots & (n-1)\lambda_1 \\ \vdots & \vdots & \vdots & \vdots & & \vdots \\ 0 & 0 & 1 & 3\lambda_1 & \cdots & \frac{(n-1)(n-2)}{2!}\lambda_1^{n-3} \\ 0 & 1 & 2\lambda_1 & 3\lambda_1^2 & \cdots & \frac{(n-1)}{1!}\lambda_1^{n-2} \\ 1 & \lambda_1 & \lambda_1^2 & \lambda_1^3 & \cdots & \lambda_1^{n-1} \end{bmatrix}^{-1} \begin{bmatrix} \frac{1}{(n-1)!}t^{n-1}e^{\lambda_1 t} \\ \frac{1}{(n-2)!}t^{n-2}e^{\lambda_1 t} \\ \vdots \\ \frac{1}{2!}t^2 e^{\lambda_1 t} \\ \frac{1}{1!}t^1 e^{\lambda_1 t} \\ e^{\lambda_1 t} \end{bmatrix} \tag{2-25}$$

(3) 当矩阵 $\boldsymbol{A}$ 的特征值有重特征值和互异特征值时，待定系数 α_j 可以根据式(2-25)和式(2-24)求得。然后代入式(2-21)，求出 $\boldsymbol{\Phi}(t)$。

例 2-5　已知 $\boldsymbol{A}=\begin{bmatrix}0 & 1 & 0\\ 0 & 0 & 1\\ -2 & -5 & -4\end{bmatrix}$，求状态转移矩阵 $\boldsymbol{\Phi}(t)$。

解：先求矩阵 $\boldsymbol{A}$ 的特征值，由

$$|\lambda\boldsymbol{I}-\boldsymbol{A}|=\begin{vmatrix}\lambda & -1 & 0\\ 0 & \lambda & -1\\ 2 & 5 & \lambda+4\end{vmatrix}=\lambda^3+4\lambda^2+5\lambda+2=(\lambda+2)(\lambda+1)^2=0$$

可知，$\boldsymbol{A}$ 的特征值为 $\lambda_{1,2}=-1$，$\lambda_3=-2$。

对于 $\lambda_{1,2}=-1$，按式(2-25)计算 α_j，对于 $\lambda_3=-2$，按式(2-24)计算 α_j。于是有

$$\begin{bmatrix}\alpha_0\\ \alpha_1\\ \alpha_2\end{bmatrix}=\begin{bmatrix}0 & 1 & 2\lambda_1\\ 1 & \lambda_1 & \lambda_1^2\\ 1 & \lambda_3 & \lambda_3^2\end{bmatrix}^{-1}\begin{bmatrix}te^{\lambda_1 t}\\ e^{\lambda_1 t}\\ e^{\lambda_3 t}\end{bmatrix}=\begin{bmatrix}0 & 1 & -2\\ 1 & -1 & 1\\ 1 & -2 & 4\end{bmatrix}^{-1}\begin{bmatrix}te^{-t}\\ e^{-t}\\ e^{-2t}\end{bmatrix}$$

$$=\begin{bmatrix}2 & 0 & 1\\ 3 & -2 & 2\\ 1 & -1 & 1\end{bmatrix}\begin{bmatrix}te^{-t}\\ e^{-t}\\ e^{-2t}\end{bmatrix}=\begin{bmatrix}2te^{-t}+e^{-2t}\\ 3te^{-t}-2e^{-t}+2e^{-2t}\\ te^{-t}-e^{-t}+e^{-2t}\end{bmatrix}$$

可求得

$$\boldsymbol{\Phi}(t)=e^{\boldsymbol{A}t}=\alpha_0(t)\boldsymbol{I}+\alpha_1(t)\boldsymbol{A}+\alpha_2(t)\boldsymbol{A}^2$$

$$=\begin{bmatrix}2te^{-t}+e^{-2t} & 3te^{-t}-2e^{-t}+2e^{-2t} & te^{-t}-e^{-t}+e^{-2t}\\ -2te^{-t}+2e^{-t}-2e^{-2t} & 3te^{-t}+5e^{-t}-4e^{-2t} & -te^{-t}+2e^{-t}-2e^{-2t}\\ 2te^{-t}-4e^{-t}+4e^{-2t} & 3te^{-t}-8e^{-t}+8e^{-2t} & te^{-t}-3e^{-t}+4e^{-2t}\end{bmatrix}$$

4. 线性变换法

1) 由对角标准形矩阵求 $\boldsymbol{\Phi}(t)$

当 $\boldsymbol{A}$ 矩阵有 n 个独立的特征向量时，经线性变换可将 $\boldsymbol{A}$ 矩阵化为对角形矩阵，即

$$\boldsymbol{PAP}^{-1}=\boldsymbol{\Lambda}=\begin{bmatrix}\lambda_1 & & & \boldsymbol{0}\\ & \lambda_2 & & \\ & & \ddots & \\ \boldsymbol{0} & & & \lambda_n\end{bmatrix}$$

这时 $\boldsymbol{\Lambda}$ 阵对应的矩阵指数函数为

$$e^{\boldsymbol{\Lambda}t}=\boldsymbol{I}+\boldsymbol{\Lambda}t+\frac{1}{2}\boldsymbol{\Lambda}^2t^2+\cdots+\frac{1}{k!}\boldsymbol{\Lambda}^kt^k+\cdots$$

$$=\begin{bmatrix}1 & & & \boldsymbol{0}\\ & 1 & & \\ & & \ddots & \\ \boldsymbol{0} & & & 1\end{bmatrix}+\begin{bmatrix}\lambda_1 & & & \boldsymbol{0}\\ & \lambda_2 & & \\ & & \ddots & \\ \boldsymbol{0} & & & \lambda_n\end{bmatrix}t+\frac{1}{2!}\begin{bmatrix}\lambda_1 & & & \boldsymbol{0}\\ & \lambda_2 & & \\ & & \ddots & \\ \boldsymbol{0} & & & \lambda_n\end{bmatrix}^2t^2+\cdots$$

$$
= \begin{bmatrix} 1+\lambda_1 t+\frac{1}{2!}\lambda_1^2 t^2+\cdots & & & \mathbf{0} \\ & 1+\lambda_2 t+\frac{1}{2!}\lambda_2^2 t^2+\cdots & & \\ & & \ddots & \\ \mathbf{0} & & & 1+\lambda_n t+\frac{1}{2!}\lambda_n^2 t^2+\cdots \end{bmatrix}
$$

$$
= \begin{bmatrix} e^{\lambda_1 t} & & & \mathbf{0} \\ & e^{\lambda_2 t} & & \\ & & \ddots & \\ \mathbf{0} & & & e^{\lambda_n t} \end{bmatrix}
$$

由于 $\boldsymbol{A}=\boldsymbol{P}^{-1}\boldsymbol{\Lambda P}$，故矩阵 $\boldsymbol{A}$ 的矩阵指数函数为

$$
\begin{aligned}
\boldsymbol{\Phi}(t) = e^{\boldsymbol{A}t} = e^{\boldsymbol{P}^{-1}\boldsymbol{\Lambda P}t} &= \boldsymbol{I} + (\boldsymbol{P}^{-1}\boldsymbol{\Lambda P})t + \frac{1}{2!}(\boldsymbol{P}^{-1}\boldsymbol{\Lambda P})^2 t^2 + \cdots + \frac{1}{k!}(\boldsymbol{P}^{-1}\boldsymbol{\Lambda P})^k t^k + \cdots \\
&= \boldsymbol{P}^{-1}\boldsymbol{P} + \boldsymbol{P}^{-1}\boldsymbol{\Lambda}t\boldsymbol{P} + \boldsymbol{P}^{-1}\left(\frac{1}{2!}\boldsymbol{\Lambda}^2 t^2\right)\boldsymbol{P} + \cdots + \boldsymbol{P}^{-1}\left(\frac{1}{k!}\boldsymbol{\Lambda}^k t^k\right)\boldsymbol{P} + \cdots \\
&= \boldsymbol{P}^{-1}\left(\boldsymbol{I} + \boldsymbol{\Lambda}t + \frac{1}{2}\boldsymbol{\Lambda}^2 t^2 + \cdots + \frac{1}{k!}\boldsymbol{\Lambda}^k t^k + \cdots\right)\boldsymbol{P} \\
&= \boldsymbol{P}^{-1} e^{\boldsymbol{\Lambda}t}\boldsymbol{P}
\end{aligned} \tag{2-26}
$$

例 2-6 已知 $\boldsymbol{A}=\begin{bmatrix} 0 & 1 \\ -2 & -3 \end{bmatrix}$，求状态转移矩阵 $\boldsymbol{\Phi}(t)$。

解：系统特征方程式为

$$
|\lambda \boldsymbol{I} - \boldsymbol{A}| = \begin{vmatrix} \lambda & -1 \\ 2 & \lambda+3 \end{vmatrix} = \lambda^2 + 3\lambda + 2 = 0
$$

可解出系统特征值为 $\lambda_1=-1$，$\lambda_2=-2$，为互异特征值。因此可通过线性变换将矩阵 $\boldsymbol{A}$ 化为对角形。变换矩阵为

$$
\boldsymbol{P} = \boldsymbol{Q}^{-1} = \begin{bmatrix} 1 & 1 \\ \lambda_1 & \lambda_2 \end{bmatrix}^{-1} = \begin{bmatrix} 1 & 1 \\ -1 & -2 \end{bmatrix}^{-1} = \begin{bmatrix} 2 & 1 \\ -1 & -1 \end{bmatrix}
$$

$$
\boldsymbol{P}^{-1} = \boldsymbol{Q} = \begin{bmatrix} 1 & 1 \\ -1 & -2 \end{bmatrix}
$$

$$
\boldsymbol{\Lambda} = \boldsymbol{PAP}^{-1} = \begin{bmatrix} -1 & 0 \\ 0 & -2 \end{bmatrix}
$$

$$
e^{\boldsymbol{A}t} = \boldsymbol{P}^{-1}e^{\boldsymbol{\Lambda}t}\boldsymbol{P} = \begin{bmatrix} 1 & 1 \\ -1 & -2 \end{bmatrix}\begin{bmatrix} e^{-t} & 0 \\ 0 & e^{-2t} \end{bmatrix}\begin{bmatrix} 2 & 1 \\ -1 & -1 \end{bmatrix} = \begin{bmatrix} 2e^{-t}-e^{-2t} & e^{-t}-e^{-2t} \\ -2e^{-t}+2e^{-2t} & -e^{-t}+2e^{-2t} \end{bmatrix}
$$

这个结果和例 2-2 的计算结果一致。

2）由约当标准形矩阵求 $\boldsymbol{\Phi}(t)$

当 $\boldsymbol{A}$ 矩阵的特征值均相同，且为 λ_1 时，经过线性变换，可将 $\boldsymbol{A}$ 矩阵化为约当标准形矩阵 $\boldsymbol{J}$

$$PAP^{-1}=J=\begin{bmatrix}\lambda_1 & 1 & & & \mathbf{0}\\ & \lambda_1 & 1 & & \\ & & \ddots & \ddots & \\ & & & \lambda_1 & 1\\ \mathbf{0} & & & & \lambda_1\end{bmatrix}$$

对应该约当矩阵 J 的状态转移矩阵为

$$e^{Jt}=\begin{bmatrix}1 & t & \cdots & \frac{1}{(n-1)!}t^{n-1}\\ & 1 & t\ \cdots & \frac{1}{(n-2)!}t^{n-2}\\ & \ddots & \ddots & \vdots\\ & & 1 & t\\ \mathbf{0} & & & 1\end{bmatrix}\cdot e^{\lambda_1 t}$$

由与式(2-25)相同的证明可知系统状态转移矩阵为

$$\boldsymbol{\Phi}(t)=e^{At}=P^{-1}e^{Jt}P \tag{2-27}$$

例 2-7　已知 $A=\begin{bmatrix}0 & 1 & 0\\ 0 & 0 & 1\\ -1 & -3 & -3\end{bmatrix}$，求状态转移矩阵 $\boldsymbol{\Phi}(t)$。

解：先求矩阵 A 的特征值，由

$$|\lambda I-A|=\begin{vmatrix}\lambda & -1 & 0\\ 0 & \lambda & -1\\ 1 & 3 & \lambda+3\end{vmatrix}=\lambda^3+3\lambda^2+3\lambda+1=(\lambda+1)^3=0$$

可知，A 的特征值为 $\lambda_{1,2,3}=-1$，为 3 重特征值。矩阵 A 可化为约当标准形矩阵 J

$$PAP^{-1}=J=\begin{bmatrix}\lambda_1 & 1 & 0\\ 0 & \lambda_1 & 1\\ 0 & 0 & \lambda_1\end{bmatrix}=\begin{bmatrix}-1 & 1 & 0\\ 0 & -1 & 1\\ 0 & 0 & -1\end{bmatrix}$$

变换矩阵为

$$P=Q^{-1}=\begin{bmatrix}1 & 0 & 0\\ \lambda_1 & 1 & 0\\ \lambda_1^2 & 2\lambda_1 & 1\end{bmatrix}^{-1}=\begin{bmatrix}1 & 0 & 0\\ -1 & 1 & 0\\ 1 & -2 & 1\end{bmatrix}^{-1}=\begin{bmatrix}1 & 0 & 0\\ 1 & 1 & 0\\ 1 & 2 & 1\end{bmatrix}$$

$$P^{-1}=Q=\begin{bmatrix}1 & 0 & 0\\ -1 & 1 & 0\\ 1 & -2 & 1\end{bmatrix}$$

$$e^{Jt}=\begin{bmatrix}e^{\lambda_1 t} & te^{\lambda_1 t} & \frac{1}{2}t^2e^{\lambda_1 t}\\ 0 & e^{\lambda_1 t} & te^{\lambda_1 t}\\ 0 & 0 & e^{\lambda_1 t}\end{bmatrix}=\begin{bmatrix}e^{-t} & te^{-t} & \frac{1}{2}t^2e^{-t}\\ 0 & e^{-t} & te^{-t}\\ 0 & 0 & e^{-t}\end{bmatrix}$$

由式(2-27)可求出系统的状态转移矩阵为

$$\boldsymbol{\Phi}(t)=\mathrm{e}^{\boldsymbol{A}t}=\boldsymbol{P}^{-1}\mathrm{e}^{\boldsymbol{J}t}\boldsymbol{P}=\begin{bmatrix}1&0&0\\-1&1&0\\1&-2&1\end{bmatrix}\begin{bmatrix}\mathrm{e}^{-t}&t\mathrm{e}^{-t}&\frac{1}{2}t^2\mathrm{e}^{-t}\\0&\mathrm{e}^{-t}&t\mathrm{e}^{-t}\\0&0&\mathrm{e}^{-t}\end{bmatrix}\begin{bmatrix}1&0&0\\1&1&0\\1&2&1\end{bmatrix}$$

$$=\begin{bmatrix}\left(1+t+\frac{1}{2}t^2\right)\mathrm{e}^{-t}&(t+t^2)\mathrm{e}^{-t}&\frac{1}{2}t^2\mathrm{e}^{-t}\\-\frac{1}{2}t^2\mathrm{e}^{-t}&(1+t-t^2)\mathrm{e}^{-t}&\left(t-\frac{1}{2}t^2\right)\mathrm{e}^{-t}\\\left(-t+\frac{1}{2}t^2\right)\mathrm{e}^{-t}&(-3t+t^2)\mathrm{e}^{-t}&\left(1-2t+\frac{1}{2}t^2\right)\mathrm{e}^{-t}\end{bmatrix}$$

2.3 非齐次状态方程的求解

研究系统在输入向量作用下的运动需要求解非齐次状态方程

$$\dot{\boldsymbol{x}}=\boldsymbol{A}\boldsymbol{x}+\boldsymbol{B}\boldsymbol{u} \tag{2-28}$$

的解。和齐次方程一样，同样可以采用类似标量微分方程求解的方法。

将式(2-28)写成

$$\dot{\boldsymbol{x}}-\boldsymbol{A}\boldsymbol{x}=\boldsymbol{B}\boldsymbol{u}$$

等式两边同时左乘 $\mathrm{e}^{-\boldsymbol{A}t}$，得

$$\mathrm{e}^{-\boldsymbol{A}t}(\dot{\boldsymbol{x}}-\boldsymbol{A}\boldsymbol{x})=\mathrm{e}^{-\boldsymbol{A}t}\boldsymbol{B}\boldsymbol{u}(t)$$

因为

$$\frac{\mathrm{d}}{\mathrm{d}t}[\mathrm{e}^{-\boldsymbol{A}t}\boldsymbol{x}(t)]=-\boldsymbol{A}\mathrm{e}^{-\boldsymbol{A}t}\boldsymbol{x}(t)+\mathrm{e}^{-\boldsymbol{A}t}\dot{\boldsymbol{x}}(t)=\mathrm{e}^{-\boldsymbol{A}t}[\dot{\boldsymbol{x}}(t)-\boldsymbol{A}\boldsymbol{x}(t)]$$

所以有

$$\frac{\mathrm{d}}{\mathrm{d}t}[\mathrm{e}^{-\boldsymbol{A}t}\boldsymbol{x}(t)]=\mathrm{e}^{-\boldsymbol{A}t}\boldsymbol{B}\boldsymbol{u}(t)$$

对上式在 $0\sim t$ 间积分，有

$$\mathrm{e}^{-\boldsymbol{A}t}\boldsymbol{x}(t)\big|_0^t=\int_0^t\mathrm{e}^{-\boldsymbol{A}\tau}\boldsymbol{B}\boldsymbol{u}(\tau)\mathrm{d}\tau$$

当初始时刻为 $t_0=0$，初始状态为 $\boldsymbol{x}(0)$时，整理后可得式：

$$\boldsymbol{x}(t)=\mathrm{e}^{\boldsymbol{A}t}\boldsymbol{x}(0)+\int_0^t\mathrm{e}^{\boldsymbol{A}(t-\tau)}\boldsymbol{B}\boldsymbol{u}(\tau)\mathrm{d}\tau=\boldsymbol{\Phi}(t)\boldsymbol{x}(0)+\int_0^t\boldsymbol{\Phi}(t-\tau)\boldsymbol{B}\boldsymbol{u}(\tau)\mathrm{d}\tau \tag{2-29}$$

式中，第一项为状态转移项，是系统对初始状态的响应，即零输入响应；第二项是系统对输入作用的响应，即零状态响应。若取 t_0 作为初始时刻，则有

$$\boldsymbol{x}(t)=\mathrm{e}^{\boldsymbol{A}(t-t_0)}\boldsymbol{x}(t_0)+\int_{t_0}^t\mathrm{e}^{\boldsymbol{A}(t-\tau)}\boldsymbol{B}\boldsymbol{u}(\tau)\mathrm{d}\tau=\boldsymbol{\Phi}(t-t_0)\boldsymbol{x}(t_0)+\int_{t_0}^t\boldsymbol{\Phi}(t-\tau)\boldsymbol{B}\boldsymbol{u}(\tau)\mathrm{d}\tau \tag{2-30}$$

例 2-8 设系统状态方程为

$$\dot{\boldsymbol{x}}=\begin{bmatrix}0&1\\-2&-3\end{bmatrix}\boldsymbol{x}+\begin{bmatrix}0\\1\end{bmatrix}u$$

且 $\boldsymbol{x}(0)=[0\quad 1]^{\mathrm{T}}$，试求在 $u(t)=1(t)$作用下状态方程的解。

解： 由例 2-2 已知 $\boldsymbol{\Phi}(t)=\begin{bmatrix} 2e^{-t}-e^{-2t} & e^{-t}-e^{-2t} \\ -2e^{-t}+2e^{-2t} & -e^{-t}+2e^{-2t} \end{bmatrix}$，代入式(2-29)有

$$\boldsymbol{x}(t)=\boldsymbol{\Phi}(t)\boldsymbol{x}(0)+\int_0^t \boldsymbol{\Phi}(t-\tau)\boldsymbol{B}\cdot 1\mathrm{d}\tau$$

$$=\begin{bmatrix} 2e^{-t}-e^{-2t} & e^{-t}-e^{-2t} \\ -2e^{-t}+2e^{-2t} & -e^{-t}+2e^{-2t} \end{bmatrix}\begin{bmatrix} 0 \\ 1 \end{bmatrix}+\int_0^t \begin{bmatrix} e^{-(t-\tau)}-e^{-2(t-\tau)} \\ -e^{-(t-\tau)}+2e^{-2(t-\tau)} \end{bmatrix}\mathrm{d}\tau$$

$$=\begin{bmatrix} e^{-t}-e^{-2t} \\ -e^{-t}+2e^{-2t} \end{bmatrix}+\begin{bmatrix} e^{-(t-\tau)}-\frac{1}{2}e^{-2(t-\tau)} \\ -e^{-(t-\tau)}+e^{-2(t-\tau)} \end{bmatrix}\Bigg|_0^t=\begin{bmatrix} -\frac{1}{2}e^{-2t}+\frac{1}{2} \\ e^{-2t} \end{bmatrix}$$

2.4　线性定常离散系统的运动分析

2.4.1　线性定常连续系统的离散化

数字计算机处理的是时间上离散的数字量。如果要采用数字计算机对连续时间系统进行控制，就必须将连续系统状态方程离散化。另外，在最优控制理论中，我们经常用到离散动态规划法对连续系统进行优化控制，同样也需要先进行离散化。

线性连续系统状态方程离散化的实质是将矩阵微分方程化为矩阵差分方程，它是描述多输入多输出离散系统的一种方便的数学模型。也就是将线性定常连续系统的状态方程

$$\dot{\boldsymbol{x}}=\boldsymbol{A}\boldsymbol{x}+\boldsymbol{B}\boldsymbol{u}$$

变成如下形式的线性定常离散系统的状态方程：

$$\boldsymbol{x}(k+1)=\boldsymbol{G}\boldsymbol{x}(k)+\boldsymbol{H}\boldsymbol{u}(k)$$

同时要求离散化以后，系统在各采样时刻的情况与原连续系统的情况相一致。离散化过程如下。

已知线性定常连续系统状态方程 $\dot{\boldsymbol{x}}=\boldsymbol{A}\boldsymbol{x}+\boldsymbol{B}\boldsymbol{u}$ 在 $\boldsymbol{x}(t_0)$ 及 $\boldsymbol{u}(t)$ 作用下的解为

$$\boldsymbol{x}(t)=\boldsymbol{\Phi}(t-t_0)\boldsymbol{x}(t_0)+\int_{t_0}^t \boldsymbol{\Phi}(t-\tau)\boldsymbol{B}\boldsymbol{u}(t)\mathrm{d}\tau$$

假定采样过程时间间隔相等，令 $t_0=kT$，则 $\boldsymbol{x}(t_0)=\boldsymbol{x}(kT)=\boldsymbol{x}(k)$；令 $t=(k+1)T$，则 $\boldsymbol{x}(t)=\boldsymbol{x}[(k+1)T]=\boldsymbol{x}(k+1)$；并假定在 $t\in[k,k+1]$ 区间内，$\boldsymbol{u}(t)=\boldsymbol{u}(kT)=$ 常数，于是其解化为

$$\boldsymbol{x}(k+1)=\boldsymbol{\Phi}[(k+1)T-kT]\boldsymbol{x}(k)+\int_{kT}^{(k+1)T}\boldsymbol{\Phi}[(k+1)T-\tau]\boldsymbol{B}\,\mathrm{d}\tau\cdot\boldsymbol{u}(k)$$

令

$$\boldsymbol{G}=\boldsymbol{\Phi}(T) \tag{2-31}$$

$$\boldsymbol{H}=\int_{kT}^{(k+1)T}\boldsymbol{\Phi}[(k+1)T-\tau]\boldsymbol{B}\,\mathrm{d}\tau$$

通过变量代换得到

$$\boldsymbol{H}=\int_0^T \boldsymbol{\Phi}(\tau)\boldsymbol{B}\,\mathrm{d}\tau \tag{2-32}$$

故离散化状态方程为

$$x(k+1) = Gx(k) + Hu(k) \tag{2-33}$$

例 2-9 已知线性定常方程为

$$\dot{x} = \begin{bmatrix} 0 & -1 \\ 0 & -2 \end{bmatrix} x + \begin{bmatrix} 0 \\ 1 \end{bmatrix} u$$

试将其离散化。

解：

$$\boldsymbol{\Phi}(t) = \mathscr{L}^{-1}[(s\boldsymbol{I} - \boldsymbol{A})^{-1}] = \mathscr{L}^{-1}\left\{\begin{bmatrix} s & 1 \\ 0 & s+2 \end{bmatrix}^{-1}\right\} = \mathscr{L}^{-1}\begin{bmatrix} \frac{1}{s} & -\frac{1}{s(s+2)} \\ 0 & \frac{1}{s+2} \end{bmatrix}$$

$$= \begin{bmatrix} 1 & -\frac{1}{2} + \frac{1}{2}e^{-2t} \\ 0 & e^{-2t} \end{bmatrix}$$

由式(2-31)可以得到：

$$G = \boldsymbol{\Phi}(T) = \begin{bmatrix} 1 & -\frac{1}{2} + \frac{1}{2}e^{-2T} \\ 0 & e^{-2T} \end{bmatrix}$$

由式(2-32)可以得到：

$$H = \int_0^T \boldsymbol{\Phi}(\tau)B\,d\tau = \int_0^T \begin{bmatrix} 1 & -\frac{1}{2} + \frac{1}{2}e^{-2\tau} \\ 0 & e^{-2\tau} \end{bmatrix}\begin{bmatrix} 0 \\ 1 \end{bmatrix} d\tau = \begin{bmatrix} -\frac{T}{2} + \frac{1}{4} - \frac{1}{4}e^{-2T} \\ \frac{1}{2} - \frac{1}{2}e^{-2T} \end{bmatrix}$$

当 $T=0.1$ 时，离散化方程为

$$x(k+1) = \begin{bmatrix} 1 & -0.0906 \\ 0 & 0.8187 \end{bmatrix} x(k) + \begin{bmatrix} -0.0047 \\ 0.0906 \end{bmatrix} u(k)$$

如果采样周期 T 很小，一般来说，当其值为系统最小时间常数的 1/10 左右时，离散化系统方程可近似为

$$\begin{cases} x(k+1) = (TA + I)x(k) + TBu(k) \\ y(k) = Cx(k) + Du(k) \end{cases} \tag{2-34}$$

即

$$G = TA + I \tag{2-35}$$

$$H = TB \tag{2-36}$$

例 2-10 试求例 2-9 的近似离散化方程。

解：

$$G = TA + I = \begin{bmatrix} 0 & -T \\ 0 & -2T \end{bmatrix} + \begin{bmatrix} 1 & 0 \\ 0 & 1 \end{bmatrix} = \begin{bmatrix} 1 & -T \\ 0 & 1-2T \end{bmatrix}$$

$$H = TB = \begin{bmatrix} 0 \\ T \end{bmatrix}$$

当 $T=0.1$ 时，近似离散化方程为

$$x(k+1) = \begin{bmatrix} 1 & -0.1 \\ 0 & 0.8 \end{bmatrix} x(k) + \begin{bmatrix} 0 \\ 0.1 \end{bmatrix} u(k)$$

比较例 2－9 和例 2－10 的结果，可看出当采样周期 T 较小时，系统离散化的状态空间方程近似相等。

2.4.2　线性定常离散系统的解

通常求解离散系统运动的方法主要有递推法和 $\mathscr{Z}$ 变换法。

1. 递推法

对于线性定常离散系统状态空间方程

$$\boldsymbol{x}(k+1)=\boldsymbol{G}\boldsymbol{x}(k)+\boldsymbol{H}\boldsymbol{u}(k)$$
$$\boldsymbol{y}(k)=\boldsymbol{C}\boldsymbol{x}(k)+\boldsymbol{D}\boldsymbol{u}(k)$$

令状态方程中的 $k=0, 1, \cdots, k-1$，可得到 $T, 2T, \cdots, kT$ 时刻的状态，即

$$\begin{aligned}
\boldsymbol{x}(1) &= \boldsymbol{G}\boldsymbol{x}(0)+\boldsymbol{H}\boldsymbol{u}(0)\\
\boldsymbol{x}(2) &= \boldsymbol{G}\boldsymbol{x}(1)+\boldsymbol{H}\boldsymbol{u}(1)=\boldsymbol{G}^2\boldsymbol{x}(0)+\boldsymbol{G}\boldsymbol{H}\boldsymbol{u}(0)+\boldsymbol{H}\boldsymbol{u}(1)\\
\boldsymbol{x}(3) &= \boldsymbol{G}\boldsymbol{x}(2)+\boldsymbol{H}\boldsymbol{u}(2)=\boldsymbol{G}^3\boldsymbol{x}(0)+\boldsymbol{G}^2\boldsymbol{H}\boldsymbol{u}(0)+\boldsymbol{G}\boldsymbol{H}\boldsymbol{u}(1)+\boldsymbol{H}\boldsymbol{u}(2)\\
&\vdots\\
\boldsymbol{x}(k) &= \boldsymbol{G}^k\boldsymbol{x}(0)+\sum_{i=0}^{k-1}\boldsymbol{G}^{k-1-i}\boldsymbol{H}\boldsymbol{u}(i)
\end{aligned}\tag{2-37}$$

式(2－37)中 $\boldsymbol{G}^k$ 称为线性定常离散系统的状态转移矩阵。由该式可知，线性离散系统非齐次状态方程的解和连续系统类似，也由两部分组成。一部分是由初始状态引起的响应，是系统运动的自由分量；另一部分是由各采样时刻的输入信号引起的响应，是系统运动的强迫分量。并且强迫分量中第 k 个采样时刻的状态只与前 $k-1$ 个采样时刻的输入值有关，而与第 k 个时刻的输入值无关。这是带惯性的物理系统具有的基本特性。

将状态解的表达式(2－37)代入线性定常离散系统的输出方程，可得

$$\boldsymbol{y}(k)=\boldsymbol{C}\boldsymbol{G}^k\boldsymbol{x}(0)+\boldsymbol{C}\sum_{i=0}^{k-1}\boldsymbol{G}^{k-1-i}\boldsymbol{H}\boldsymbol{u}(i)+\boldsymbol{D}\boldsymbol{u}(k)\tag{2-38}$$

例 2－11　线性定常离散系统状态方程为

$$\boldsymbol{x}(k+1)=\begin{bmatrix}0 & 1\\ -0.16 & -1\end{bmatrix}\boldsymbol{x}(k)+\begin{bmatrix}1\\1\end{bmatrix}u(k)$$

已知 $\boldsymbol{x}(0)=\begin{bmatrix}1\\-1\end{bmatrix}$，$u(k)=1$，求系统的解。

解：

$$\boldsymbol{x}(1)=\boldsymbol{G}\boldsymbol{x}(0)+\boldsymbol{H}\boldsymbol{u}(0)=\begin{bmatrix}0 & 1\\ -0.16 & -1\end{bmatrix}\begin{bmatrix}1\\-1\end{bmatrix}+\begin{bmatrix}1\\1\end{bmatrix}=\begin{bmatrix}0\\1.84\end{bmatrix}$$

$$\boldsymbol{x}(2)=\boldsymbol{G}\boldsymbol{x}(1)+\boldsymbol{H}\boldsymbol{u}(1)=\begin{bmatrix}0 & 1\\ -0.16 & -1\end{bmatrix}\begin{bmatrix}0\\1.84\end{bmatrix}+\begin{bmatrix}1\\1\end{bmatrix}=\begin{bmatrix}2.84\\-0.84\end{bmatrix}$$

$$\boldsymbol{x}(3)=\boldsymbol{G}\boldsymbol{x}(2)+\boldsymbol{H}\boldsymbol{u}(2)=\begin{bmatrix}0 & 1\\ -0.16 & -1\end{bmatrix}\begin{bmatrix}2.84\\-0.84\end{bmatrix}+\begin{bmatrix}1\\1\end{bmatrix}=\begin{bmatrix}0.16\\1.39\end{bmatrix}$$

$$\vdots$$

可继续递推下去，直到所需要的时刻为止。

2. $\mathscr{Z}$ 变换法

对线性定常离散系统状态方程

$$x(k+1)=Gx(k)+Hu(k)$$

两边取 $\mathscr{Z}$ 变换，得到

$$zX(z)-zx(0)=GX(z)+HU(z)$$

于是

$$X(z)=(zI-G)^{-1}zx(0)+(zI-G)^{-1}HU(z) \tag{2-39}$$

对式(2-39)两边取 $\mathscr{Z}$ 反变换，可得

$$x(k)=\mathscr{Z}^{-1}[(zI-G)^{-1}z]x(0)+\mathscr{Z}^{-1}[(zI-G)^{-1}HU(z)] \tag{2-40}$$

比较式(2-37)和式(2-40)，有

$$G^k=\mathscr{Z}^{-1}[(zI-G)^{-1}z] \tag{2-41}$$

$$\sum_{i=0}^{k-1}G^{k-1-i}Hu(i)=\mathscr{Z}^{-1}[(zI-G)^{-1}HU(z)] \tag{2-42}$$

例 2-12 试用 $\mathscr{Z}$ 变换法求例 2-11 的系统状态解。

解：由式(2-39)有

$$X(z)=(zI-G)^{-1}[zx(0)+HU(z)] \tag{2-43}$$

$$(zI-G)^{-1}=\begin{bmatrix} z & -1 \\ 0.16 & z+1 \end{bmatrix}^{-1}=\frac{1}{(z+0.2)(z+0.8)}\begin{bmatrix} z+1 & 1 \\ -0.16 & z \end{bmatrix}$$

$$zx(0)+HU(z)=\begin{bmatrix} 1 \\ -1 \end{bmatrix}z+\begin{bmatrix} 1 \\ 1 \end{bmatrix}\frac{z}{z-1}=\begin{bmatrix} \dfrac{z^2}{z-1} \\ \dfrac{-z^2+2z}{z-1} \end{bmatrix}$$

代入式(2-43)得

$$X(z)=(zI-G)^{-1}[zx(0)+HU(z)]=\frac{1}{(z-1)(z+0.2)(z+0.8)}\begin{bmatrix} (z^2+2)z \\ (-z^2+1.84z)z \end{bmatrix}$$

$$=\begin{bmatrix} -\dfrac{17z/6}{z+0.2}+\dfrac{22z/9}{z+0.8}+\dfrac{25z/18}{z-1} \\ \dfrac{3.4z/6}{z+0.2}-\dfrac{17.6z/9}{z+0.8}+\dfrac{7z/18}{z-1} \end{bmatrix}$$

取 $\mathscr{Z}$ 反变换，可得

$$x(k)=\mathscr{Z}^{-1}\begin{bmatrix} -\dfrac{17z/6}{z+0.2}+\dfrac{22z/9}{z+0.8}+\dfrac{25z/18}{z-1} \\ \dfrac{3.4z/6}{z+0.2}-\dfrac{17.6z/9}{z+0.8}+\dfrac{7z/18}{z-1} \end{bmatrix}=\begin{bmatrix} -\dfrac{17}{6}(-0.2)^k+\dfrac{22}{9}(-0.8)^k+\dfrac{25}{18} \\ \dfrac{3.4}{6}(-0.2)^k-\dfrac{17.6}{9}(-0.8)^k+\dfrac{7}{18} \end{bmatrix}$$

2.5 MATLAB 在状态方程求解中的应用

2.5.1 矩阵指数函数 e^{At} 的计算

MATLAB 中提供了矩阵指数函数的多种运算函数 expm( )，expm1( )，expm2( )，expm3( )。其中 expm( )采用内部 Pade 近似算法，expm1( )是 expm( )函数的 M 文件实

现，expm2( )采用泰勒级数展开算法，expm3( )使用特征值向量法求解。通常我们使用 expm( )。

例 2-13　已知 $\boldsymbol{A}=\begin{bmatrix}0 & 1\\ -2 & -3\end{bmatrix}$，用 MATLAB 求状态转移矩阵 $\boldsymbol{\Phi}(t)$。

```
≫syms t                      %定义时间变量 t 为符号
≫A=[0 1; -2 -3];             %输入系统系数矩阵 A
≫Ft=expm(a*t)                %求矩阵指数函数
```

运行结果为

```
Ft =
[  2*exp(-t)-exp(-2*t), -exp(-2*t)+exp(-t)]
[ 2*exp(-2*t)-2*exp(-t), -exp(-t)+2*exp(-2*t)]
```

即结果为 $\boldsymbol{\Phi}(t)=\begin{bmatrix}2e^{-t}-e^{-2t} & e^{-t}-e^{-2t}\\ -2e^{-t}+2e^{-2t} & -e^{-t}+2e^{-2t}\end{bmatrix}$，这和例 2-3、例 2-6 计算的结果均一致。

2.5.2　线性定常非齐次状态方程在典型信号作用下的解

线性定常非齐次状态方程的求解过程可以通过 MATLAB 编程写出，同时也可以绘制出系统的响应。

例 2-14　设系统状态方程为

$$\dot{\boldsymbol{x}}=\begin{bmatrix}0 & 1\\ -2 & -3\end{bmatrix}\boldsymbol{x}+\begin{bmatrix}0\\ 1\end{bmatrix}u$$

且 $\boldsymbol{x}(0)=[0\quad 1]^{\mathrm{T}}$，试用 MATLAB 求系统在单位阶跃信号作用下状态方程的解。

```
≫syms t, tao                                   %定义时间变量 t, tao 为符号
≫A=[0 1; -2 -3]; B=[0; 1]; x0=[0; 1];          %输入系统状态方程和初始值
≫xt=expm(A*t)*x0+int(expm(A*(t-tao)*B*1, tao, 0, t))
                                               %应用公式(2-29)求非齐次解
```

结果为

```
xt =
   -1/2*exp(-2*t)+1/2
           exp(-2*t)
```

即解为

$$\begin{bmatrix}-\dfrac{1}{2}e^{-2t}+\dfrac{1}{2}\\ e^{-2t}\end{bmatrix}$$

本例中采用 MATLAB，应用公式 $\boldsymbol{x}(t)=\boldsymbol{\Phi}(t)\boldsymbol{x}(0)+\int_0^t\boldsymbol{\Phi}(t-\tau)\boldsymbol{B}\cdot 1\,d\tau$，完成了例 2-8 中的步骤。在求解过程中使用了两个函数，即求解状态转移矩阵的函数 expm( )和求解积分的函数 int( )。int( )函数的格式为 int(S, v, a, b)，表示对函数 S 以 v 为自变量从 a 到 b 的定积分。这里用来实现对 $\int_0^t\boldsymbol{\Phi}(\tau)\boldsymbol{B}\cdot 1\,d\tau$ 的计算。

如果要绘出对单位阶跃响应的系统状态轨迹图，可用下列语句实现：

```
≫clear                                              %清空工作空间
≫t=0:0.1:10;                                        %定义时间范围和间隔
≫plot(t, -1/2*exp(-2*t)+1/2, t, exp(-2*t))%绘制系统状态轨迹图
```

结果如图 2-1 所示。

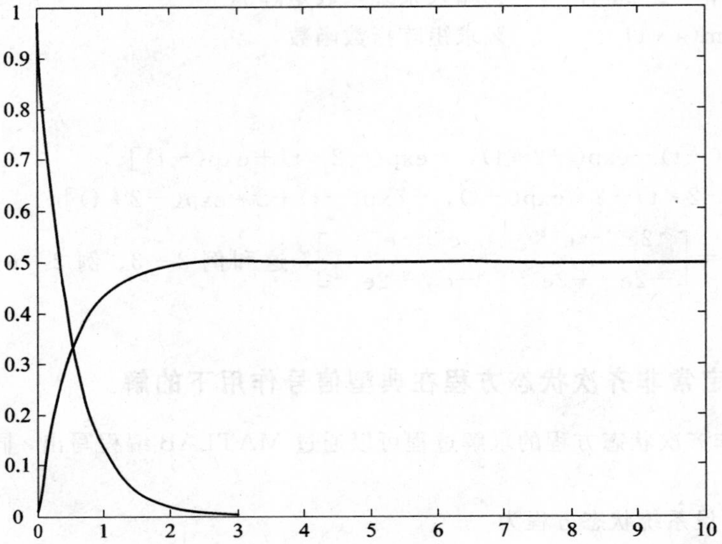

图 2-1 单位阶跃响应的系统状态轨迹图

2.5.3 连续系统离散化

连续系统离散化可采用函数 c2d( )来实现。调用格式为

Gd =c2d(G, T)

其中，T 为采样周期，G 为已知的连续系统数学模型，Gd 为离散化后的系统模型。

例 2-15 已知线性定常方程为

$$\dot{\boldsymbol{x}} = \begin{bmatrix} 0 & -1 \\ 0 & -2 \end{bmatrix} \boldsymbol{x} + \begin{bmatrix} 0 \\ 1 \end{bmatrix} u$$

$$\boldsymbol{y} = \begin{bmatrix} 1 & 1 \end{bmatrix}$$

试用 MATLAB 将其离散化。

```
≫A=[0 -1; 0 -2]; B=[0; 1]; C=[1 1]; D=0;          %输入连续系统模型
≫G=ss(A, B, C, D);
≫T=0.1;                                             %输入采样时间
≫Gd=c2d(G, T)                                       %连续系统离散化
```

离散后结果为

a =

```
            x1        x2
   x1        1   -0.09063
   x2        0    0.8187
 b =
            u1
   x1  -0.004683
   x2    0.09063
 c =
       x1  x2
   y1   1   1
 d =
       u1
   y1   0
```

Sampling time：0.1

Discrete-time model.

也就是说，当 $T=0.1$ 时，离散化状态方程为

$$\boldsymbol{x}(k+1)=\begin{bmatrix}1 & -0.0906\\ 0 & 0.8187\end{bmatrix}\boldsymbol{x}(k)+\begin{bmatrix}-0.0047\\ 0.0906\end{bmatrix}u(k)$$

这和例 2-9 的计算结果相同。

习　题

2-1　已知连续系统的状态转移矩阵为

$$\boldsymbol{\Phi}(t)=\begin{bmatrix}\frac{1}{2}(\mathrm{e}^{-2t}+\mathrm{e}^{3t}) & 2(-\mathrm{e}^{-2t}+\mathrm{e}^{3t})\\ -\mathrm{e}^{-2t}+\mathrm{e}^{3t} & \frac{1}{2}(\mathrm{e}^{-2t}+\mathrm{e}^{3t})\end{bmatrix}$$

试确定系数矩阵 $\boldsymbol{A}$。

2-2　已知线性定常系统齐次状态方程 $\dot{\boldsymbol{x}}=\boldsymbol{A}\boldsymbol{x}$，就下述初始状态的解确定状态转移矩阵 $\boldsymbol{\Phi}(t)$ 和系数矩阵 $\boldsymbol{A}$。

$$\boldsymbol{x}(0)=\begin{bmatrix}1\\ -4\end{bmatrix}\text{时，}\boldsymbol{x}(t)=\begin{bmatrix}\mathrm{e}^{-3t}\\ -\mathrm{e}^{-3t}\end{bmatrix};$$

$$\boldsymbol{x}(0)=\begin{bmatrix}2\\ -1\end{bmatrix}\text{时，}\boldsymbol{x}(t)=\begin{bmatrix}2\mathrm{e}^{-2t}\\ -\mathrm{e}^{-2t}\end{bmatrix}$$

2-3　线性定常系统齐次状态方程系数矩阵分别为

(1) $\boldsymbol{A}=\begin{bmatrix}-2 & 1\\ 0 & -2\end{bmatrix}$　　(2) $\boldsymbol{A}=\begin{bmatrix}0 & 1 & 0\\ 0 & 0 & 1\\ -1 & -2 & -3\end{bmatrix}$

试用拉普拉斯变换法求状态转移矩阵 $\boldsymbol{\Phi}(t)$。

2-4 线性定常系统齐次状态方程系数矩阵分别为

(1) $\boldsymbol{A}=\begin{bmatrix}0 & 0\\ 1 & 0\end{bmatrix}$　　(2) $\boldsymbol{A}=\begin{bmatrix}1 & 0 & 0\\ 0 & 1 & 0\\ 0 & 1 & 2\end{bmatrix}$

试用凯莱—哈密顿法求状态转移矩阵 $\boldsymbol{\Phi}(t)$。

2-5 线性定常系统齐次状态方程系数矩阵分别为

(1) $\boldsymbol{A}=\begin{bmatrix}0 & 6\\ -1 & -5\end{bmatrix}$　　(2) $\boldsymbol{A}=\begin{bmatrix}0 & 1 & 0\\ 0 & 0 & 1\\ -10 & -35 & -11\end{bmatrix}$

试用对角标准形法求状态转移矩阵 $\boldsymbol{\Phi}(t)$。

2-6 线性定常系统齐次状态方程系数矩阵分别为

(1) $\boldsymbol{A}=\begin{bmatrix}2 & 1 & 0\\ 0 & 2 & 1\\ 0 & 0 & 2\end{bmatrix}$　　(2) $\boldsymbol{A}=\begin{bmatrix}-1 & 1 & 0\\ 0 & -1 & 0\\ 0 & 0 & -2\end{bmatrix}$

试用约当标准形法求状态转移矩阵 $\boldsymbol{\Phi}(t)$。

2-7 线性定常系统状态空间方程分别为

(1) $\dot{\boldsymbol{x}}=\begin{bmatrix}-2 & 0\\ 0 & -1\end{bmatrix}\boldsymbol{x}+\begin{bmatrix}0\\ 1\end{bmatrix}\boldsymbol{u}$, $\boldsymbol{y}=\begin{bmatrix}1 & -1\end{bmatrix}\boldsymbol{x}$

(2) $\dot{\boldsymbol{x}}=\begin{bmatrix}1 & 2\\ 0 & 1\end{bmatrix}\boldsymbol{x}+\begin{bmatrix}0\\ 1\end{bmatrix}\boldsymbol{u}$, $\boldsymbol{y}=\begin{bmatrix}1 & 0\end{bmatrix}\boldsymbol{x}$

试求在单位阶跃输入信号下的状态解。

2-8 线性定常连续系统状态空间方程分别为

(1) $\dot{\boldsymbol{x}}=\begin{bmatrix}1 & 2\\ 0 & 1\end{bmatrix}\boldsymbol{x}+\begin{bmatrix}0\\ 1\end{bmatrix}\boldsymbol{u}$, $\boldsymbol{y}=\begin{bmatrix}1 & 0\end{bmatrix}\boldsymbol{x}$

(2) $\dot{\boldsymbol{x}}=\begin{bmatrix}2 & 1 & 0\\ 0 & 2 & 1\\ 0 & 0 & 2\end{bmatrix}+\begin{bmatrix}0\\ 0\\ 1\end{bmatrix}\boldsymbol{u}$, $\boldsymbol{y}=\begin{bmatrix}1 & 0 & 0\end{bmatrix}\boldsymbol{x}$

设采样时间为 $T=0.1$ s，建立离散化状态方程。

2-9 线性定常离散系统状态方程为

$$\boldsymbol{x}(k+1)=\begin{bmatrix}0 & 1\\ -0.16 & -1\end{bmatrix}\boldsymbol{x}(k)+\begin{bmatrix}1\\ 1\end{bmatrix}u(k)$$

试求当 $\boldsymbol{x}(0)=\begin{bmatrix}1 & -1\end{bmatrix}^{\mathrm{T}}$，$\boldsymbol{x}(k)=1$ 时的状态解。

2-10 试用 MATLAB 验证习题 2-3～2-9 各题。

第 3 章　控制系统的能控性和能观性

控制系统的能控性(controllability)和能观性(observability)是由卡尔曼(Kalman)于 20 世纪 60 年代初首先提出并研究的。在现代控制理论中，这是两个非常重要的基础性概念。无论是分析还是综合一个现代控制系统时，我们总要研究一下，看它是否能控能观。

对于用状态空间方程描述的控制系统，状态方程描述了由输入引起的状态变化，输出方程描述了由状态变化引起的输出改变。能控性指的是外界输入 $\boldsymbol{u}$ 对系统状态变量 $\boldsymbol{x}$ 的支配能力，它回答了 $\boldsymbol{u}$ 能否使 $\boldsymbol{x}$ 作任意转移的问题。能观性指的是由系统的输出 $\boldsymbol{y}$ 识别状态变量 $\boldsymbol{x}$ 的能力，它回答了状态变量能否由输出反映出来的问题。能控性和能观性这两个概念与控制系统状态空间描述相对应，深刻地揭示了系统的内部结构关系，具有极其重要的意义。

3.1　线性连续系统的能控性与能观性

3.1.1　线性系统的能控性定义及判据

1. 能控性的定义

对于线性定常连续系统 $\dot{\boldsymbol{x}}=\boldsymbol{A}\boldsymbol{x}+\boldsymbol{B}\boldsymbol{u}$，如果存在一个分段连续的输入 $\boldsymbol{u}(t)$，能在有限时间区间$[t_0, t_f]$内，使系统由某一初始状态 $\boldsymbol{x}(t_0)$转移到指定的任意终端状态 $\boldsymbol{x}(t_f)$，则称此状态是能控的。若系统的所有状态都是能控的，则称系统是状态完全能控的，简称系统是能控的。能控性描述了由输入量控制状态变量的能力。

对于线性定常连续系统，为简便计，可以设初始状态为状态空间任意非零有限点，终端状态为状态空间原点，即零态。如果存在一个分段连续的输入 $\boldsymbol{u}(t)$，能在$[t_0, t_f]$的有限时间内使得系统的某一初始状态 $\boldsymbol{x}(t_0)$转移到零态 $\boldsymbol{x}(t_f)=0$，则称系统是状态能控的。

2. 能控性判据

定理 3-1　对于线性定常系统 $\dot{\boldsymbol{x}}=\boldsymbol{A}\boldsymbol{x}+\boldsymbol{B}\boldsymbol{u}$，能控的充分必要条件是由 $\boldsymbol{A}$、$\boldsymbol{B}$ 构成的能控性矩阵

$$\boldsymbol{Q}_c=[\boldsymbol{B}\quad \boldsymbol{A}\boldsymbol{B}\quad \boldsymbol{A}^2\boldsymbol{B}\quad \cdots\quad \boldsymbol{A}^{n-1}\boldsymbol{B}] \tag{3-1}$$

满秩，即

$$\mathrm{rank}(\boldsymbol{Q}_c)=n \tag{3-2}$$

否则当 $\mathrm{rank}(\boldsymbol{Q}_c)<n$ 时，系统为不能控的。式中，每个子矩阵单元都是 n 行 r 列，共有 n 个子矩阵，因此能控性矩阵 $\boldsymbol{Q}_c$ 为 n 行 $n\times r$ 列。

证明：对于系统的任意初始状态 $\boldsymbol{x}(t_0)$，如果能找到输入 $\boldsymbol{u}(t)$，使之在$[t_0, t_f]$的有限时间内转移到 $\boldsymbol{x}(t_f)=0$，则系统状态能控。已知线性定常非齐次状态方程的解为

$$\boldsymbol{x}(t)=\boldsymbol{\Phi}(t-t_0)\boldsymbol{x}(t_0)+\int_{t_0}^{t}\boldsymbol{\Phi}(t-\tau)\boldsymbol{B}\boldsymbol{u}(\tau)\mathrm{d}\tau$$

将 $t=t_f$ 代入上式有

$$\boldsymbol{x}(t_f)=\boldsymbol{\Phi}(t_f-t_0)\boldsymbol{x}(t_0)+\int_{t_0}^{t_f}\boldsymbol{\Phi}(t_f-\tau)\boldsymbol{B}\boldsymbol{u}(\tau)\mathrm{d}\tau=0$$

化简后可得

$$\boldsymbol{x}(t_0)=-\int_{t_0}^{t_f}\boldsymbol{\Phi}(t_0-\tau)\boldsymbol{B}\boldsymbol{u}(\tau)\mathrm{d}\tau$$

由凯莱—哈密顿定理 $\boldsymbol{\Phi}(t)=\mathrm{e}^{\boldsymbol{A}t}=\sum_{j=0}^{n-1}\alpha_j(t)\boldsymbol{A}^j$ 有

$$\boldsymbol{x}(t_0)=-\int_{t_0}^{t_f}\sum_{j=0}^{n-1}\alpha_j(t_0-\tau)\boldsymbol{A}^j\boldsymbol{B}\boldsymbol{u}(\tau)\mathrm{d}\tau=-\sum_{j=0}^{n-1}\boldsymbol{A}^j\boldsymbol{B}\int_{t_0}^{t_f}\alpha_j(t_0-\tau)\boldsymbol{u}(\tau)\mathrm{d}\tau \tag{3-3}$$

由于式(3-3)中的积分上限是已知的，因此每一个定积分都是一个确定的数值。令

$$\int_{t_0}^{t_f}\alpha_j(t_0-\tau)\boldsymbol{u}(\tau)\mathrm{d}\tau=\boldsymbol{\beta}_j\quad(j=0,1,\cdots,n-1)$$

由于 $\boldsymbol{u}(t)$是 r 维向量，$\boldsymbol{\beta}_j$ 也必然是 r 维向量，因此式(3-3)可写成

$$\boldsymbol{x}(t_0)=-\sum_{j=0}^{n-1}\boldsymbol{A}^j\boldsymbol{B}\boldsymbol{\beta}_j=-[\boldsymbol{B}\quad\boldsymbol{AB}\quad\cdots\quad\boldsymbol{A}^{n-1}\boldsymbol{B}]\begin{bmatrix}\beta_0\\\beta_1\\\vdots\\\beta_{n-1}\end{bmatrix} \tag{3-4}$$

若系统能控，必能从式(3-4)中解得 $\beta_0, \beta_1, \cdots, \beta_{n-1}$。这就要求系统能控性矩阵 $\boldsymbol{Q}_c=[\boldsymbol{B}\quad\boldsymbol{AB}\quad\cdots\quad\boldsymbol{A}^{n-1}\boldsymbol{B}]$的秩必须为 n，即 $\mathrm{rank}(\boldsymbol{Q}_c)=n$。

例 3-1　试判断下列系统的能控性。

$$\dot{\boldsymbol{x}}=\begin{bmatrix}1&2&1\\0&1&0\\1&0&3\end{bmatrix}\boldsymbol{x}+\begin{bmatrix}1&0\\0&1\\0&0\end{bmatrix}\boldsymbol{u}$$

解：$\boldsymbol{Q}_c=[\boldsymbol{B}\quad\boldsymbol{AB}\quad\boldsymbol{A}^2\boldsymbol{B}]=\begin{bmatrix}1&0&1&2&2&4\\0&1&0&1&0&1\\0&0&1&0&4&2\end{bmatrix}$，其 $\mathrm{rank}(\boldsymbol{Q}_c)=3$，满秩，故系统状态能控。

定理 3-2　设线性系统具有两两相异的特征值，则其状态完全能控的充分必要条件是系统经线性非奇异变换后的对角标准形为

$$\dot{\bar{\boldsymbol{x}}}=\begin{bmatrix}\lambda_1&&&\boldsymbol{0}\\&\lambda_2&&\\&&\ddots&\\\boldsymbol{0}&&&\lambda_n\end{bmatrix}\bar{\boldsymbol{x}}+\bar{\boldsymbol{B}}\boldsymbol{u} \tag{3-5}$$

式中，$\bar{\boldsymbol{B}}$ 不包含元素全为 0 的行。

由于当系数矩阵写成对角标准形的结构时，各状态变量间彼此独立，没有耦合关系，

因而影响每一个状态的唯一途径是通过输入。只要输入矩阵中不包含元素全为 0 的行，状态就可以由输入改变。

例 3-2　试判断如下系统的能控性：

(1) $$\begin{bmatrix}\dot{x}_1\\ \dot{x}_2\\ \dot{x}_3\end{bmatrix}=\begin{bmatrix}-2&0&0\\0&-4&0\\0&0&-1\end{bmatrix}\begin{bmatrix}x_1\\x_2\\x_3\end{bmatrix}+\begin{bmatrix}1\\3\\5\end{bmatrix}u$$

(2) $$\begin{bmatrix}\dot{x}_1\\ \dot{x}_2\\ \dot{x}_3\end{bmatrix}=\begin{bmatrix}-2&0&0\\0&-4&0\\0&0&-1\end{bmatrix}\begin{bmatrix}x_1\\x_2\\x_3\end{bmatrix}+\begin{bmatrix}1\\0\\5\end{bmatrix}u$$

(3) $$\begin{bmatrix}\dot{x}_1\\ \dot{x}_2\\ \dot{x}_3\end{bmatrix}=\begin{bmatrix}-2&0&0\\0&-4&0\\0&0&-1\end{bmatrix}\begin{bmatrix}x_1\\x_2\\x_3\end{bmatrix}+\begin{bmatrix}1&0\\0&2\\1&5\end{bmatrix}\begin{bmatrix}u_1\\u_2\end{bmatrix}$$

解：由于各状态方程系数矩阵均为对角阵，分析输入矩阵 $\boldsymbol{B}$ 可知系统的能控性。由于(2)中 $b_2=0$，因此系统(2)不能控。系统(1)、(3)中矩阵 $\boldsymbol{B}$ 各行均不全为零，所以(1)、(3)能控。

定理 3-3　如果线性系统具有重特征值，且每个重特征值只对应一个独立的特征向量，则其状态完全能控的充分必要条件是系统经线性非奇异变换后的约当标准形为

$$\dot{\bar{\boldsymbol{x}}}=\begin{bmatrix}\boldsymbol{J}_1 & & & \boldsymbol{0}\\ & \boldsymbol{J}_2 & & \\ & & \ddots & \\ \boldsymbol{0} & & & \boldsymbol{J}_k\end{bmatrix}\bar{\boldsymbol{x}}+\bar{\boldsymbol{B}}\boldsymbol{u} \tag{3-6}$$

式中，$\bar{\boldsymbol{B}}$ 阵中与每个约当小块 $\boldsymbol{J}_i(i=1, 2, \cdots, k)$ 最后一行所对应的元素不全为零。

例 3-3　考察如下系统的状态能控性：

(1) $$\begin{bmatrix}\dot{x}_1\\ \dot{x}_2\\ \dot{x}_3\end{bmatrix}=\begin{bmatrix}-1&1&0\\0&-1&0\\0&0&2\end{bmatrix}\begin{bmatrix}x_1\\x_2\\x_3\end{bmatrix}+\begin{bmatrix}0\\4\\3\end{bmatrix}u$$

(2) $$\begin{bmatrix}\dot{x}_1\\ \dot{x}_2\\ \dot{x}_3\end{bmatrix}=\begin{bmatrix}-1&1&0\\0&-1&0\\0&0&2\end{bmatrix}\begin{bmatrix}x_1\\x_2\\x_3\end{bmatrix}+\begin{bmatrix}4&2\\0&0\\3&0\end{bmatrix}\begin{bmatrix}u_1\\u_2\end{bmatrix}$$

解：系统(1)中，与 x_2 对应的 $b_2=4\neq0$，与 x_3 对应的 $b_3=3\neq0$，故系统(1)状态完全能控。系统(2)中，与 x_2 对应的 $b_{21}=0$，$b_{22}=0$，故系统(2)不能控。

定理 3-4　线性定常系统 $\dot{\boldsymbol{x}}=\boldsymbol{A}\boldsymbol{x}+\boldsymbol{B}\boldsymbol{u}$ 完全能控的充分必要条件是 $n\times(n+r)$ 维矩阵 $[\lambda\boldsymbol{I}-\boldsymbol{A}, \boldsymbol{B}]$ 对 $\boldsymbol{A}$ 的所有特征值 λ_i 之秩都为 n，即

$$\text{rank}[\lambda_i\boldsymbol{I}-\boldsymbol{A}, \boldsymbol{B}]=n\quad(i=1, 2, \cdots, n) \tag{3-7}$$

这个定理又称为 PBH 判别法。

例 3-4　系统状态方程为

$$\dot{\boldsymbol{x}} = \begin{bmatrix} 1 & 0 \\ -2 & -3 \end{bmatrix}\boldsymbol{x} + \begin{bmatrix} 1 \\ 1 \end{bmatrix}u$$

试判别系统的能控性。

解：求系统特征值，由

$$\det[\lambda \boldsymbol{I} - \boldsymbol{A}] = \det\begin{bmatrix} \lambda - 1 & 0 \\ 2 & \lambda + 3 \end{bmatrix} = (\lambda - 1)(\lambda + 3) = 0$$

可解出 $\lambda_1 = 1$，$\lambda_2 = -3$。按照定理 3-4，有

$$\text{rank}[\lambda_1 \boldsymbol{I} - \boldsymbol{A},\ \boldsymbol{b}] = \text{rank}\begin{bmatrix} 0 & 0 & 1 \\ 2 & 4 & 1 \end{bmatrix} = 2$$

$$\text{rank}[\lambda_2 \boldsymbol{I} - \boldsymbol{A},\ \boldsymbol{b}] = \text{rank}\begin{bmatrix} -4 & 0 & 1 \\ 0 & 0 & 1 \end{bmatrix} = 2$$

故系统能控。

3. 输出能控性

在实际的控制系统设计中，需要控制的是输出，而不是系统的状态。因此，就需要研究输出的能控性。

如果能找到一个无约束的控制向量 $\boldsymbol{u}(t)$，在有限的时间间隔$[t_0,\ t_f]$内，把任一初始输出 $\boldsymbol{y}(t_0)$移到任意最终输出 $\boldsymbol{y}(t_f)$，那么称系统为输出能控的。状态能控性和输出能控性是两个完全不同的概念，没有必然的联系。某系统状态不完全能控，输出有可能完全能控。

定理 3-5　系统输出能控的充要条件是输出能控性判别矩阵

$$\boldsymbol{S} = [\boldsymbol{CB} \vdots \boldsymbol{CAB} \vdots \boldsymbol{CA}^2\boldsymbol{B} \vdots \cdots \vdots \boldsymbol{CA}^{n-1}\boldsymbol{B} \vdots \boldsymbol{D}] \tag{3-8}$$

的秩为 m，即 $\text{rank}(\boldsymbol{S}) = m$，其中 m 为输出维数。

例 3-5　判断下列系统的状态能控性与输出能控性：

$$\dot{\boldsymbol{x}} = \begin{bmatrix} 0 & 1 \\ -1 & -2 \end{bmatrix}\boldsymbol{x} + \begin{bmatrix} 1 \\ -1 \end{bmatrix}u,\ y = [1\ \ 0]\boldsymbol{x}$$

解：(1) 状态能控性判断

$$\text{rank}(\boldsymbol{Q}_c) = \text{rank}[\boldsymbol{B}\ \ \boldsymbol{AB}] = \text{rank}\begin{bmatrix} 1 & -1 \\ -1 & 1 \end{bmatrix} = 1$$

能控性矩阵 $\boldsymbol{Q}_c$ 的秩小于 2，所以状态不完全能控。

(2) 输出能控性判断

$$\text{rank}(\boldsymbol{S}) = \text{rank}[\boldsymbol{CB}\ \ \boldsymbol{CAB}\ \ \boldsymbol{D}] = \text{rank}[1\ \ -1\ \ 0] = 1$$

能控性判别矩阵 $\boldsymbol{S}$ 的秩等于输出维数 1，所以输出能控。

3.1.2　线性系统的能观性定义及判据

1. 能观性的定义

对于线性定常连续系统

$$\begin{cases} \dot{\boldsymbol{x}} = \boldsymbol{Ax} + \boldsymbol{Bu},\ \boldsymbol{x}(t_0) = \boldsymbol{x}_0 \\ \boldsymbol{y} = \boldsymbol{Cx} \end{cases} \tag{3-9}$$

如果对任意给定的输入 $\boldsymbol{u}(t)$，在有限的观测时间 $t_f > t_0$ 时，使得根据$[t_0,\ t_f]$期间的输出

$\boldsymbol{y}(t)$能唯一地确定系统在初始时刻的状态 $\boldsymbol{x}(t_0)$，则称状态 $\boldsymbol{x}(t_0)$是能观的。若系统的每一个状态都是能观的，则称系统是状态完全能观的。能观性反映了输出量包含状态信息量的程度。

2. 能观性判据

定理 3－6　对式(3－9)所示的线性定常连续系统，其能观的充分必要条件是由 $\boldsymbol{A}$，$\boldsymbol{C}$ 构成的能观性矩阵

$$\boldsymbol{Q}_o = \begin{bmatrix} \boldsymbol{C} \\ \boldsymbol{CA} \\ \vdots \\ \boldsymbol{CA}^{n-1} \end{bmatrix} \tag{3-10}$$

满秩，即

$$\text{rank}(\boldsymbol{Q}_o) = n \tag{3-11}$$

证明：设 $\boldsymbol{u}(t)=0$，系统的齐次状态方程的解为

$$\boldsymbol{x}(t) = \boldsymbol{\Phi}(t-t_0)\boldsymbol{x}(t_0)$$
$$\boldsymbol{y}(t) = \boldsymbol{Cx}(t) = \boldsymbol{C\Phi}(t-t_0)\boldsymbol{x}(t_0)$$

由凯莱—哈密顿定理 $\boldsymbol{\Phi}(t) = \mathrm{e}^{\boldsymbol{A}t} = \sum_{j=0}^{n-1}\alpha_j(t)\boldsymbol{A}^j$ 有

$$\boldsymbol{y}(t) = \boldsymbol{C}\sum_{i=0}^{n-1}\alpha_i(t-t_0)\boldsymbol{A}^i\boldsymbol{x}(t_0) = [\alpha_0(t-t_0) \quad \alpha_1(t-t_0) \quad \cdots \quad \alpha_{n-1}(t-t_0)]\begin{bmatrix} \boldsymbol{C} \\ \boldsymbol{CA} \\ \vdots \\ \boldsymbol{CA}^{n-1} \end{bmatrix}\boldsymbol{x}(t_0) \tag{3-12}$$

由于 $\alpha_i(t-t_0)$是已知函数，因此根据有限时间区间$[t_0, t_f]$内 $\boldsymbol{y}(t)$能唯一地确定初始状态 $\boldsymbol{x}(t_0)$的充要条件为 $\boldsymbol{Q}_o$ 满秩，即 $\text{rank}(\boldsymbol{Q}_o)=n$。

例 3－6　已知某系统如下，试判断其是否能观。

$$\dot{\boldsymbol{x}} = \begin{bmatrix} -2 & 0 \\ 0 & -1 \end{bmatrix}\boldsymbol{x} + \begin{bmatrix} 1 \\ 2 \end{bmatrix}u$$
$$y = [1 \quad 0]\boldsymbol{x}$$

解：$\boldsymbol{Q}_o=\begin{bmatrix} \boldsymbol{C} \\ \boldsymbol{CA} \end{bmatrix}=\begin{bmatrix} 1 & 0 \\ -2 & 0 \end{bmatrix}$，显然其 $\text{rank}(\boldsymbol{Q}_o)=1<2$，故系统不能观。

定理 3－7　对式(3－9)所示的线性定常连续系统，若 $\boldsymbol{A}$ 的特征值互异，经非奇异变换后为

$$\dot{\bar{\boldsymbol{x}}} = \begin{bmatrix} \lambda_1 & & & \boldsymbol{0} \\ & \lambda_2 & & \\ & & \ddots & \\ \boldsymbol{0} & & & \lambda_n \end{bmatrix}\bar{\boldsymbol{x}} + \bar{\boldsymbol{B}}\boldsymbol{u}$$
$$\boldsymbol{y} = \bar{\boldsymbol{C}}\bar{\boldsymbol{x}} \tag{3-13}$$

则系统能观的充分必要条件是 $\bar{\boldsymbol{C}}$ 阵中不包含全为零的列。

定理 3-8 对式(3-9)所示的线性定常连续系统，若 $\boldsymbol{A}$ 阵具有重特征值，且对应每一个重特征值只存在一个独立的特征向量，经非奇异变换后为

$$\dot{\bar{\boldsymbol{x}}}=\begin{bmatrix}\boldsymbol{J}_1 & & & \boldsymbol{0}\\ & \boldsymbol{J}_2 & & \\ & & \ddots & \\ \boldsymbol{0} & & & \boldsymbol{J}_k\end{bmatrix}\bar{\boldsymbol{x}}+\bar{\boldsymbol{B}}\boldsymbol{u}$$

$$\boldsymbol{y}=\bar{\boldsymbol{C}}\bar{\boldsymbol{x}} \tag{3-14}$$

则系统能观的充分必要条件是 $\boldsymbol{C}$ 阵中与每一个约当块 $\boldsymbol{J}_i$ 第一列对应的列不全为零。

例 3-7 用定理 3-8 判断例 3-6 所示系统的能观性。

解：$\boldsymbol{A}$ 为对角阵，对应的 $\boldsymbol{C}$ 阵中含有为零的列，故系统不能观。

例 3-8 已知某系统如下，试判断其是否能观。

$$\dot{\boldsymbol{x}}=\begin{bmatrix}1 & 1 & 0 & 0 & 0\\ 0 & 1 & 1 & 0 & 0\\ 0 & 0 & 1 & 0 & 0\\ 0 & 0 & 0 & -2 & 1\\ 0 & 0 & 0 & 0 & -2\end{bmatrix}\boldsymbol{x}$$

$$y=\begin{bmatrix}1 & 2 & 0 & 1 & 0\\ 0 & 1 & 1 & 0 & 0\end{bmatrix}\boldsymbol{x}$$

解：由定理 3-8 可知，由于系数矩阵中两个约当块第 1 列对应 $\boldsymbol{C}$ 阵的列不为零，因此系统能观。

定理 3-9 (PBH 判别法)对式(3-9)所示的线性定常连续系统，能观的充分必要条件是$(n+m)\times n$ 型矩阵$[\boldsymbol{C}\quad \lambda\boldsymbol{I}-\boldsymbol{A}]^{\mathrm{T}}$，对 $\boldsymbol{A}$ 的每一个特征值 λ_i 之秩为 n，即

$$\operatorname{rank}\begin{bmatrix}\boldsymbol{C}\\ \lambda_i\boldsymbol{I}-\boldsymbol{A}\end{bmatrix}=n \tag{3-15}$$

例 3-9 用定理 3-9 判断下列系统的能观性：

$$\dot{\boldsymbol{x}}=\begin{bmatrix}-2 & 0\\ 0 & -5\end{bmatrix}\boldsymbol{x}+\begin{bmatrix}1\\ 1\end{bmatrix}u$$

$$y=\begin{bmatrix}0 & 1\end{bmatrix}\boldsymbol{x}$$

解：已知 $\boldsymbol{A}$ 的特征值为-2、-5。由定理 3-9 可知

$$\operatorname{rank}\begin{bmatrix}\boldsymbol{C}\\ \lambda_1\boldsymbol{I}-\boldsymbol{A}\end{bmatrix}=\operatorname{rank}\begin{bmatrix}0 & 1\\ 0 & 0\\ 0 & 3\end{bmatrix}=1$$

$$\operatorname{rank}\begin{bmatrix}\boldsymbol{C}\\ \lambda_2\boldsymbol{I}-\boldsymbol{A}\end{bmatrix}=\operatorname{rank}\begin{bmatrix}0 & 1\\ -3 & 0\\ 0 & 0\end{bmatrix}=2$$

由于 λ_1 的判别阵的秩不为 2，故系统不能观。

3.1.3 对偶性原理

对于系统的能控性和能观性，无论在概念上还是在判据和标准形的形式上都存在着内

在联系，即对偶关系。

1. 线性定常系统的对偶关系

设有两个系统，一个 r 维输入、m 维输出的 n 阶系统 Σ_1 为

$$\begin{cases}\dot{\boldsymbol{x}}_1 = \boldsymbol{A}_1\boldsymbol{x}_1 + \boldsymbol{B}_1\boldsymbol{u}_1 \\ \boldsymbol{y}_1 = \boldsymbol{C}_1\boldsymbol{x}_1\end{cases} \tag{3-16}$$

另一个 m 维输入、r 维输出的 n 阶系统 Σ_2 为

$$\begin{cases}\dot{\boldsymbol{x}}_2 = \boldsymbol{A}_2\boldsymbol{x}_2 + \boldsymbol{B}_2\boldsymbol{u}_2 \\ \boldsymbol{y}_2 = \boldsymbol{C}_2\boldsymbol{x}_2\end{cases} \tag{3-17}$$

若满足下列条件，则称 Σ_1 与 Σ_2 是互为对偶的：

$$\boldsymbol{A}_2 = \boldsymbol{A}_1^{\mathrm{T}},\ \boldsymbol{B}_2 = \boldsymbol{C}_1^{\mathrm{T}},\ \boldsymbol{C}_2 = \boldsymbol{B}_1^{\mathrm{T}} \tag{3-18}$$

2. 对偶系统的两个基本特征

1）对偶系统传递函数矩阵互为转置

设由式(3-16)和式(3-17)求得的传递函数矩阵分别记为 $\boldsymbol{G}_1(s)$、$\boldsymbol{G}_2(s)$，有

$$\begin{aligned}\boldsymbol{G}_2(s) &= \boldsymbol{C}_2(s\boldsymbol{I} - \boldsymbol{A}_2)^{-1}\boldsymbol{B}_2 = \boldsymbol{B}_1^{\mathrm{T}}(s\boldsymbol{I} - \boldsymbol{A}_1^{\mathrm{T}})^{-1}\boldsymbol{C}_1^{\mathrm{T}} \\ &= \boldsymbol{B}_1^{\mathrm{T}}[(s\boldsymbol{I} - \boldsymbol{A}_1)^{-1}]^{\mathrm{T}}\boldsymbol{C}_1^{\mathrm{T}} = [\boldsymbol{C}_1(s\boldsymbol{I} - \boldsymbol{A})^{-1}\boldsymbol{B}_1]^{\mathrm{T}} = \boldsymbol{G}_1^{\mathrm{T}}(s)\end{aligned} \tag{3-19}$$

如果系统是单输入单输出系统，则两者的传递函数相同。

2）对偶系统特征值相同

$$|\lambda\boldsymbol{I} - \boldsymbol{A}_2| = |\lambda\boldsymbol{I} - \boldsymbol{A}_1^{\mathrm{T}}| = (|\lambda\boldsymbol{I} - \boldsymbol{A}_1|)^{\mathrm{T}} = 0 \tag{3-20}$$

即 $|\lambda\boldsymbol{I} - \boldsymbol{A}_2| = 0$ 和 $|\lambda\boldsymbol{I} - \boldsymbol{A}_1| = 0$ 是等价的。

3. 对偶原理

定理 3-10　系统 $\Sigma_1(\boldsymbol{A}_1, \boldsymbol{B}_1, \boldsymbol{C}_1)$ 与 $\Sigma_2(\boldsymbol{A}_2, \boldsymbol{B}_2, \boldsymbol{C}_2)$ 是互为对偶的两个系统，则 Σ_1 的能控性等价于 Σ_2 的能观性，Σ_1 的能观性等价于 Σ_2 的能控性。或者说，若 Σ_1 是状态完全能控的（完全能观的），则 Σ_2 是状态完全能观的（完全能控的）。

证明：

$$\boldsymbol{Q}_{o2} = \begin{bmatrix}\boldsymbol{C}_2 \\ \boldsymbol{C}_2\boldsymbol{A}_2 \\ \vdots \\ \boldsymbol{C}_2\boldsymbol{A}_2^{n-1}\end{bmatrix} = \begin{bmatrix}\boldsymbol{B}_1^{\mathrm{T}} \\ \boldsymbol{B}_1^{\mathrm{T}}\boldsymbol{A}_1^{\mathrm{T}} \\ \vdots \\ \boldsymbol{B}_1^{\mathrm{T}}(\boldsymbol{A}_1^{\mathrm{T}})^{n-1}\end{bmatrix} = \begin{bmatrix}\boldsymbol{B}_1^{\mathrm{T}} \\ (\boldsymbol{A}_1\boldsymbol{B}_1)^{\mathrm{T}} \\ \vdots \\ (\boldsymbol{A}_1^{n-1}\boldsymbol{B}_1)^{\mathrm{T}}\end{bmatrix} = [\boldsymbol{B}_1\quad \boldsymbol{A}_1\boldsymbol{B}_1\quad \cdots\quad \boldsymbol{A}_1^{n-1}\boldsymbol{B}_1]^{\mathrm{T}} = \boldsymbol{Q}_{c1}^{\mathrm{T}}$$

所以有 $\mathrm{rank}(\boldsymbol{Q}_{o2}) = \mathrm{rank}(\boldsymbol{Q}_{c1})$，亦即 Σ_1 的能控性等价于 Σ_2 的能观性，反之亦然。

3.2　线性离散时间系统的能控性与能观性

由于线性连续系统只是线性离散系统当采样周期趋于无穷小时的无限近似，所以离散系统的状态能控性、能观性的定义与线性连续系统的极其相似，能控性、能观性判据则在形式上基本一致。

3.2.1　线性定常离散时间系统的能控性定义及判据

1. 能控性定义

设线性定常离散系统方程为

$$\begin{cases} \boldsymbol{x}(k+1) = \boldsymbol{G}\boldsymbol{x}(k) + \boldsymbol{H}\boldsymbol{u}(k) \\ \boldsymbol{y}(k) = \boldsymbol{C}\boldsymbol{x}(k) \end{cases} \tag{3-21}$$

对于任意给定的一个初始状态 $\boldsymbol{x}(0)$，存在 $k>0$，在有限时间区间[0，k]内，存在允许控制序列 $\boldsymbol{u}(k)$，使得 $\boldsymbol{x}(k)=0$，则称系统是状态完全能控的，简称系统是能控的。

2. 能控性判据

定理 3-11　对于线性定常离散系统，式(3-21)能控的充分必要条件是由 $\boldsymbol{A}$，$\boldsymbol{B}$ 构成的能控性矩阵 $\boldsymbol{Q}_c$ 满秩，即

$$\mathrm{rank}(\boldsymbol{Q}_c) = \mathrm{rank}[\boldsymbol{H} \quad \boldsymbol{G}\boldsymbol{H} \quad \boldsymbol{G}^2\boldsymbol{H} \quad \cdots \quad \boldsymbol{G}^{n-1}\boldsymbol{H}] = n \tag{3-22}$$

证明：设系统初始状态为 $\boldsymbol{x}(0)$，如果系统能控，则在第 k 步转移到零状态 $\boldsymbol{x}(k)=0$，即有

$$\boldsymbol{x}(k) = \boldsymbol{G}^k\boldsymbol{x}(0) + \sum_{i=0}^{k-1}\boldsymbol{G}^{k-1-i}\boldsymbol{H}\boldsymbol{u}(i) = 0$$

或写做

$$-\boldsymbol{G}^k\boldsymbol{x}(0) = \sum_{i=0}^{k-1}\boldsymbol{G}^{k-1-i}\boldsymbol{H}\boldsymbol{u}(i) = [\boldsymbol{G}^{k-1}\boldsymbol{H} \quad \boldsymbol{G}^{k-2}\boldsymbol{H} \quad \cdots \quad \boldsymbol{G}\boldsymbol{H} \quad \boldsymbol{H}]\begin{bmatrix} \boldsymbol{u}(0) \\ \boldsymbol{u}(1) \\ \vdots \\ \boldsymbol{u}(k-2) \\ \boldsymbol{u}(k-1) \end{bmatrix}_{kr\times 1} \tag{3-23}$$

对于任意的初始状态 $\boldsymbol{x}(0)$，上述方程有解的充要条件是 $k\cdot r\geqslant n$ 且式(3-22)成立。

例 3-10　双输入线性定常离散系统的状态方程为

$$\boldsymbol{x}(k+1) = \begin{bmatrix} -2 & 2 & -1 \\ 0 & -2 & 0 \\ 1 & -4 & 0 \end{bmatrix}\boldsymbol{x}(k) + \begin{bmatrix} 0 & 0 \\ 0 & 1 \\ 1 & 0 \end{bmatrix}\boldsymbol{u}(k)$$

试判断其能控性。

解：$\mathrm{rank}(\boldsymbol{Q}_c)=\mathrm{rank}[\boldsymbol{H} \quad \boldsymbol{G}\boldsymbol{H} \quad \boldsymbol{G}^2\boldsymbol{H}]=\mathrm{rank}\begin{bmatrix} 0 & 0 & -1 & 2 & 2 & -4 \\ 0 & 1 & 0 & -2 & 0 & 4 \\ 1 & 0 & 0 & -4 & -1 & 10 \end{bmatrix}=3$

能控性矩阵 $\boldsymbol{Q}_c$ 满秩，故系统是能控的。

3.2.2　线性定常离散时间系统的能观性定义及判据

1. 能观性定义

已知输入向量序列为 $\boldsymbol{u}(0)$，$\boldsymbol{u}(1)$，…，$\boldsymbol{u}(k-1)$及有限采样周期内测量到的输出向量

序列为 $\boldsymbol{y}(0)$，$\boldsymbol{y}(1)$，…，$\boldsymbol{y}(k-1)$，如果能唯一确定任意初始状态向量 $\boldsymbol{x}(0)$，则称系统是完全能观测的，简称系统是能观的。

2. 能观性判据

定理 3-12　式(3-21)能观性的充分必要条件是能观性矩阵 $\boldsymbol{Q}_o$ 的秩为 n，即

$$\text{rank}(\boldsymbol{Q}_o)=\text{rank}\begin{bmatrix}\boldsymbol{C}\\ \boldsymbol{CG}\\ \boldsymbol{CG}^2\\ \vdots\\ \boldsymbol{CG}^{k-1}\end{bmatrix}=n \tag{3-24}$$

证明：由于能观性与输入 $\boldsymbol{u}(k)$ 无关，可令 $\boldsymbol{u}(k)\equiv 0$，则离散系统的动态方程为

$$\begin{cases}\boldsymbol{x}(k+1)=\boldsymbol{Gx}(k)\\ \boldsymbol{y}(k)=\boldsymbol{Cx}(k)\end{cases} \tag{3-25}$$

当 $k=0，1，\cdots，k-1$ 时，有

$$\begin{aligned}\boldsymbol{y}(0)&=\boldsymbol{Cx}(0)\\ \boldsymbol{y}(1)&=\boldsymbol{CGx}(0)\\ &\vdots\\ \boldsymbol{y}(k-1)&=\boldsymbol{CG}^{k-1}\boldsymbol{x}(0)\end{aligned}$$

或

$$\begin{bmatrix}\boldsymbol{C}\\ \boldsymbol{CG}\\ \vdots\\ \boldsymbol{CG}^{k-1}\end{bmatrix}\boldsymbol{x}(0)=\begin{bmatrix}\boldsymbol{y}(0)\\ \boldsymbol{y}(1)\\ \vdots\\ \boldsymbol{y}(k-1)\end{bmatrix}$$

当 $m\cdot k\geqslant n$ 时，通过 $\boldsymbol{y}(0)$，$\boldsymbol{y}(1)$，…，$\boldsymbol{y}(k-1)$唯一地求出 $\boldsymbol{x}(0)$，其充分必要条件是式(3-24)成立。

例 3-11　双输入线性定常离散系统的状态方程为

$$\boldsymbol{x}(k+1)=\begin{bmatrix}-2 & 2 & -1\\ 0 & -2 & 0\\ 1 & -4 & 0\end{bmatrix}\boldsymbol{x}(k)+\begin{bmatrix}0 & 0\\ 0 & 1\\ 1 & 0\end{bmatrix}\boldsymbol{u}(k)$$

$$\boldsymbol{y}(k)=\begin{bmatrix}1 & 0 & 0\\ 0 & 1 & 1\end{bmatrix}\boldsymbol{x}(k)$$

判断其能观性。

解：

$$\text{rank}(\boldsymbol{Q}_o)=\text{rank}\begin{bmatrix}\boldsymbol{C}\\ \boldsymbol{CG}\\ \boldsymbol{CG}^2\end{bmatrix}=\text{rank}\begin{bmatrix}1 & 0 & 0\\ 0 & 1 & 1\\ -2 & 2 & -1\\ 1 & -6 & 0\\ 3 & -4 & 2\\ -2 & 14 & -1\end{bmatrix}=3$$

能观性矩阵 Q_o 满秩，故系统是能观的。

3.2.3 连续系统离散化后的能控性和能观性

一个线性连续系统在其离散化后是否能保持其完全能控性和完全能观性，是构成采样数据系统或计算机控制系统时所要考虑的一个重要问题。

关于这个问题，有下列结论：如果原连续系统不能控(不能观测)，则离散化的系统必是不能控(不能观测)的；如果离散化后系统能控(能观测)，则离散化前的连续系统必定是能控(能观测)的。反之则不成立。也就是说，若原连续系统能控(能观测)，则离散化的系统不一定是能控(能观测)的。

例 3-12 已知系统的状态方程为

$$\dot{\boldsymbol{x}} = \begin{bmatrix} 0 & 2 \\ -2 & 0 \end{bmatrix}\boldsymbol{x} + \begin{bmatrix} 0 \\ 2 \end{bmatrix}u$$

$$\boldsymbol{y} = [1 \quad 0]\boldsymbol{x}$$

试分析其离散化前后系统的能控性和能观性。

解：(1) 对于连续系统：

$$\text{rank}(\boldsymbol{Q}_c) = \text{rank}[\boldsymbol{B} \quad \boldsymbol{AB}] = \text{rank}\begin{bmatrix} 0 & 4 \\ 2 & 0 \end{bmatrix} = 2 = n$$

$$\text{rank}(\boldsymbol{Q}_o) = \text{rank}[\boldsymbol{B} \quad \boldsymbol{AB}] = \text{rank}\begin{bmatrix} 0 & 4 \\ 2 & 0 \end{bmatrix} = 2 = n$$

故系统状态完全能控和能观。

(2) 离散化系统：

$$\boldsymbol{\Phi}(t) = e^{At} = \mathscr{L}^{-1}[(s\boldsymbol{I} - \boldsymbol{A})^{-1}] = \mathscr{L}^{-1}\left[\begin{bmatrix} s & -2 \\ 2 & s \end{bmatrix}^{-1}\right] = \mathscr{L}^{-1}\left[\frac{1}{s^2+4}\begin{bmatrix} s & 2 \\ -2 & s \end{bmatrix}\right]$$

$$= \mathscr{L}^{-1}\begin{bmatrix} \dfrac{s}{s^2+4} & \dfrac{2}{s^2+4} \\ \dfrac{-2}{s^2+4} & \dfrac{s}{s^2+4} \end{bmatrix} = \begin{bmatrix} \cos 2t & \sin 2t \\ -\sin 2t & \cos 2t \end{bmatrix}$$

故

$$\boldsymbol{G} = \boldsymbol{\Phi}(T) = \begin{bmatrix} \cos 2T & \sin 2T \\ -\sin 2T & \cos 2T \end{bmatrix}$$

$$\boldsymbol{H} = \int_0^T \boldsymbol{\Phi}(t)\cdot\boldsymbol{B}\mathrm{d}\tau = \int_0^T \begin{bmatrix} \cos 2\tau & \sin 2\tau \\ -\sin 2\tau & \cos 2\tau \end{bmatrix}\begin{bmatrix} 0 \\ 2 \end{bmatrix}\mathrm{d}\tau = \int_0^T \begin{bmatrix} 2\sin 2\tau \\ 2\cos 2\tau \end{bmatrix}\mathrm{d}\tau = \begin{bmatrix} 1-\cos 2T \\ \sin 2T \end{bmatrix}$$

即离散化后系统状态空间表达式为

$$\boldsymbol{x}(k+1) = \boldsymbol{Gx}(k) + \boldsymbol{Hu}(k) = \begin{bmatrix} \cos 2T & \sin 2T \\ -\sin 2T & \cos 2T \end{bmatrix}\boldsymbol{x}(k) + \begin{bmatrix} 1-\cos 2T \\ \sin 2T \end{bmatrix}\boldsymbol{u}(k)$$

$$y(k) = [1 \quad 0]\boldsymbol{x}(k)$$

(3) 判断离散后系统的能控性和能观性：

$$Q_c = \text{rank}[\boldsymbol{H} \quad \boldsymbol{GH}] = \begin{bmatrix} \cos 2T - 1 & \cos 2T + \sin^2 2T - \cos^2 2T \\ \sin 2T & 2\sin 2T\cos 2T - \sin 2T \end{bmatrix}$$

$$Q_o = \text{rank}\begin{bmatrix} \boldsymbol{C} \\ \boldsymbol{CG} \end{bmatrix} = \begin{bmatrix} 1 & 0 \\ \cos 2T & \sin 2T \end{bmatrix}$$

上述矩阵是否满秩，显然唯一地取决于采样周期 T 的取值。

当 $T=\frac{k\pi}{2}(k=1, 2, \cdots)$时，$\text{rank}(\boldsymbol{Q}_c)=1$　$\text{rank}(\boldsymbol{Q}_o)=1$，故离散系统既不能观也不能控。

当 $T\neq\frac{k\pi}{2}(k=1, 2, \cdots)$时，$\text{rank}(\boldsymbol{Q}_c)=2$　$\text{rank}(\boldsymbol{Q}_o)=2$，故离散系统既能观又能控。

这个例子说明原连续系统的能控性(能观测性)，不能保证离散化后系统的能控性(能观测性)。离散化后系统是否能控(能观)，取决于采样周期 T。

定理 3-13　如果连续系统状态完全能控(能观)且其特征值全部为实数，则其离散化系统必是状态完全能控(能观)的；如果连续系统状态完全能控(能观)且存在共轭复数特征值，则其离散化系统状态完全能控(能观)的充分条件为

对于所有满足 $\text{Re}(\lambda_i-\lambda_j)=0$ 的 $\boldsymbol{A}$ 的所有特征值，应满足

$$T\neq\frac{2k\pi}{\text{Im}(\lambda_i-\lambda_j)}\quad(k=\pm 1, \pm 2, \cdots)$$

其中符号 Re 和 Im 分别表示复数的实数部分和虚数部分。

对例 3-12，$\boldsymbol{A}$ 的特征值为 $\lambda_{1,2}=\pm 2\text{j}$，满足 $\text{Re}(\lambda_i-\lambda_j)=0$。利用定理 3-13 离散化系统能控性、能观性判别定理可知，当

$$T\neq\frac{2k\pi}{\text{Im}(\lambda_i-\lambda_j)}=\frac{2k\pi}{4}=\frac{k\pi}{2}\quad(k=\pm 1, \pm 2, \cdots)$$

时，离散化系统才状态完全能控和完全能观。

3.3　能控标准形与能观标准形

3.3.1　能控标准形

一个单输入系统如果具有如下形式：

$$\dot{\bar{\boldsymbol{x}}}=\begin{bmatrix}0 & 1 & 0 & \cdots & 0\\ 0 & 0 & 1 & \cdots & 0\\ \vdots & \vdots & \vdots & & \vdots\\ 0 & 0 & 0 & \cdots & 1\\ -a_0 & -a_1 & -a_2 & \cdots & -a_{n-1}\end{bmatrix}\bar{\boldsymbol{x}}+\begin{bmatrix}0\\ 0\\ \vdots\\ 0\\ 1\end{bmatrix}u$$

$$y=[\beta_0\quad\beta_1\quad\cdots\quad\beta_{n-1}]\bar{\boldsymbol{x}}\tag{3-26}$$

则系统一定能控。这种形式的状态空间方程称为能控标准形状态空间方程。

定理 3-14　若 n 维单输入线性定常系统能控，则一定能找到一个线性变换阵 $\boldsymbol{P}$ 将其变换成能控标准形。

具体做法是：设 $\boldsymbol{A}$ 的特征多项式为

$$\det(\lambda\boldsymbol{I}-\boldsymbol{A})=\lambda^n+a_{n-1}\lambda^{n-1}+\cdots+a_2\lambda^2+a_1\lambda+a_0$$

引入非奇异线性变换 $\bar{\boldsymbol{x}}=\boldsymbol{P}\boldsymbol{x}$ 或 $\boldsymbol{x}=\boldsymbol{P}^{-1}\bar{\boldsymbol{x}}$，其中

$$P^{-1}=[b\quad Ab\quad A^2b\quad \cdots\quad A^{n-1}b]\begin{bmatrix}a_1 & a_2 & \cdots & a_{n-1} & 1\\ a_2 & \cdots & a_{n-1} & 1 & \\ \vdots & ⋰ & ⋰ & & \\ a_{n-1} & 1 & & & \\ 1 & & & & \mathbf{0}\end{bmatrix} \tag{3-27}$$

将 P 代入 $\bar{A}=PAP^{-1}$，$\bar{b}=Pb$，$\bar{C}=CP^{-1}$，即得到式(3-26)所示的能控标准形。

例 3-13　已知能控的线性定常系统动态方程：

$$\dot{x}=\begin{bmatrix}2 & 0 & 2\\ 0 & 1 & 1\\ 0 & 0 & 1\end{bmatrix}x+\begin{bmatrix}0\\ 1\\ 2\end{bmatrix}u$$

$$y=[1\quad 1\quad 1]x$$

试将其变换成能控标准形。

解：(1) 能控矩阵为

$$Q_c=[b\quad Ab\quad A^2b]=\begin{bmatrix}0 & 4 & 12\\ 1 & 3 & 5\\ 2 & 2 & 2\end{bmatrix}$$

(2) A 的特征多项式为

$$\det(\lambda I-A)=\lambda^3-4\lambda^2+5\lambda-2$$

(3) 计算变换矩阵 P

$$P^{-1}=[b\quad Ab\quad A^2b]\begin{bmatrix}a_1 & a_2 & 1\\ a_2 & 1 & 0\\ 1 & 0 & 0\end{bmatrix}=\begin{bmatrix}0 & 4 & 12\\ 1 & 3 & 5\\ 2 & 2 & 2\end{bmatrix}\begin{bmatrix}5 & -4 & 1\\ -4 & 1 & 0\\ 1 & 0 & 0\end{bmatrix}=\begin{bmatrix}-4 & 4 & 0\\ -2 & -1 & 1\\ 4 & -6 & 2\end{bmatrix}$$

$$P=\begin{bmatrix}-4 & 4 & 0\\ -2 & -1 & 1\\ 4 & -6 & 2\end{bmatrix}^{-1}=\begin{bmatrix}-0.25 & -0.5 & 0.25\\ 0.5 & -0.5 & 0.25\\ 1 & -0.5 & 0.75\end{bmatrix}$$

(4) 计算线性变换后各矩阵

$$\bar{A}=PAP^{-1}=\begin{bmatrix}0 & 1 & 0\\ 0 & 0 & 1\\ 2 & -5 & 4\end{bmatrix},\ \bar{b}=Pb=\begin{bmatrix}0\\ 0\\ 1\end{bmatrix},\ \bar{C}=CP^{-1}=[-2\quad -3\quad 3]$$

(5) 系统能控标准形为

$$\dot{\bar{x}}=\begin{bmatrix}0 & 1 & 0\\ 0 & 0 & 1\\ 2 & -5 & 4\end{bmatrix}\bar{x}+\begin{bmatrix}0\\ 0\\ 1\end{bmatrix}u$$

$$y=[-2\quad -3\quad 3]\bar{x}$$

由于线性变换不改变系统的传递函数，故由标准形求得的传递函数就是系统的传递函数，即

$$G_{yu}(s)=\bar{C}(sI-\bar{A})^{-1}\bar{b}=\frac{\beta_{n-1}s^{n-1}+\cdots+\beta_1 s+\beta_0}{s^n+a_{n-1}s^{n-1}+\cdots+a_1 s+a_0} \tag{3-28}$$

因此如果已知系统的传递函数，也可以直接由式(3-28)和式(3-26)各参数的对应关系，

写出系统能控标准形状态空间方程。

例 3-14　已知线性定常系统传递函数为

$$G_{yu}(s)=\frac{4s+2}{s^3+2s^2+3s+1}$$

试将其变换成能控标准形状态空间方程。

解：由传递函数可知 $a_0=1$，$a_1=3$，$a_2=2$；$\beta_0=2$，$\beta_1=4$，$\beta_2=0$，代入式(3-26)可得对应能控标准形状态空间方程为

$$\dot{x}=\begin{bmatrix}0 & 1 & 0\\ 0 & 0 & 1\\ -1 & -3 & -2\end{bmatrix}x+\begin{bmatrix}0\\0\\1\end{bmatrix}u$$

$$y=[2\quad 4\quad 0]x$$

3.3.2　能观标准形

一个单输入系统如果具有如下形式：

$$\dot{\bar{x}}=\begin{bmatrix}0 & 0 & \cdots & 0 & -a_0\\ 1 & 0 & \cdots & 0 & -a_1\\ 0 & 1 & \cdots & 0 & -a_2\\ \vdots & \vdots & & \vdots & \vdots\\ 0 & 0 & \cdots & 1 & -a_{n-1}\end{bmatrix}\bar{x}+\begin{bmatrix}\beta_0\\ \beta_1\\ \beta_2\\ \vdots\\ \beta_{n-1}\end{bmatrix}u \tag{3-29}$$

$$y=[0\ 0\ \cdots\ 0\ 1]x+du$$

则系统一定能观。这种形式的状态空间方程称为能观标准形状态空间方程。

定理 3-15　若 n 维单输出线性定常系统能观，则一定能找到一个线性变换阵 P 将其变换成能观标准形。

具体做法是：设 A 的特征多项式为

$$\det(\lambda I-A)=\lambda^n+a_{n-1}\lambda^{n-1}+\cdots+a_2\lambda^2+a_1\lambda+a_0$$

引入非奇异线性变换 $\bar{x}=Px$，或 $x=P^{-1}\bar{x}$，其中

$$P=\begin{bmatrix}a_1 & a_2 & \cdots & a_{n-1} & 1\\ a_2 & \cdots & a_{n-1} & 1 & \\ \vdots & ⋰ & ⋰ & & \\ a_{n-1} & 1 & & & \\ 1 & & & & 0\end{bmatrix}\begin{bmatrix}C\\ CA\\ CA^2\\ \vdots\\ CA^{n-1}\end{bmatrix} \tag{3-30}$$

将 P 代入 $\bar{A}=PAP^{-1}$，$\bar{b}=Pb$，$\bar{C}=CP^{-1}$，即得到式(3-30)所示的能观标准形。比较式(3-29)和式(3-26)，可以看出对同一系统的能控标准形和能观标准形互为对偶。

例 3-15　将例 3-13 中线性定常系统动态方程变换成能观标准形。

解：(1) 能观性矩阵

$$Q_0=\begin{bmatrix}C\\ CA\\ CA^2\end{bmatrix}=\begin{bmatrix}1 & 1 & 1\\ 2 & 1 & 4\\ 4 & 1 & 9\end{bmatrix}$$

(2) **A** 的特征多项式

$$\det(\lambda \boldsymbol{I}-\boldsymbol{A})=\lambda^3-4\lambda^2+5\lambda-2$$

(3) 计算变换矩阵 **P**

$$\boldsymbol{P}=\begin{bmatrix}a_1 & a_2 & 1\\ a_2 & 1 & 0\\ 1 & 0 & 0\end{bmatrix}\begin{bmatrix}\boldsymbol{C}\\ \boldsymbol{CA}\\ \boldsymbol{CA}^2\end{bmatrix}=\begin{bmatrix}5 & -4 & 1\\ -4 & 1 & 0\\ 1 & 0 & 0\end{bmatrix}\begin{bmatrix}1 & 1 & 1\\ 2 & 1 & 4\\ 4 & 1 & 9\end{bmatrix}=\begin{bmatrix}1 & 2 & -2\\ -2 & -3 & 0\\ 1 & 1 & 1\end{bmatrix}$$

$$\boldsymbol{P}^{-1}=\begin{bmatrix}1 & 2 & -2\\ -2 & -3 & 0\\ 1 & 1 & 1\end{bmatrix}^{-1}=\begin{bmatrix}3 & 4 & 6\\ -2 & -3 & -4\\ -1 & -1 & -1\end{bmatrix}$$

(4) 计算线性变换后各矩阵

$$\bar{\boldsymbol{A}}=\boldsymbol{PAP}^{-1}=\begin{bmatrix}0 & 0 & 2\\ 1 & 0 & -5\\ 0 & 1 & 4\end{bmatrix},\ \bar{\boldsymbol{b}}=\boldsymbol{Pb}=\begin{bmatrix}-2\\ -3\\ 3\end{bmatrix},\ \bar{\boldsymbol{C}}=\boldsymbol{CP}^{-1}=\begin{bmatrix}0 & 0 & 1\end{bmatrix}$$

(5) 系统能观标准形为

$$\dot{\bar{\boldsymbol{x}}}=\begin{bmatrix}0 & 0 & 2\\ 1 & 0 & -5\\ 0 & 1 & 4\end{bmatrix}\bar{\boldsymbol{x}}+\begin{bmatrix}-2\\ -3\\ 3\end{bmatrix}u$$

$$y=\begin{bmatrix}0 & 0 & 1\end{bmatrix}\bar{\boldsymbol{x}}$$

3.4 能控性、能观性与传递函数的关系

线性定常系统既可以用传递函数进行外部描述，也可以用状态空间方程描述。对于系统的能控性和能观性，两者有什么联系呢？

定理 3-16 单输入单输出系统能控且能观的充分必要条件是传递矩阵 $G(s)$ 的分母与分子之间不发生因子相消。

例 3-16 已知系统的动态方程如下：

(1) $\dot{\boldsymbol{x}}=\begin{bmatrix}0 & 1\\ 2.5 & -1.5\end{bmatrix}\boldsymbol{x}+\begin{bmatrix}0\\ 1\end{bmatrix}u,\quad y=\begin{bmatrix}2.5 & 1\end{bmatrix}\boldsymbol{x}$

(2) $\dot{\boldsymbol{x}}=\begin{bmatrix}0 & 2.5\\ 1 & -1.5\end{bmatrix}\boldsymbol{x}+\begin{bmatrix}2.5\\ 1\end{bmatrix}u,\quad y=\begin{bmatrix}0 & 1\end{bmatrix}\boldsymbol{x}$

(3) $\dot{\boldsymbol{x}}=\begin{bmatrix}1 & 0\\ 0 & -2.5\end{bmatrix}\boldsymbol{x}+\begin{bmatrix}1\\ 0\end{bmatrix}u,\quad y=\begin{bmatrix}1 & 0\end{bmatrix}\boldsymbol{x}$

试求系统的传递函数，判断其能控性、能观性。

解：对于这三个系统，由前面的判别方法可判断出：系统(1)是能控不能观的；系统(2)是能观不能控的；系统(3)是既不能控又不能观的。如果求出各自的传递函数，可看出三个系统的传递函数均为 $G(s)=\dfrac{s+2.5}{(s+2.5)(s-1)}$，存在零极点对消的现象。

需要注意的是，定理 3-16 只适用于单输入单输出系统，对于有重特征值的多输入多

输出系统，即使有零极点对消，系统仍可能是既能控又能观的。

例 3-17　判断下列多输入多输出系统的能控、能观性：

$$\dot{\boldsymbol{x}}=\begin{bmatrix}1&3&2\\0&4&2\\0&0&1\end{bmatrix}\boldsymbol{x}+\begin{bmatrix}0&1\\0&0\\1&0\end{bmatrix}\boldsymbol{u}$$

$$y=\begin{bmatrix}1&0&0\\0&0&1\end{bmatrix}\boldsymbol{x}$$

解：由前面讲过的能控性、能观性判别方法可知，系统是既能控又能观的。但此时

$$\boldsymbol{G}(s)=\boldsymbol{C}(s\boldsymbol{I}-\boldsymbol{A})^{-1}\boldsymbol{B}=\frac{s-1}{(s-1)^2(s-4)}\begin{bmatrix}2&s-4\\s-4&0\end{bmatrix}$$

存在零极点对消的情况。对于这种情况我们可以由下面的定理来判断。

定理 3-17　如果多输入多输出系统的状态向量与输入向量之间的传递矩阵 $[s\boldsymbol{I}-\boldsymbol{A}]^{-1}\boldsymbol{B}$ 的各行在复数域上线性无关，则系统是能控的。(充分必要条件)

定理 3-18　如果多输入多输出系统的输出向量与初始状态向量之间的传递矩阵 $\boldsymbol{C}[s\boldsymbol{I}-\boldsymbol{A}]^{-1}$ 的各列在复数域上线性无关，则系统是能观的。(充分必要条件)

例 3-18　试用定理 3-17、定理 3-18 判断下列系统的能控、能观性：

$$\dot{\boldsymbol{x}}=\begin{bmatrix}1&3&2\\0&4&2\\0&0&1\end{bmatrix}\boldsymbol{x}+\begin{bmatrix}0&1\\0&0\\1&0\end{bmatrix}\boldsymbol{u}$$

$$y=\begin{bmatrix}1&0&0\\0&0&1\end{bmatrix}\boldsymbol{x}$$

解：(1)

$$(s\boldsymbol{I}-\boldsymbol{A})^{-1}\boldsymbol{B}=\frac{s-1}{(s-1)^2(s-4)}\begin{bmatrix}2&s-4\\2&0\\s-4&0\end{bmatrix}$$

三个行向量在复数域上线性无关，故系统是能控的。

(2)

$$\boldsymbol{C}(s\boldsymbol{I}-\boldsymbol{A})^{-1}=\frac{s-1}{(s-1)^2(s-4)}\begin{bmatrix}s-4&3&2\\0&0&s-4\end{bmatrix}$$

三个列向量在复数域上线性无关，故系统是能观的。

3.5　实现问题

状态空间分析法是现代控制理论的基础，因此如何建立状态方程和输出方程是分析和综合系统首先要解决的问题。对于结构和参数已知的系统，可以通过对系统物理过程的深入研究，按第 1 章的方法直接建立系统的状态空间方程。但是当系统的结构、参数或机理比较复杂，相互之间的数量关系又不太清楚时，要直接导出其状态空间方程显得比较困难。而一个可能的办法是用实验的方法确定系统输入输出描述，例如频率特性、传递函数和脉冲响应，然后推导出相应的状态方程和输出方程。这种由给定的传递函数(或脉冲响应)建立与输入输出特性等价的系统方程的问题，称为实现问题。

设单输入单输出系统传递函数为

$$G_{yu}(s)=\frac{b_m s^m+b_{m-1}s^{m-1}+\cdots+b_1 s+b_0}{s^n+a_{n-1}s^{n-1}+\cdots+a_1 s+a_0} \tag{3-31}$$

式中，通常分母的阶次应大于等于分子的阶次，即 $n\geqslant m$。

转换时由于状态方程的表示不是唯一的，因此传递函数到状态方程的转换也不是唯一的。一个传递函数可以对应多个状态方程。在实际应用中，常常根据所研究问题的需要，将传递函数化成相应的几种标准形式。下面通过例子来说明几种变换方式。

3.5.1 能控、能观标准形的实现

例 3-19 已知传递函数为

$$G_{yu}(s)=\frac{s^2+6s+5}{s^3+9s^2+26s+24}$$

试采用不同的转换方式得到不同标准形式的状态空间方程。

解：(1) 能控标准形。引入中间变量 $V(s)$，使

$$G_{yu}(s)=\frac{Y(s)}{U(s)}=\frac{Y(s)V(s)}{V(s)U(s)}$$

设

$$\frac{V(s)}{U(s)}=\frac{1}{s^3+9s^2+26s+24},\quad \frac{Y(s)}{V(s)}=s^2+6s+5$$

得到

$$\dddot{v}+9\ddot{v}+26\dot{v}+24v=u,\quad \ddot{v}+6\dot{v}+5v=y$$

设 $x_1=v$，$x_2=\dot{x}_1$，$x_3=\dot{x}_2$，则

$$\begin{aligned}\dot{x}_1&=x_2\\ \dot{x}_2&=x_3\\ \dot{x}_3&=-24x_1-26x_2-9x_3+u\\ y&=5x_1+6x_2+x_3\end{aligned}$$

可得到如式(3-26)那样的能控标准形状态空间方程为

$$\begin{bmatrix}\dot{x}_1\\ \dot{x}_2\\ \dot{x}_3\end{bmatrix}=\begin{bmatrix}0&1&0\\0&0&1\\-24&-26&-9\end{bmatrix}\begin{bmatrix}x_1\\x_2\\x_3\end{bmatrix}+\begin{bmatrix}0\\0\\1\end{bmatrix}u$$

$$y=\begin{bmatrix}5&6&1\end{bmatrix}\begin{bmatrix}x_1\\x_2\\x_3\end{bmatrix}$$

(2) 能观标准形。同样也可以通过设状态变量得到与能控标准形对偶的能观标准形，其表达式为

$$\begin{bmatrix}\dot{x}_1\\ \dot{x}_2\\ \dot{x}_3\end{bmatrix}=\begin{bmatrix}0&0&-24\\1&0&-26\\0&1&-9\end{bmatrix}\begin{bmatrix}x_1\\x_2\\x_3\end{bmatrix}+\begin{bmatrix}5\\6\\1\end{bmatrix}u$$

$$y=\begin{bmatrix}0&0&1\end{bmatrix}\begin{bmatrix}x_1\\x_2\\x_3\end{bmatrix}$$

实际上，控制系统的能控标准形和能观标准形通常简单地根据式(3-26)、式(3-29)与式(3-31)各参数的对应关系直接写出。

3.5.2　对角标准形或约当标准形的实现

例 3-19 中等式用部分分式展开可写为

$$G_{yu}(s)=\frac{s^2+6s+5}{s^3+9s^2+26s+24}=-\frac{\frac{3}{2}}{s+4}+\frac{4}{s+3}-\frac{\frac{3}{2}}{s+2}$$

设 $X_1(s)=\frac{1}{s+4}U(s)$，则有 $\dot{x}_1=-4x_1+u$；

设 $X_2(s)=\frac{1}{s+3}U(s)$，则有 $\dot{x}_2=-3x_2+u$；

设 $X_3(s)=\frac{1}{s+2}U(s)$，则有 $\dot{x}_3=-2x_3+u$；

由 $Y(s)=-\frac{3}{2}X_1(s)+4X_2(s)-\frac{3}{2}X_3(s)$，有 $y=-\frac{3}{2}x_1+4x_2-\frac{3}{2}x_3$。

由以上各式可写出对角标准形状态空间方程为

$$\begin{bmatrix}\dot{x}_1\\ \dot{x}_2\\ \dot{x}_3\end{bmatrix}=\begin{bmatrix}-4&0&0\\0&-3&0\\0&0&-2\end{bmatrix}\begin{bmatrix}x_1\\x_2\\x_3\end{bmatrix}+\begin{bmatrix}1\\1\\1\end{bmatrix}u$$

$$y=\begin{bmatrix}-\frac{3}{2}&4&-\frac{3}{2}\end{bmatrix}\begin{bmatrix}x_1\\x_2\\x_3\end{bmatrix}$$

例 3-19 是特征根各不相同时的解法，由于实际系统的特征根还存在有重根的情况，因此这里分别对这两种情况讨论一下系统对角标准形和约当标准形的实现问题。

1. 系统的特征根互异

此时式(3-31)可以展开成部分分式

$$G_{yu}(s)=\frac{c_1}{s-\lambda_1}+\frac{c_2}{s-\lambda_2}+\cdots+\frac{c_n}{s-\lambda_n}=\sum_{i=1}^{n}\frac{c_i}{s-\lambda_i}\tag{3-32}$$

式中，λ_1，λ_2，…，λ_n 为系统的互异极点(特征值)，c_1，c_2，…，c_n 为待定系数。当系数 c_i 比较复杂时，可采用下式来计算：

$$c_i=\lim_{s\to\lambda_i}G_{yu}(s)(s-\lambda_i)\tag{3-33}$$

这时系统对应的对角标准形状态空间方程可写为

$$\dot{\boldsymbol{x}}=\begin{bmatrix}\lambda_1&0&\cdots&0\\0&\lambda_2&\cdots&0\\\vdots&\vdots&&\vdots\\0&0&\cdots&\lambda_n\end{bmatrix}\boldsymbol{x}+\begin{bmatrix}1\\1\\\vdots\\1\end{bmatrix}u\tag{3-34}$$

$$y=\begin{bmatrix}c_1&c_2&\cdots&c_n\end{bmatrix}\boldsymbol{x}$$

或

$$\dot{\boldsymbol{x}} = \begin{bmatrix} \lambda_1 & 0 & \cdots & 0 \\ 0 & \lambda_2 & \cdots & 0 \\ \vdots & \vdots & & \vdots \\ 0 & 0 & \cdots & \lambda_n \end{bmatrix} \boldsymbol{x} + \begin{bmatrix} c_1 \\ c_2 \\ \vdots \\ c_n \end{bmatrix} u \tag{3-35}$$

$$y = [1 \quad 1 \quad \cdots \quad 1] \boldsymbol{x}$$

2. 系统的特征根具有重根

设有一个 m 重根 λ_1，其余 λ_{m+1}，λ_{m+2}，…，λ_n 是互异根。此时式(3-31)可以展开成部分分式

$$G_{yu}(s) = \frac{c_{11}}{(s-\lambda_1)^m} + \frac{c_{12}}{(s-\lambda_1)^{m-1}} + \cdots + \frac{c_{1(m-1)}}{(s-\lambda_1)^2} + \frac{c_{1m}}{s-\lambda_1} + \sum_{i=m+1}^{n} \frac{c_i}{s-\lambda_i} \tag{3-36}$$

互异根对应的待定系数 c_{m+1}，c_{m+2}，…，c_n 可以由式(3-33)求出，重根对应的待定系数 c_{11}，c_{12}，…，c_{1m} 采用下式计算：

$$c_{1i} = \frac{1}{(i-1)!} \lim_{s\to\lambda_1} \frac{\mathrm{d}^{i-1}}{\mathrm{d}s^{i-1}} [G_{yu}(s)(s-\lambda_1)^m] \tag{3-37}$$

此时只能写出该系统约当标准形状态空间方程为

$$\begin{bmatrix} \dot{x}_1 \\ \dot{x}_2 \\ \vdots \\ \dot{x}_{m-1} \\ \dot{x}_m \\ \dot{x}_{m+1} \\ \vdots \\ \dot{x}_n \end{bmatrix} = \left[\begin{array}{cccccc|ccc} \lambda_1 & 1 & 0 & \cdots & 0 & 0 & 0 & \cdots & 0 \\ 0 & \lambda_1 & 1 & \cdots & 0 & 0 & 0 & \cdots & 0 \\ \vdots & \vdots & \vdots & & \vdots & \vdots & \vdots & & \vdots \\ 0 & 0 & 0 & \cdots & \lambda_1 & 1 & 0 & \cdots & 0 \\ 0 & 0 & 0 & \cdots & 0 & \lambda_1 & 0 & \cdots & 0 \\ \hline 0 & 0 & 0 & \cdots & 0 & 0 & \lambda_{m+1} & \cdots & 0 \\ \vdots & \vdots & \vdots & & \vdots & \vdots & \vdots & & \vdots \\ 0 & 0 & 0 & \cdots & 0 & 0 & 0 & \cdots & \lambda_n \end{array}\right] \begin{bmatrix} x_1 \\ x_2 \\ \vdots \\ x_{m-1} \\ x_m \\ x_{m+1} \\ \vdots \\ x_n \end{bmatrix} + \begin{bmatrix} 0 \\ 0 \\ \vdots \\ 0 \\ 1 \\ 1 \\ \vdots \\ 1 \end{bmatrix} u \tag{3-38a}$$

$$\boldsymbol{y} = [c_{11} \quad c_{12} \quad \cdots \quad c_{1(m-1)} \quad c_{1m} \quad c_{m+1} \quad \cdots \quad c_n] \begin{bmatrix} x_1 \\ x_2 \\ \vdots \\ x_{m-1} \\ x_m \\ x_{m+1} \\ \vdots \\ x_n \end{bmatrix} \tag{3-38b}$$

例 3-20 已知系统传递函数为

$$G_{yu}(s) = \frac{4s^2 + 17s + 16}{(s+2)^2(s+3)}$$

写出其对角或约当标准形状态空间方程。

解：系统特征值 $\lambda_{1,2} = -2$，$\lambda_3 = -3$，可化为约当标准形。将 $G_{yu}(s)$ 展开成部分分式，得

$$G_{yu}(s)=\frac{c_{11}}{(s+2)^2}+\frac{c_{12}}{s+2}+\frac{c_3}{s+3}$$

由公式(3-33)和公式(3-37)可求出式中待定系数

$$c_{11}=\lim_{s\to-2}G_{yu}(s)(s+2)^2=-2$$

$$c_{12}=\lim_{s\to-2}\frac{\mathrm{d}}{\mathrm{d}s}[G_{yu}(s)(s+2)^2]=3$$

$$c_3=\lim_{s\to-3}G_{yu}(s)(s+3)=1$$

代入式(3-38)，则状态空间方程为

$$\begin{bmatrix}\dot{x}_1\\ \dot{x}_2\\ \dot{x}_3\end{bmatrix}=\begin{bmatrix}-2 & 1 & 0\\ 0 & -2 & 0\\ 0 & 0 & -3\end{bmatrix}\begin{bmatrix}x_1\\ x_2\\ x_3\end{bmatrix}+\begin{bmatrix}0\\ 1\\ 1\end{bmatrix}u$$

$$y=[-2\quad 3\quad 1]\begin{bmatrix}x_1\\ x_2\\ x_3\end{bmatrix}$$

需要注意的是，这里讲的都是式(3-31)中闭环传递函数的分母阶次大于分子阶次的情况($n>m$)。如果分母阶次等于分子阶次时($n=m$)，这时应做一次除法，将传递函数化为带分式的形式，再去求状态方程的表达式。

例 3-21　已知系统传递函数为

$$G_{yu}(s)=\frac{s^3+10s^2+32s+29}{s^3+9s^2+26s+24}$$

写出其能控标准形状态空间方程。

解：$G_{yu}(s)=\dfrac{s^3+10s^2+32s+29}{s^3+9s^2+26s+24}=1+\dfrac{s^2+6s+5}{s^3+9s^2+26s+24}$

此时状态空间方程式带有关联矩阵 $D=1$。由式(3-26)可写出能控标准形为

$$\begin{bmatrix}\dot{x}_1\\ \dot{x}_2\\ \dot{x}_3\end{bmatrix}=\begin{bmatrix}0 & 1 & 0\\ 0 & 0 & 1\\ -24 & -26 & -9\end{bmatrix}\begin{bmatrix}x_1\\ x_2\\ x_3\end{bmatrix}+\begin{bmatrix}0\\ 0\\ 1\end{bmatrix}u$$

$$y=[5\quad 6\quad 1]\begin{bmatrix}x_1\\ x_2\\ x_3\end{bmatrix}+u$$

3.5.3　最小实现

当系统的传递函数给定以后，可以通过上述实现方法求得系统方程。可以看出这样的实现不是唯一的，而且实现的维数也可能有差别。通常我们希望实现的维数越低越好。在所有可能的实现中，维数最小的实现称为最小实现。最小实现反映了系统最简单的结构，因此最具有工程意义。

定理 3-19　传递函数 $G_{yu}(s)$的一个实现 $\Sigma(\boldsymbol{A},\boldsymbol{B},\boldsymbol{C})$为最小实现的充要条件是：$\Sigma(\boldsymbol{A},\boldsymbol{B},\boldsymbol{C})$不但能控而且能观。

证明从略。根据定理 3-19，一般而言，构造最小实现可按如下步骤进行：

(1) 按给定的系统传递函数矩阵 $G_{yu}(s)$先找出一种实现 $\Sigma(A, B, C)$；通常，最方便的方法是选取能控标准形实现或能观标准形实现。

(2) 在所得实现 $\Sigma(A, B, C)$中，找出其完全能控且完全能观部分，即为最小实现。

3.6 线性定常系统的结构分解

如果系统是不能控、不能观的，那么从结构上看，系统必然包括了能控、不能控和能观、不能观的子系统，因此可以采用线性变换的方法进行结构分解，找到能控或能观的子系统。

3.6.1 能控性结构分解

设不能控系统的动态方程为

$$\begin{cases}\dot{x} = Ax + Bu \\ y = Cx\end{cases} \tag{3-39}$$

总可以找到非奇异变换矩阵 P_c，将原变量 x 分解为能控的变量 $\bar{x}_c$ 和不能控变量 $\bar{x}_{\bar{c}}$ 两部分。

即

$$\bar{x} = P_c x = \begin{bmatrix}\bar{x}_c \\ \bar{x}_{\bar{c}}\end{bmatrix}, \quad x = P_c^{-1}\bar{x}$$

这样经非奇异变换后，系统的动态方程(3-39)可写为

$$\begin{bmatrix}\dot{\bar{x}}_c \\ \dot{\bar{x}}_{\bar{c}}\end{bmatrix} = P_c A P_c^{-1}\begin{bmatrix}\bar{x}_c \\ \bar{x}_{\bar{c}}\end{bmatrix} + P_c Bu = \begin{bmatrix}\bar{A}_c & \bar{A}_{12} \\ 0 & \bar{A}_{\bar{c}}\end{bmatrix}\begin{bmatrix}\bar{x}_c \\ \bar{x}_{\bar{c}}\end{bmatrix} + \begin{bmatrix}\bar{B}_c \\ 0\end{bmatrix}u$$

$$y = CP_c^{-1}\begin{bmatrix}\bar{x}_c \\ \bar{x}_{\bar{c}}\end{bmatrix} = [\bar{C}_c \quad \bar{C}_{\bar{c}}]\begin{bmatrix}\bar{x}_c \\ \bar{x}_{\bar{c}}\end{bmatrix} \tag{3-40}$$

于是得能控子系统动态方程为

$$\begin{aligned}\dot{\bar{x}}_c &= \bar{A}_c\bar{x}_c + \bar{A}_{12}\bar{x}_{\bar{c}} + \bar{B}_c u \\ y_1 &= \bar{C}_c\bar{x}_c\end{aligned} \tag{3-41}$$

不能控子系统动态方程为

$$\begin{aligned}\dot{\bar{x}}_{\bar{c}} &= \bar{A}_{\bar{c}}\bar{x}_{\bar{c}} \\ y_2 &= \bar{C}_{\bar{c}}\bar{x}_{\bar{c}}\end{aligned} \tag{3-42}$$

这里非奇异变换阵 P_c 可以由能控性判别矩阵 Q_c 构造得到。假设动态方程(3-39)对应的系统不能控，设其能控性矩阵的秩为 n_1，必然有 $n_1 < n$，选出其中 n_1 个线性无关列，再加任意 $n-n_1$ 个线性无关列，即可构成非奇异变换阵 P_c^{-1}。需要注意的是，尽管 $n-n_1$ 个线性无关列的选取是任意的，只是为了使构成的变换矩阵 P_c^{-1} 是非奇异的，但无论怎么选取，能控性分解后系统状态变量的能控部分和不能控部分不会改变。

例 3-22 已知系统

$$\dot{x} = \begin{bmatrix}1 & 2 & -1 \\ 0 & 1 & 0 \\ 1 & -4 & 3\end{bmatrix}x + \begin{bmatrix}0 \\ 0 \\ 1\end{bmatrix}u$$

$$y = [1 \quad -1 \quad 1]\boldsymbol{x}$$

试按能控性进行结构分解。

解：判别系统的能控性

$$\mathrm{rank}(\boldsymbol{Q}_c) = \mathrm{rank}[\boldsymbol{b} \quad \boldsymbol{Ab} \quad \boldsymbol{A}^2\boldsymbol{b}] = \mathrm{rank}\begin{bmatrix} 0 & -1 & -4 \\ 0 & 0 & 0 \\ 1 & 3 & 8 \end{bmatrix} = 2 < 3$$

故系统不完全能控。取 $\boldsymbol{Q}_c$ 中线性独立的两列向量，这里取第 1、2 列，再补充一个与其他列向量无关的列向量$[0 \quad 1 \quad 0]^T$，可得到

$$\boldsymbol{P}_c^{-1} = \begin{bmatrix} 0 & -1 & 0 \\ 0 & 0 & 1 \\ 1 & 3 & 0 \end{bmatrix}, \quad \boldsymbol{P}_c = \begin{bmatrix} 3 & 0 & 1 \\ -1 & 0 & 0 \\ 0 & 1 & 0 \end{bmatrix}$$

则

$$\bar{\boldsymbol{A}} = \boldsymbol{P}_c\boldsymbol{A}\boldsymbol{P}_c^{-1} = \begin{bmatrix} 0 & -4 & 2 \\ 1 & 4 & -2 \\ 0 & 0 & 1 \end{bmatrix}, \quad \bar{\boldsymbol{b}} = \boldsymbol{P}_c\boldsymbol{b} = \begin{bmatrix} 1 \\ 0 \\ 0 \end{bmatrix}$$

$$\bar{\boldsymbol{C}} = \boldsymbol{C}\boldsymbol{P}_c^{-1} = [1 \quad 2 \quad -1]$$

能控子系统动态方程为

$$\dot{\bar{\boldsymbol{x}}}_c = \begin{bmatrix} 0 & -4 \\ 1 & 4 \end{bmatrix}\bar{\boldsymbol{x}}_c + \begin{bmatrix} 2 \\ -2 \end{bmatrix}\bar{\boldsymbol{x}}_{\bar{c}} + \begin{bmatrix} 1 \\ 0 \end{bmatrix}\boldsymbol{u}$$

$$\boldsymbol{y}_1 = [1 \quad 2]\bar{\boldsymbol{x}}_c$$

不能控子系统动态方程为

$$\dot{\bar{\boldsymbol{x}}}_{\bar{c}} = \bar{\boldsymbol{x}}_{\bar{c}}$$

$$\boldsymbol{y}_2 = -\bar{\boldsymbol{x}}_{\bar{c}}$$

3.6.2　能观性结构分解

设不能观系统的动态方程如式(3-39)所示，其能观性矩阵的秩为 n_2，选出其中 n_2 个线性无关行，再加任意 $n-n_2$ 个线性无关行，构成非奇异变换 $\boldsymbol{P}_o$。令

$$\bar{\boldsymbol{x}} = \begin{bmatrix} \bar{\boldsymbol{x}}_o \\ \bar{\boldsymbol{x}}_{\bar{o}} \end{bmatrix}, \quad \boldsymbol{x} = \boldsymbol{P}_o^{-1}\bar{\boldsymbol{x}}$$

将状态变量分解为能观的变量 $\bar{\boldsymbol{x}}_o$ 和不能观的变量 $\bar{\boldsymbol{x}}_{\bar{o}}$ 两部分。这样经非奇异变换后，系统的动态方程可写为

$$\begin{bmatrix} \dot{\bar{\boldsymbol{x}}}_o \\ \dot{\bar{\boldsymbol{x}}}_{\bar{o}} \end{bmatrix} = \boldsymbol{P}_o\boldsymbol{A}\boldsymbol{P}_o^{-1}\begin{bmatrix} \bar{\boldsymbol{x}}_o \\ \bar{\boldsymbol{x}}_{\bar{o}} \end{bmatrix} + \boldsymbol{P}_o\boldsymbol{B}\boldsymbol{u} = \begin{bmatrix} \bar{\boldsymbol{A}}_o & 0 \\ \bar{\boldsymbol{A}}_{21} & \bar{\boldsymbol{A}}_{\bar{o}} \end{bmatrix}\begin{bmatrix} \bar{\boldsymbol{x}}_o \\ \bar{\boldsymbol{x}}_{\bar{o}} \end{bmatrix} + \begin{bmatrix} \bar{\boldsymbol{B}}_o \\ \bar{\boldsymbol{B}}_{\bar{o}} \end{bmatrix}\boldsymbol{u}$$

$$\boldsymbol{y} = \boldsymbol{C}\boldsymbol{P}_o^{-1}\begin{bmatrix} \bar{\boldsymbol{x}}_o \\ \bar{\boldsymbol{x}}_{\bar{o}} \end{bmatrix} = [\bar{\boldsymbol{C}}_o \quad 0]\begin{bmatrix} \bar{\boldsymbol{x}}_o \\ \bar{\boldsymbol{x}}_{\bar{o}} \end{bmatrix} \tag{3-43}$$

于是可得能观子系统动态方程为

$$\begin{aligned} \dot{\bar{\boldsymbol{x}}}_o &= \bar{\boldsymbol{A}}_o\bar{\boldsymbol{x}}_o + \bar{\boldsymbol{B}}_o\boldsymbol{u} \\ \boldsymbol{y}_1 &= \bar{\boldsymbol{C}}_o\bar{\boldsymbol{x}}_o \end{aligned} \tag{3-44}$$

不能观子系统动态方程为

$$\begin{aligned}\dot{\bar{x}}_{\bar{o}} &= \bar{A}_{21}\bar{x}_o + \bar{A}_{\bar{o}}\bar{x}_{\bar{o}} + \bar{B}_{\bar{o}}u \\ y_2 &= 0\end{aligned} \tag{3-45}$$

例 3-23 已知系统

$$\dot{x} = \begin{bmatrix}1 & 2 & -1\\0 & 1 & 0\\1 & -4 & 3\end{bmatrix}x + \begin{bmatrix}0\\0\\1\end{bmatrix}u$$

$$y = \begin{bmatrix}1 & -1 & 1\end{bmatrix}x$$

试按能观性进行规范分解。

解：判别系统能观性

$$\text{rank}Q_o = \text{rank}\begin{bmatrix}C\\CA\\CA^2\end{bmatrix} = \text{rank}\begin{bmatrix}1 & -1 & 1\\2 & -3 & 2\\4 & -7 & 4\end{bmatrix} = 2 < 3$$

系统不完全能观。在能观性矩阵 Q_o 中任选线性无关的两行，这里取第 1、2 行，再补充一个行向量$[0 \quad 0 \quad 1]$，与前两行线性无关，得到线性变换矩阵

$$P_o = \begin{bmatrix}1 & -1 & 1\\2 & -3 & 2\\0 & 0 & 1\end{bmatrix}, P_o^{-1} = \begin{bmatrix}3 & -1 & -1\\2 & -1 & 0\\0 & 0 & 1\end{bmatrix}$$

$$\bar{A} = P_oAP_o^{-1} = \begin{bmatrix}0 & 1 & 0\\-2 & 3 & 0\\-5 & 3 & 2\end{bmatrix}, \quad \bar{b} = P_ob = \begin{bmatrix}1\\2\\1\end{bmatrix}$$

$$\bar{C} = CP_o^{-1} = \begin{bmatrix}1 & 0 & 0\end{bmatrix}$$

则能观子系统动态方程为

$$\dot{\bar{x}}_o = \begin{bmatrix}0 & 1\\-2 & 3\end{bmatrix}\bar{x}_o + \begin{bmatrix}1\\2\end{bmatrix}u$$

$$y_1 = \begin{bmatrix}1 & 0\end{bmatrix}\bar{x}_o$$

不能观子系统动态方程为

$$\dot{\bar{x}}_{\bar{o}} = \begin{bmatrix}-5 & 3\end{bmatrix}\bar{x}_o + 2\bar{x}_{\bar{o}} + u$$

$$y_2 = 0$$

3.6.3 系统按能控性和能观性的标准分解

设系统既不能控又不能观，可对其进行结构分解，将系统分解为四个子系统，分别为既能控又能观、能控不能观、不能控能观、既不能控也不能观子系统。

具体步骤是：可先对系统按能控性分解，即令

$$\bar{x} = \begin{bmatrix}\bar{x}_c\\\bar{x}_{\bar{c}}\end{bmatrix}, \quad x = P_c^{-1}\bar{x}$$

再分别对能控子系统、不能控子系统按能观性分解，即

$$\bar{x}_{c}=P_{o1}^{-1}\begin{bmatrix}\bar{x}_{co}\\ \bar{x}_{c\bar{o}}\end{bmatrix},\quad \bar{x}_{\bar{c}}=P_{o2}^{-1}\begin{bmatrix}\bar{x}_{\bar{c}o}\\ \bar{x}_{\bar{c}\bar{o}}\end{bmatrix}$$

最后得到

$$x=P_{c}^{-1}\begin{bmatrix}\bar{x}_{c}\\ \bar{x}_{\bar{c}}\end{bmatrix}$$

$$=\begin{bmatrix}P_{c}^{-1}P_{o1}^{-1} & & & \mathbf{0}\\ & P_{c}^{-1}P_{o1}^{-1} & & \\ & & P_{c}^{-1}P_{o2}^{-1} & \\ \mathbf{0} & & & P_{c}^{-1}P_{o2}^{-1}\end{bmatrix}\begin{bmatrix}\bar{x}_{co}\\ \bar{x}_{c\bar{o}}\\ \bar{x}_{\bar{c}o}\\ \bar{x}_{\bar{c}\bar{o}}\end{bmatrix}=P^{-1}\begin{bmatrix}\bar{x}_{co}\\ \bar{x}_{c\bar{o}}\\ \bar{x}_{\bar{c}o}\\ \bar{x}_{\bar{c}\bar{o}}\end{bmatrix}$$

经线性变换 $x=P\bar{x}$ 后，系统的动态方程为

$$\begin{bmatrix}\dot{\bar{x}}_{co}\\ \dot{\bar{x}}_{c\bar{o}}\\ \dot{\bar{x}}_{\bar{c}o}\\ \dot{\bar{x}}_{\bar{c}\bar{o}}\end{bmatrix}=\begin{bmatrix}\bar{A}_{co} & 0 & \bar{A}_{13} & 0\\ \bar{A}_{21} & \bar{A}_{c\bar{o}} & \bar{A}_{23} & \bar{A}_{24}\\ 0 & 0 & \bar{A}_{\bar{c}o} & 0\\ 0 & 0 & \bar{A}_{43} & \bar{A}_{\bar{c}\bar{o}}\end{bmatrix}\begin{bmatrix}\bar{x}_{co}\\ \bar{x}_{c\bar{o}}\\ \bar{x}_{\bar{c}o}\\ \bar{x}_{\bar{c}\bar{o}}\end{bmatrix}+\begin{bmatrix}\bar{B}_{co}\\ \bar{B}_{c\bar{o}}\\ 0\\ 0\end{bmatrix}u \tag{3-46}$$

$$y=\begin{bmatrix}\bar{C}_{co} & 0 & \bar{C}_{\bar{c}o} & 0\end{bmatrix}\begin{bmatrix}\bar{x}_{co}\\ \bar{x}_{c\bar{o}}\\ \bar{x}_{\bar{c}o}\\ \bar{x}_{\bar{c}\bar{o}}\end{bmatrix}$$

能控、能观子系统动态方程为

$$\begin{aligned}\dot{\bar{x}}_{co}&=\bar{A}_{co}\bar{x}_{co}+\bar{A}_{13}\bar{x}_{\bar{c}o}+\bar{B}_{co}u\\ y_{1}&=\bar{C}_{co}\bar{x}_{co}\end{aligned} \tag{3-47}$$

能控、不能观子系统动态方程为

$$\begin{aligned}\dot{\bar{x}}_{c\bar{o}}&=\bar{A}_{21}\bar{x}_{co}+\bar{A}_{c\bar{o}}\bar{x}_{c\bar{o}}+\bar{A}_{23}\bar{x}_{\bar{c}o}+\bar{A}_{24}\bar{x}_{\bar{c}\bar{o}}+\bar{B}_{c\bar{o}}u\\ y_{2}&=0\end{aligned} \tag{3-48}$$

不能控、能观子系统动态方程为

$$\begin{aligned}\dot{\bar{x}}_{\bar{c}o}&=\bar{A}_{\bar{c}o}\bar{x}_{\bar{c}o}\\ y_{3}&=\bar{C}_{\bar{c}o}\bar{x}_{\bar{c}o}\end{aligned} \tag{3-49}$$

不能控、不能观子系统动态方程为

$$\begin{aligned}\dot{\bar{x}}_{\bar{c}\bar{o}}&=\bar{A}_{43}\bar{x}_{\bar{c}o}+\bar{A}_{\bar{c}\bar{o}}\bar{x}_{\bar{c}\bar{o}}\\ y_{4}&=0\end{aligned} \tag{3-50}$$

不难求出系统方程(3-46)分解后对应的传递函数阵为

$$G_{yu}(s)=C(sI-A)^{-1}B=\bar{C}_{co}(sI-\bar{A}_{co})^{-1}\bar{B}_{co} \tag{3-51}$$

说明系统传递函数矩阵描述的是任意系统中既能控又能观的子系统特性。

3.7 MATLAB 在系统能控性和能观性分析中的应用

3.7.1 状态空间模型能控性、能观性判定

用 MATLAB 来判断线性系统的能控性和能观性是非常方便的。用 ctrb 和 obsv 函数可求状态空间系统的能控性和能观性矩阵。格式如下：

M＝ctrb（A，B）

N＝obsv（A，C）

式中，A、B、C 矩阵分别为待测系统的系数矩阵、输入矩阵和输出矩阵。再采用 rank 函数可以得到能控矩阵 M 和能观矩阵 N 的秩。若 M 或 N 是满秩的，可判断出系统是完全能控的或能观的。

例 3-24 试用 MATLAB 判断例 3-1 系统

$$\dot{\boldsymbol{x}} = \begin{bmatrix} 1 & 2 & 1 \\ 0 & 1 & 0 \\ 1 & 0 & 3 \end{bmatrix}\boldsymbol{x} + \begin{bmatrix} 1 & 0 \\ 0 & 1 \\ 0 & 0 \end{bmatrix}u$$

的能控性。

```
≫a=[1 2 1; 0 1 0; 1 0 3]; b=[1 0; 0 1; 0 0];        %输入系统状态方程
≫m=ctrb(a, b)                                         %求系统能控性矩阵
```

结果为

```
m =
     1   0   1   2   2   4
     0   1   0   1   0   1
     0   0   1   0   4   2
```

这和例 3-1 的计算结果一致，这时判断出能控性矩阵的秩即可知系统的能控性。

```
≫r=rank(m)                          %求系统能控性矩阵的秩
```

结果为

```
r =
     3
```

能控性矩阵的秩为 3，满秩，所以系统能控。

例 3-25 试用 MATLAB 判断例 3-6 中系统

$$\dot{\boldsymbol{x}} = \begin{bmatrix} -2 & 0 \\ 0 & -1 \end{bmatrix}\boldsymbol{x} + \begin{bmatrix} 1 \\ 2 \end{bmatrix}u$$

$$y = \begin{bmatrix} 1 & 0 \end{bmatrix}\boldsymbol{x}$$

的能观性。

```
≫a=[-2 0; 0 -1]; c=[1 0];          %输入系统状态空间方程对应矩阵
≫n=obsv(a, c)                        %求系统能观性矩阵
```

结果为

```
n=
      1    0
     -2    0
```

这和例 3 - 6 的计算结果一致，这时判断出能观性矩阵的秩即可知系统的能观性。

```
>>r=rank(n)
```

结果为

```
r =
      1
```

能观性矩阵的秩为 1，不满秩，所以系统不能观。

3.7.2 用 MATLAB 解决实现问题

对传递函数的能控或能观标准形可根据传递函数式直接写出。这里讨论对角和约当标准形的实现问题。

1. 对角标准形实现

例 3 - 26　试用 MATLAB 将传递函数

$$G_{yu}(s)=\frac{s^2+6s+5}{s^3+9s^2+26s+24}$$

转换为对角或约当标准形。

```
>>num=[1 6 5]; den=[1 9 26 24];              %输入系统传递函数
>>roots(den)                                 %求系统特征根，判断是否互异
```

结果为

```
ans =
        -4.0000
        -3.0000
        -2.0000
```

由于根分别为−4，−3，−2，因此可用对角标准形实现。

```
>>[r, p, k]=residue(num, den)                %将传递函数用部分分式展开
```

结果为

```
r =
        -1.5000
         4.0000
        -1.5000
p =
        -4.0000
        -3.0000
        -2.0000
k =
        [ ]
```

这里采用了部分分式展开函数 residue( )，其基本格式为

[R，P，K]＝residue(B，A)

其中R、P、K、B、A均为向量，当向量A表示的多项式没有重根时，函数的意义为

$$\frac{B(s)}{A(s)}=\frac{R(1)}{s-P(1)}+\frac{R(2)}{s-P(2)}+\cdots+\frac{R(n)}{s-P(n)}+K(s) \tag{3-52}$$

$R(1)$表示向量R的第1个元素，$R(2)$表示第2个元素……。这样就实现了部分分式展开。如果系统有重根，$P(j)=\cdots=P(j+m-1)$为m重根的值，这时式(3-52)可写为

$$\frac{B(s)}{A(s)}=K(s)+\frac{R(1)}{s-P(1)}+\cdots+\frac{R(j-1)}{s-P(j-1)}+\frac{R(j)}{s-P(j)}$$
$$+\frac{R(j+1)}{[s-P(j)]^2}+\cdots+\frac{R(j+m-1)}{[s-P(j)]^m} \tag{3-53}$$

例3-26求出的值表示$\frac{s^2+6s+5}{s^3+9s^2+26s+24}=\frac{-1.5}{s+4}+\frac{4}{s+3}+\frac{-1.5}{s+2}$，将结果代入式(3-34)的对应位置，可得到原系统的对角标准形为

$$\begin{bmatrix}\dot{x}_1\\ \dot{x}_2\\ \dot{x}_3\end{bmatrix}=\begin{bmatrix}-4 & 0 & 0\\ 0 & -3 & 0\\ 0 & 0 & -2\end{bmatrix}\begin{bmatrix}x_1\\ x_2\\ x_3\end{bmatrix}+\begin{bmatrix}1\\ 1\\ 1\end{bmatrix}u$$

$$y=\begin{bmatrix}-1.5 & 4 & -1.5\end{bmatrix}\begin{bmatrix}x_1\\ x_2\\ x_3\end{bmatrix}$$

2. 约当标准形实现

例3-27 试用MATLAB将传递函数

$$G_{yu}(s)=\frac{4s^2+17s+16}{s^3+7s^2+16s+12}$$

转换为对角或约当标准形。

```
≫num=[4 17 16]; den=[1 7 16 12];          %输入传递函数
≫roots(den)                               %求特征方程式的根
```

结果为

```
ans =
      -3.0000
      -2.0000 + 0.0000j
      -2.0000 - 0.0000j
```

可看出系统有值为－2的2重根，可写出约当标准形。

```
≫[r, p, k]=residue(num, den)               %求传递函数部分分式展开式
```

结果为

```
r =
      1.0000
      3.0000
     -2.0000
p =
```

```
    -3.0000
    -2.0000
    -2.0000
k =
        [ ]
```

该结果表示为

$$\frac{4s^2+17s+16}{s^3+7s^2+16s+12}=\frac{1}{(s+3)}+\frac{3}{(s+2)}+\frac{-2}{(s+2)^2}$$

同样由式(3-38)可知

$$\begin{bmatrix}\dot{x}_1\\ \dot{x}_2\\ \dot{x}_3\end{bmatrix}=\begin{bmatrix}-3 & 0 & 0\\ 0 & -2 & 1\\ 0 & 0 & -2\end{bmatrix}\begin{bmatrix}x_1\\ x_2\\ x_3\end{bmatrix}+\begin{bmatrix}1\\ 0\\ 1\end{bmatrix}u$$

$$y=\begin{bmatrix}1 & 3 & -2\end{bmatrix}\begin{bmatrix}x_1\\ x_2\\ x_3\end{bmatrix}$$

3.7.3　控制系统的结构分解

1. 能控性分解

控制系统工具箱中提供了 ctrbf()函数，可以按以下关系求取系统能控性分解：

$$\bar{A}=TAT^{-1}=\begin{bmatrix}\bar{A}_{\bar{c}} & 0\\ \bar{A}_{12} & \bar{A}_c\end{bmatrix},\ \bar{B}=TB=\begin{bmatrix}0\\ \bar{B}_c\end{bmatrix},\ \bar{c}=CT^{-1}=\begin{bmatrix}\bar{C}_{\bar{c}} & \bar{C}_c\end{bmatrix}$$

调用格式为

[Ac, Bc, Cc, T, K]=ctrbf(A, B, C)

式中(A, B, C)为给定系统的状态方程模型，返回的矩阵(Ac, Bc, Cc)为能控子系统，T 为变换阵，向量 K 为各子块的秩。

2. 能观性分解

控制系统工具箱中提供了 obsvf()函数，可以按以下关系求取系统能观性分解：

$$\bar{A}=TAT^{-1}=\begin{bmatrix}\bar{A}_{\bar{o}} & \bar{A}_{12}\\ 0 & \bar{A}_o\end{bmatrix},\ \bar{B}=TB=\begin{bmatrix}\bar{B}_{\bar{o}}\\ \bar{B}_o\end{bmatrix},\ \bar{C}=CT^{-1}=\begin{bmatrix}0 & \bar{C}_o\end{bmatrix}$$

调用格式为

[Ao, Bo, Co, T, K]=ctrbf(A, B, C)

格式中各变量和 ctrbf()函数中的类似，这里不再赘述。

例 3-28　已知系统的状态空间方程为

$$\dot{x}=\begin{bmatrix}0 & 0 & -1\\ 1 & 0 & -3\\ 0 & 1 & -3\end{bmatrix}x+\begin{bmatrix}1\\ 1\\ 0\end{bmatrix}u$$

$$y = [0 \quad 1 \quad -2]x$$

(1) 判断系统是否能控，如不能，请将系统按能控性分解。

(2) 判断系统是否能观，如不能，请将系统按能观性分解。

解：(1) 按能控性分解：

```
≫A=[0 0 -1; 1 0 -3; 0 1 -3]; B=[1; 1; 0]; C=[0 1 -2];
≫Qc=ctrb(A, B);
≫Rc=rank(Qc)
```

结果为

```
Rc =
     2
```

可见，能控性矩阵不满秩，系统不完全能控，可以按能控性分解。

```
≫[Ac, Bc, Cc, T, K]=ctrbf(A, B, C)
Ac =
      -1.0000     0.0000    -0.0000
      -2.1213    -2.5000     0.8660
      -1.2247    -2.5981     0.5000
Bc =
            0
            0
      -1.4142
Cc =
       1.7321     1.2247    -0.7071
T =
     -0.5774     0.5774    -0.5774
      0.4082    -0.4082    -0.8165
     -0.7071    -0.7071          0
K =
     1    1    0
```

(2) 按能观性分解：

```
≫Qo=obsv(A, C);
≫Ro=rank(Qo)
Ro =
     2
≫[Ao, Bo, Co, T, K]=obsvf(A, B, C)
Ao =
      -1.0000    -1.3416    -3.8341
       0.0000    -0.4000    -0.7348
            0     0.4899    -1.6000
Bo =
```

```
     1.2247
    -0.5477
    -0.4472
Co =
    0   0.0000   -2.2361
T =
     0.4082    0.8165   0.4082
    -0.9129    0.3651   0.1826
          0   -0.4472   0.8944
K =
    1   1   0
```

习　　题

3-1　试判断下列系统是否能控。

(1) $\begin{bmatrix}\dot{x}_1\\ \dot{x}_2\end{bmatrix}=\begin{bmatrix}-1 & 1\\ 0 & 2\end{bmatrix}\begin{bmatrix}x_1\\ x_2\end{bmatrix}+\begin{bmatrix}0\\ 1\end{bmatrix}u$

(2) $\begin{bmatrix}\dot{x}_1\\ \dot{x}_2\\ \dot{x}_3\end{bmatrix}=\begin{bmatrix}0 & 1 & 0\\ 0 & 0 & 1\\ -2 & -4 & -3\end{bmatrix}\begin{bmatrix}x_1\\ x_2\\ x_3\end{bmatrix}+\begin{bmatrix}1 & 0\\ 2 & 1\\ 1 & 1\end{bmatrix}\begin{bmatrix}u_1\\ u_2\end{bmatrix}$

(3) $\begin{bmatrix}\dot{x}_1\\ \dot{x}_2\end{bmatrix}=\begin{bmatrix}1 & 1\\ 1 & 0\end{bmatrix}\begin{bmatrix}x_1\\ x_2\end{bmatrix}+\begin{bmatrix}0\\ 1\end{bmatrix}u$

(4) $\begin{bmatrix}\dot{x}_1\\ \dot{x}_2\\ \dot{x}_3\\ \dot{x}_4\end{bmatrix}=\begin{bmatrix}2 & 0 & 0 & 0\\ 0 & 3 & 0 & 0\\ 0 & 0 & 4 & 1\\ 0 & 0 & 0 & 4\end{bmatrix}\begin{bmatrix}x_1\\ x_2\\ x_3\\ x_4\end{bmatrix}+\begin{bmatrix}0 & 1\\ 1 & 0\\ 1 & 2\\ 1 & 1\end{bmatrix}\begin{bmatrix}u_1\\ u_2\end{bmatrix}$

3-2　试判断下列系统的输出能控性。

(1) $\begin{bmatrix}\dot{x}_1\\ \dot{x}_2\end{bmatrix}=\begin{bmatrix}1 & 0\\ -1 & 2\end{bmatrix}\begin{bmatrix}x_1\\ x_2\end{bmatrix}+\begin{bmatrix}1\\ 0\end{bmatrix}u$

$y=[0\quad 1]\begin{bmatrix}x_1\\ x_2\end{bmatrix}$

(2) $\begin{bmatrix}\dot{x}_1\\ \dot{x}_2\\ \dot{x}_3\end{bmatrix}=\begin{bmatrix}-2 & 1 & 0\\ 0 & -2 & 0\\ 0 & 0 & -2\end{bmatrix}\begin{bmatrix}x_1\\ x_2\\ x_3\end{bmatrix}+\begin{bmatrix}0\\ 1\\ 1\end{bmatrix}\begin{bmatrix}u_1\\ u_2\end{bmatrix}$

$\begin{bmatrix}y_1\\ y_2\end{bmatrix}=\begin{bmatrix}1 & 0 & 1\\ -1 & 1 & 0\end{bmatrix}\begin{bmatrix}x_1\\ x_2\\ x_3\end{bmatrix}$

3-3　试判断下列系统的能观测性。

(1)
$$\begin{bmatrix}\dot{x}_1\\ \dot{x}_2\end{bmatrix}=\begin{bmatrix}0 & 3\\ 2 & 4\end{bmatrix}\begin{bmatrix}x_1\\ x_2\end{bmatrix}$$
$$y=\begin{bmatrix}1 & 1\end{bmatrix}\begin{bmatrix}x_1\\ x_2\end{bmatrix}$$

(2)
$$\begin{bmatrix}\dot{x}_1\\ \dot{x}_2\\ \dot{x}_3\end{bmatrix}=\begin{bmatrix}0 & 1 & 0\\ 0 & 0 & 1\\ -1 & -2 & -3\end{bmatrix}\begin{bmatrix}x_1\\ x_2\\ x_3\end{bmatrix}$$
$$\begin{bmatrix}y_1\\ y_2\end{bmatrix}=\begin{bmatrix}-1 & 0 & 1\\ 1 & 1 & 0\end{bmatrix}\begin{bmatrix}x_1\\ x_2\\ x_3\end{bmatrix}$$

(3)
$$\begin{bmatrix}\dot{x}_1\\ \dot{x}_2\\ \dot{x}_3\end{bmatrix}=\begin{bmatrix}0 & 4 & 3\\ 0 & 20 & 16\\ 0 & -25 & -20\end{bmatrix}\begin{bmatrix}x_1\\ x_2\\ x_3\end{bmatrix}$$
$$y=\begin{bmatrix}-1 & 3 & 0\end{bmatrix}\begin{bmatrix}x_1\\ x_2\\ x_3\end{bmatrix}$$

(4)
$$\begin{bmatrix}\dot{x}_1\\ \dot{x}_2\\ \dot{x}_3\end{bmatrix}=\begin{bmatrix}-2 & 2 & -1\\ 0 & -2 & 0\\ 1 & -4 & 0\end{bmatrix}\begin{bmatrix}x_1\\ x_2\\ x_3\end{bmatrix}$$
$$y=\begin{bmatrix}0 & 0 & 1\end{bmatrix}$$

3-4 试证明如下系统

$$\begin{bmatrix}\dot{x}_1\\ \dot{x}_2\\ \dot{x}_3\end{bmatrix}=\begin{bmatrix}20 & -1 & 0\\ 4 & 16 & 0\\ 12 & -6 & 18\end{bmatrix}\begin{bmatrix}x_1\\ x_2\\ x_3\end{bmatrix}+\begin{bmatrix}a\\ b\\ c\end{bmatrix}u$$

不论 a、b、c 取何值都不能控。

3-5 已知系统方程如下：

$$\begin{bmatrix}\dot{x}_1\\ \dot{x}_2\end{bmatrix}=\begin{bmatrix}0 & a\\ b & c\end{bmatrix}\begin{bmatrix}x_1\\ x_2\end{bmatrix}+\begin{bmatrix}1\\ 0\end{bmatrix}u$$

为使系统能控能观，a、b、c 应如何取值？

3-6 将下列状态方程化为能控标准形。

(1) $\dot{\boldsymbol{x}}=\begin{bmatrix}1 & -2\\ 3 & 4\end{bmatrix}\boldsymbol{x}+\begin{bmatrix}1\\ 1\end{bmatrix}u$

(2) $\dot{\boldsymbol{x}}=\begin{bmatrix}1 & 0 & 2\\ 2 & 1 & 1\\ 1 & 0 & -2\end{bmatrix}\boldsymbol{x}+\begin{bmatrix}1\\ 2\\ 1\end{bmatrix}u$

3-7 将下列状态空间方程化为能观标准形。

(1)
$$\dot{\boldsymbol{x}}=\begin{bmatrix}1 & -1\\ 0 & 1\end{bmatrix}x+\begin{bmatrix}1\\ 0\end{bmatrix}u$$
$$y=\begin{bmatrix}-1 & 1\end{bmatrix}\boldsymbol{x}$$

(2)
$$\dot{\boldsymbol{x}}=\begin{bmatrix}1 & 0 & 2\\ 2 & 1 & 1\\ 1 & 0 & -2\end{bmatrix}\boldsymbol{x}+\begin{bmatrix}1\\ 2\\ 1\end{bmatrix}u$$
$$y=\begin{bmatrix}0 & 1 & 1\end{bmatrix}\boldsymbol{x}$$

3－8　已知系统的传递函数如下，试分别写出系统的能控标准形、能观标准形、对角或约当标准形。

(1) $G_{yu}(s)=\dfrac{10(s+2)}{s(s-1)(s+1)}$　　(2) $G_{yu}(s)=\dfrac{s^2+6s+9}{s^2+3s+2}$

(3) $G_{yu}(s)=\dfrac{s+3}{s(s+1)^2(s+2)}$　　(4) $G_{yu}(s)=\dfrac{s^2+3s+4}{s^3+9s^2+24s+16}$

3－9　系统方程为

$$\dot{\boldsymbol{x}}=\begin{bmatrix}-2 & 2 & -1\\ 0 & -2 & 0\\ 1 & -4 & 0\end{bmatrix}\boldsymbol{x}+\begin{bmatrix}0\\0\\1\end{bmatrix}u$$

$$y=\begin{bmatrix}1 & -1 & 1\end{bmatrix}\boldsymbol{x}$$

试按能控性进行结构分解，指出能控的状态分量和不能控的状态分量。

3－10　系统方程为

$$\dot{\boldsymbol{x}}=\begin{bmatrix}-3 & 2 & 0\\ -1 & 0 & 0\\ 0 & 5 & -1\end{bmatrix}\boldsymbol{x}+\begin{bmatrix}0\\1\\0\end{bmatrix}u$$

$$y=\begin{bmatrix}1 & 0 & 0\end{bmatrix}\boldsymbol{x}$$

试按能观性进行结构分解，指出能观的状态分量和不能观的状态分量。

3－11　已知两个系统 Σ_1 和 Σ_2 的状态方程和输出方程分别为

$$\Sigma_1:\ \begin{cases}\dot{\boldsymbol{x}}_1=\begin{bmatrix}1 & 0\\ -1 & 2\end{bmatrix}\boldsymbol{x}_1+\begin{bmatrix}1\\0\end{bmatrix}u_1\\ y_1=\begin{bmatrix}0 & 1\end{bmatrix}\boldsymbol{x}_1\end{cases}$$

$$\Sigma_2:\ \begin{cases}\dot{x}_2=-2x_2+u_2\\ y_2=x_2\end{cases}$$

若两个系统按如图 3－1 所示的方法串联，设串联后的系统为 Σ。

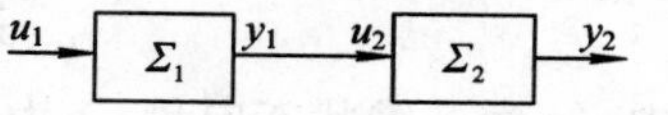

图 3－1　串联系统结构图

(1) 求图示串联系统 Σ 的状态方程和输出方程。

(2) 分析系统 Σ_1、Σ_2 和串联后系统 Σ 的可控性、可观测性。

3－12　试用 MATLAB 求解习题 3－1 和 3－3。

第 4 章 控制系统的稳定性分析

一个控制系统能正常工作的首要条件是稳定。稳定性和能控性、能观性一样，均是系统的基本结构特性。稳定性描述了控制系统在受到外界干扰，平衡工作状态被破坏后，系统偏差调节过程的收敛性，是系统自身的一种动态属性。

经典控制理论用代数判据、奈氏判据、对数频率判据、特征根判据来判断线性定常系统的稳定性，用相平面法来判断二阶非线性系统的稳定性。随着科学技术的发展，控制问题由线性、定常、单输入单输出系统问题向非线性、时变、多输入多输出系统问题延伸。这些稳定判据无法满足现代控制系统对稳定性分析的要求。李雅普诺夫在 1892 年提出了稳定性理论，使其不仅适用于单变量、线性、定常系统，还适用于多变量、非线性、时变系统，在现代控制系统的分析与设计中得到了广泛的应用与发展，是现代控制理论的重要组成部分。

4.1 李雅普诺夫稳定性定义

4.1.1 系统的平衡状态

设控制系统的齐次状态方程如下：

$$\dot{\boldsymbol{x}} = \boldsymbol{f}(\boldsymbol{x}, t), \quad \boldsymbol{x}(t)\big|_{t=t_0} = \boldsymbol{x}_0$$

式中，$\boldsymbol{x}$ 为 n 维状态向量；t 为时间变量；$\boldsymbol{f}(\boldsymbol{x}, t)$为 n 维函数。

如果对于所有 t，满足

$$\dot{\boldsymbol{x}}_e = \boldsymbol{f}(\boldsymbol{x}_e, t) = 0 \tag{4-1}$$

的状态 $\boldsymbol{x}_e$ 称为平衡状态(又称为平衡点)。也就是说，平衡状态的各分量不再随时间变化，如果系统不加输入，则状态就永远停留在平衡状态。

对于线性定常系统 $\dot{\boldsymbol{x}}=\boldsymbol{A}\boldsymbol{x}$，其平衡状态满足 $\boldsymbol{A}\boldsymbol{x}_e=0$，如果 $\boldsymbol{A}$ 非奇异，则系统只有唯一的零解，即存在一个位于状态空间原点的平衡状态。至于非线性系统，$\boldsymbol{f}(\boldsymbol{x}_e, t)=0$ 的解可能有多个，也可能没有，由系统状态方程决定。

系统的状态稳定性是针对系统的每个平衡状态的。对于系统矩阵 $\boldsymbol{A}$ 非奇异的线性定常系统，$\boldsymbol{x}_e=0$ 是系统的唯一平衡状态。当系统有多个平衡状态时，需要对每个平衡状态分别进行讨论。如果各平衡状态彼此是孤立的，则可以通过线性变换，将非零的平衡状态转移到状态空间坐标原点。所以对于这些系统，我们一般笼统地用状态空间原点的稳定性来代表系统稳定性。即

$$\dot{\boldsymbol{x}}_e = \boldsymbol{f}(\boldsymbol{x}_e, t) = \boldsymbol{f}(0, t) = 0 \tag{4-2}$$

4.1.2　李雅普诺夫稳定性的定义

1. 李雅普诺夫稳定性

如果对于任意小的实数 $\varepsilon>0$，均存在一个实数 $\delta(\varepsilon, t_0)>0$，当初始状态满足 $\|\boldsymbol{x}_0-\boldsymbol{x}_e\|\leqslant\delta$ 时，系统运动轨迹满足 $\lim\limits_{t\to\infty}\|\boldsymbol{x}(t)-\boldsymbol{x}_e\|\leqslant\varepsilon$，则称该平衡状态 $\boldsymbol{x}_e$ 是李雅普诺夫意义下的稳定，简称稳定。其中，$\|\boldsymbol{x}_0-\boldsymbol{x}_e\|$ 表示状态空间中 $\boldsymbol{x}_0$ 点至 $\boldsymbol{x}_e$ 点之间的距离，称为向量 $(\boldsymbol{x}_0-\boldsymbol{x}_e)$ 的范数，其数学表达式为

$$\|\boldsymbol{x}_0-\boldsymbol{x}_e\| = \sqrt{(\boldsymbol{x}_{10}-\boldsymbol{x}_{1e})^2+\cdots+(\boldsymbol{x}_{n0}-\boldsymbol{x}_{ne})^2} \tag{4-3}$$

按照范数的定义，$\|\boldsymbol{x}_0-\boldsymbol{x}_e\|\leqslant\delta$ 可相应地看做以 $\boldsymbol{x}_e$ 为球心、δ 为半径的一个闭球域，可用点集 $S(\delta)$ 表示。因此，李雅普诺夫意义下稳定的平面几何解释为：

设系统初始状态 $\boldsymbol{x}_0$ 位于以平衡状态 $\boldsymbol{x}_e$ 为球心、半径为 δ 的闭球域 $S(\delta)$ 内，如果系统稳定，则状态方程的解 $\boldsymbol{x}(t, \boldsymbol{x}_0, t_0)$ 在 $t\to\infty$ 的过程中，都位于以 $\boldsymbol{x}_e$ 为球心、半径为 ε 的闭球域 $S(\varepsilon)$ 内，见图 4-1(a)。

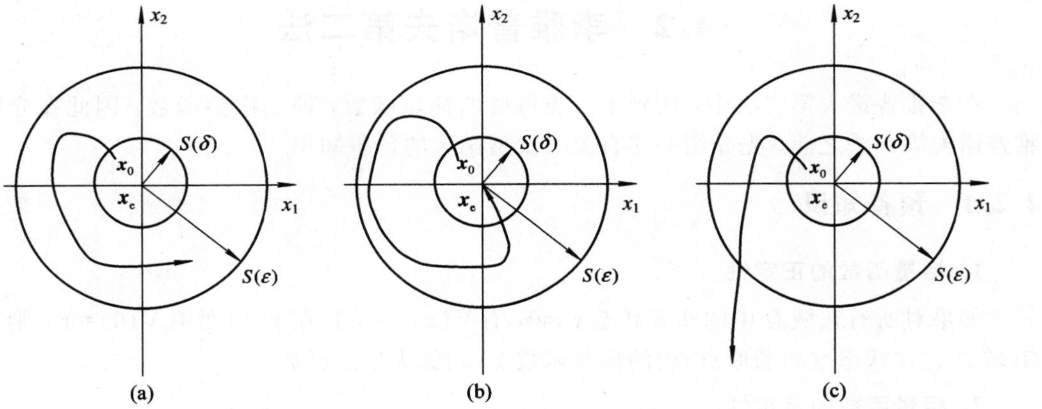

图 4-1　稳定性的平面几何表示

(a) 李雅普诺夫意义下的稳定性；(b) 渐近稳定性；(c) 不稳定性

2. 一致稳定性

通常 δ 与 ε、t_0 都有关。如果 δ 与 t_0 无关，则称平衡状态是一致稳定的。定常系统的 δ 与 t_0 无关，因此定常系统如果稳定，则一定是一致稳定的。

3. 渐近稳定性

系统的平衡状态不仅具有李雅普诺夫意义下的稳定性，且有

$$\lim_{t\to\infty}\|\boldsymbol{x}(t)-\boldsymbol{x}_e\| = 0 \tag{4-4}$$

称此平衡状态是渐近稳定的。这时，从 $S(\delta)$ 出发的轨迹不仅不会超出 $S(\varepsilon)$，且当 $t\to\infty$ 时收敛于 $\boldsymbol{x}_e$ 或其附近，其平面几何表示如图 4-1(b)所示。

4. 大范围稳定性

当初始条件扩展至整个状态空间，且具有稳定性时，称此平衡状态是大范围稳定的或全局稳定的。此时，$\delta\to\infty$，$S(\delta)\to\infty$，$\boldsymbol{x}\to\infty$。对于线性系统，如果它是渐近稳定的，必具

有大范围稳定性，因为线性系统的稳定性与初始条件无关。非线性系统的稳定性一般与初始条件的大小密切相关，通常只能在小范围内稳定。

5. 不稳定性

对于任意的实数 $\varepsilon>0$，存在 $\delta(\varepsilon,t_0)>0$，不论 δ 值取得多么小，在满足不等式 $\|\boldsymbol{x}_0-\boldsymbol{x}_e\|\leqslant\delta$ 的所有初始状态中，至少存在一个初始状态 $\boldsymbol{x}_0$，由此出发的状态轨迹 $\boldsymbol{x}(t)$，不满足不等式 $\lim\limits_{t\to\infty}\|\boldsymbol{x}(t)-\boldsymbol{x}_e\|\leqslant\varepsilon$，则称 $\boldsymbol{x}_e$ 为李雅普诺夫意义下的不稳定，简称不稳定。可以用平面几何解释为：只要在 $S(\delta)$ 内有一条从 $\boldsymbol{x}_0$ 出发的轨迹跨出 $S(\varepsilon)$，则称此平衡状态是不稳定的，见图 4-1(c)。

在经典控制理论中，我们已经学过稳定性概念，它与李雅普诺夫意义下的稳定性概念是有一定区别的。例如，在经典控制理论中只有渐近稳定的系统才称为稳定的系统。按李雅普诺夫意义下的稳定性定义，当系统作不衰减的振荡运动时，将在平面描绘出一条封闭曲线，只要不超过 $S(\varepsilon)$，则认为是稳定的，如线性系统的无阻尼自由振荡和非线性系统的稳定极限环。

4.2 李雅普诺夫第二法

在李雅普诺夫第二法中，用到了一类重要的标量函数，即二次型函数。因此在介绍李雅普诺夫第二法之前，先介绍一些有关二次型函数的预备知识。

4.2.1 预备知识

1. 标量函数的正定性

如果对所有在域 Ω 中的非零状态 $\boldsymbol{x}\neq0$，有 $V(\boldsymbol{x})>0$，且在 $\boldsymbol{x}=0$ 处有 $V(0)=0$，则在域 Ω(域 Ω 包含状态空间的原点)内的标量函数 $V(\boldsymbol{x})$ 称为正定函数。

2. 标量函数的负定性

如果 $-V(\boldsymbol{x})$ 是正定函数，则标量函数 $V(\boldsymbol{x})$ 称为负定函数。

3. 标量函数的正半定性

如果标量函数 $V(\boldsymbol{x})$ 除了原点以及某些状态等于零外，在域 Ω 内的所有状态都是正定的，则 $V(\boldsymbol{x})$ 称为正半定标量函数。

4. 标量函数的负半定性

如果 $-V(\boldsymbol{x})$ 是正半定函数，则标量函数 $V(\boldsymbol{x})$ 称为负半定函数。

5. 标量函数的不定性

如果在域 Ω 内，不论域 Ω 多么小，$V(\boldsymbol{x})$ 既可为正值，也可为负值，则标量函数 $V(\boldsymbol{x})$ 称为不定的标量函数。

例 4-1 假设 $\boldsymbol{x}$ 为二维向量，判断以下标量函数的正定性：

(1) $V(\boldsymbol{x})=x_1^2+x_2^2$

(2) $V(\boldsymbol{x})=(x_1+x_2)^2$

(3) $V(\boldsymbol{x})=-4x_2^2-(x_1+x_2)^2$

(4) $V(\boldsymbol{x})=x_1x_2+x_2^2$

解：(1)当 x_1，$x_2\neq0$ 时，均有 $V(\boldsymbol{x})>0$，所以 $V(\boldsymbol{x})$是正定的。

(2) 当 x_1，$x_2=0$，$x_1=-x_2$ 时，有 $V(\boldsymbol{x})=0$，其余时候 $V(\boldsymbol{x})>0$，所以 $V(\boldsymbol{x})$是正半定的。

(3) 当 x_1，$x_2\neq0$ 时，均有 $V(\boldsymbol{x})<0$，所以 $V(\boldsymbol{x})$是负定的。

(4) 对不同的 $\boldsymbol{x}$，可能有 $V(\boldsymbol{x})<0$，也可能有 $V(\boldsymbol{x})>0$，所以 $V(\boldsymbol{x})$是不定的。

6. 二次型函数

二次型函数如下所示：

$$V(\boldsymbol{x})=\boldsymbol{x}^{\mathrm{T}}\boldsymbol{P}\boldsymbol{x}=[x_1\quad x_2\quad\cdots\quad x_n]\begin{bmatrix}p_{11}&p_{12}&\cdots&p_{1n}\\p_{21}&p_{22}&\cdots&p_{2n}\\\vdots&\vdots&&\vdots\\p_{n1}&p_{n2}&\cdots&p_{nn}\end{bmatrix}\begin{bmatrix}x_1\\x_2\\\vdots\\x_n\end{bmatrix}=\sum_{\substack{i=1\\j=1}}^{n}p_{ij}x_ix_j \tag{4-5}$$

注意，这里的 $\boldsymbol{x}$ 为实向量，$\boldsymbol{P}$ 为二次型各项系统构成的实对称矩阵。

二次型 $V(\boldsymbol{x})$的正定性可用赛尔维斯特准则判断。该准则指出，二次型 $V(\boldsymbol{x})$为正定的充要条件是矩阵 $\boldsymbol{P}$ 的所有主子行列式均为正值，即

$$p_{11}>0,\ \begin{vmatrix}p_{11}&p_{12}\\p_{21}&p_{22}\end{vmatrix}>0,\cdots,\begin{vmatrix}p_{11}&p_{12}&\cdots&p_{1n}\\p_{21}&p_{22}&\cdots&p_{2n}\\\vdots&\vdots&&\vdots\\p_{n1}&p_{n2}&\cdots&p_{nn}\end{vmatrix}>0$$

如果 $\boldsymbol{P}$ 是奇异矩阵，且它的所有主子行列式均非负，则 $V(\boldsymbol{x})=\boldsymbol{x}^{\mathrm{T}}\boldsymbol{P}\boldsymbol{x}$ 是正半定的。

判断二次型 $V(\boldsymbol{x})$的负定性同样利用赛尔维斯特准则来判断。如果$-V(\boldsymbol{x})$是正定的，则 $V(\boldsymbol{x})$是负定的。如果$-V(\boldsymbol{x})$是正半定的，则 $V(\boldsymbol{x})$是负半定的。

例 4－2　试证明二次型 $V(\boldsymbol{x})=2x_1^2+3x_2^2+x_3^2-2x_1x_2+2x_1x_3$ 是正定的。

解：二次型 $V(\boldsymbol{x})$可写为

$$V(\boldsymbol{x})=\boldsymbol{x}^{\mathrm{T}}\boldsymbol{P}\boldsymbol{x}=[x_1\quad x_2\quad x_3]\begin{bmatrix}2&-1&1\\-1&3&0\\1&0&1\end{bmatrix}\begin{bmatrix}x_1\\x_2\\x_3\end{bmatrix}$$

利用赛尔维斯特准则，可得

$$2>0,\ \begin{vmatrix}2&-1\\-1&3\end{vmatrix}=5>0,\ \begin{vmatrix}2&-1&1\\-1&3&0\\1&0&1\end{vmatrix}=2>0$$

因为矩阵 $\boldsymbol{P}$ 的所有主子行列式均为正值，所以 $V(\boldsymbol{x})$是正定的。

4.2.2　李雅普诺夫第二法稳定性定理

李雅普诺夫稳定性判据有第一法和第二法。

第一法的基本思路是：首先将非线性系统线性化，然后计算线性化方程的特征值，最后判定原非线性系统的稳定性。经典控制理论中关于线性定常系统稳定性的各种判据，均

可视为李雅普诺夫第一法在线性系统中的工程应用。

李雅普诺夫第二法的特点是不必求解系统的微分方程式，就可以对系统的稳定性进行分析判断。它是建立在能量观点基础上的，即认为系统趋于稳定的过程就是能量衰减的过程。如果系统有一个渐近稳定的平衡状态，当其运动到平衡状态附近时，系统存储的能量随着时间的增长而衰减，直到在平稳状态达到极小值为止。下面以第 1 章提到过的 *RLC* 电路为例来说明这个问题。

例 4-3 若初始条件不为零，分析图 4-2 所示电路的能量变化过程。

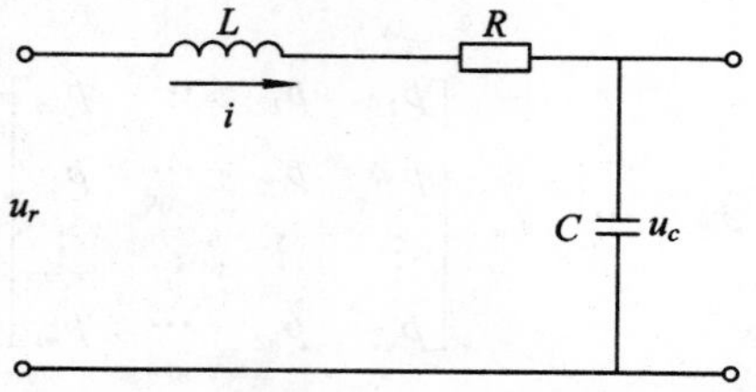

图 4-2 *RLC* 电路

解：取状态变量 $x_1=i$，$x_2=u_c$。设加电后，输入 $u_r=0$，则该系统的状态方程为

$$\begin{bmatrix}\dot{x}_1\\ \dot{x}_2\end{bmatrix}=\begin{bmatrix}-\dfrac{R}{L} & -\dfrac{1}{L}\\ \dfrac{1}{C} & 0\end{bmatrix}\begin{bmatrix}x_1\\ x_2\end{bmatrix},\quad \begin{bmatrix}x_1(0)\\ x_2(0)\end{bmatrix}\neq\begin{bmatrix}0\\ 0\end{bmatrix}$$

在任意时刻，系统的总能量 $E(x_1, x_2)$包括电容的存能和电感的存能，即

$$E(x_1, x_2)=\frac{1}{2}Lx_1^2+\frac{1}{2}Cx_2^2$$

显然当 x_1，$x_2=0$ 时，$E(x_1, x_2)=0$，当 x_1，$x_2\neq 0$ 时，$E(x_1, x_2)>0$。也就是说，除原点外系统能量总大于零，而能量随时间的变化为

$$\dot{E}(x_1, x_2)=Cx_2\dot{x}_2+Lx_1\dot{x}_1=Cx_2\left(\frac{1}{C}x_1\right)+Lx_1\left(-\frac{R}{L}x_1-\frac{1}{L}x_2\right)=-Rx_1^2$$

说明在电阻 $R\neq 0$ 的情况下，能量总是衰减的，直到能量消耗完，稳定在状态零点。

从例 4-3 可看出，渐近稳定系统的系统能量总是衰减的。为此，李雅普诺夫虚构一个能量函数来表征这一过程，称为李雅普诺夫函数。在李雅普诺夫第二法中，能量函数 $V(\boldsymbol{x}, t)$和其对时间的导数 $\dot{V}(\boldsymbol{x}, t)$的符号特征，提供了判断平衡状态处的稳定性、渐近稳定性或不稳定性的准则，而不必直接求出方程的解。这种方法既适用于线性系统，也适用于非线性系统。这样可得到以下定理。

设系统状态方程为 $\dot{\boldsymbol{x}}=\boldsymbol{f}(\boldsymbol{x})$，其平衡状态满足 $\boldsymbol{f}(0)=0$，设系统在原点邻域存在 $V(\boldsymbol{x})$对 $\boldsymbol{x}$ 的连续的一阶偏导数。

定理 4-1 若 $V(\boldsymbol{x})$正定，$\dot{V}(\boldsymbol{x})$负定，则原点是渐近稳定的。

$\dot{V}(\boldsymbol{x}, t)$负定表示能量随时间连续单调地衰减，故与渐近稳定性的定义一致。

例 4-4 试用李雅普诺夫第二法判断下列非线性系统的稳定性：

$$\dot{x}_1=x_2$$
$$\dot{x}_2=-(x_1+x_2)$$

解：令 $\dot{\boldsymbol{x}}=0$，解得原点 $\boldsymbol{x}_e=0$ 是系统的唯一平衡状态。

取李雅普诺夫函数为

$$V(\boldsymbol{x})=\frac{1}{2}(x_1+x_2)^2+x_1^2+\frac{1}{2}x_2^2$$

若 $\boldsymbol{x}\neq 0$，$V(\boldsymbol{x})>0$；若 $\boldsymbol{x}=0$，$V(\boldsymbol{x})=0$，即 $V(\boldsymbol{x})$正定。将 $V(\boldsymbol{x})$代入原式有

$$\dot{V}(\boldsymbol{x})=(x_1+x_2)(\dot{x}_1+\dot{x}_2)+2x_1\dot{x}_1+x_2\dot{x}_2=-(x_1^2+x_2^2)$$

显然 $\dot{V}(\boldsymbol{x})$负定，根据定理 4-1，原点是渐近稳定的。因为只有一个平衡状态，该非线性系统是大范围渐近稳定的。又因为 $V(\boldsymbol{x})$与 t 无关，故系统是大范围一致渐近稳定的。

定理 4-2　若 $V(\boldsymbol{x})$正定，$\dot{V}(\boldsymbol{x})$负半定，且在非零状态不恒为零，则原点是渐近稳定的。

$\dot{V}(\boldsymbol{x})$负半定表示在非零状态存在 $\dot{V}(\boldsymbol{x})=0$，但在从初态出发的轨迹 $\boldsymbol{x}(t;\ \boldsymbol{x}_0,\ t_0)$上，$\dot{V}(\boldsymbol{x})$不恒等于 0，于是系统将继续运行至原点。状态轨迹仅是经历能量不变的状态，而不会维持在该状态。

例 4-5　试运用定理 4-2 判断例 4-4 中系统平衡状态的稳定性。

解：选 $V(\boldsymbol{x})=x_1^2+x_2^2$，正定。求导后得 $\dot{V}(\boldsymbol{x})=-2x_2^2$，对于非零状态(如 $x_2=0$，$x_1\neq 0$)存在 $\dot{V}(\boldsymbol{x})=0$，对于其余非零状态，$\dot{V}(\boldsymbol{x})<0$，故 $\dot{V}(\boldsymbol{x})$负半定。根据定理 4-2，原点是渐近稳定的，且是大范围一致渐近稳定。

定理 4-3　若 $V(\boldsymbol{x})$正定，$\dot{V}(\boldsymbol{x})$负半定，且在非零状态恒为零，则原点是李雅普诺夫意义下稳定的。

沿状态轨迹能维持 $\dot{V}(\boldsymbol{x})\equiv 0$，表示系统能维持等能量水平运行，使系统维持在非零状态而不运行至原点。

例 4-6　系统的状态方程为

$$\dot{x}_1=kx_2$$
$$\dot{x}_2=-x_1$$

其中，k 为大于零的常数。分析系统平衡状态的稳定性。

解：令 $\dot{\boldsymbol{x}}=0$，求得平衡状态 $\boldsymbol{x}_e=0$。选取李雅普诺夫函数为 $V(\boldsymbol{x})=x_1^2+kx_2^2$，显然 $V(\boldsymbol{x})$正定。求导后得

$$\dot{V}(\boldsymbol{x})=2x_1\dot{x}_1+2kx_2\dot{x}_2=2x_1kx_2-2kx_2x_1=0$$

由定理 4-3 知，$x_e=0$ 为李雅普诺夫意义下的稳定。

定理 4-4　若 $V(\boldsymbol{x})$和 $\dot{V}(\boldsymbol{x})$正定，则原点是不稳定的。

$\dot{V}(\boldsymbol{x})$正定表示能量函数随时间增大，故状态轨迹在原点邻域发散。

例 4-7　试用李雅普诺夫第二法判断下列非线性系统的稳定性：

$$\dot{x}_1=x_1+x_2$$
$$\dot{x}_2=-x_1+x_2$$

解：令 $\dot{\boldsymbol{x}}=0$，求得平衡状态 $\dot{\boldsymbol{x}}_e=0$。选 $V(\boldsymbol{x})=x_1^2+x_2^2$，正定。求导后

$$\dot{V}(\boldsymbol{x})=2x_1\dot{x}_1+2x_2\dot{x}_2=2x_1(x_1+x_2)+2x_2(-x_1+x_2)=2x_1^2+2x_2^2$$

可见 $\boldsymbol{x}=0$，$\dot{V}(\boldsymbol{x})=0$；$\boldsymbol{x}\neq 0$，$\dot{V}(\boldsymbol{x})>0$，由定理 4-4 知，系统不稳定。

定理 4-5　若 $V(\boldsymbol{x})$正定，$\dot{V}(\boldsymbol{x})$正半定，且在非零状态不恒为零，则原点不稳定。

例 4-8　试用李雅普诺夫第二法判断下列非线性系统的稳定性：

$$\dot{x}_1 = x_2$$
$$\dot{x}_2 = -x_1 + x_2$$

解：令 $\dot{\boldsymbol{x}}=0$，求得平衡状态 $\boldsymbol{x}_e=0$。选 $V(\boldsymbol{x})=x_1^2+x_2^2$，正定。求导后

$$\dot{V}(\boldsymbol{x}) = 2x_1\dot{x}_1 + 2x_2\dot{x}_2 = 2x_1x_2 + 2x_2(-x_1+x_2) = 2x_1x_2 - 2x_1x_2 + 2x_2^2 = 2x_2^2$$

可见 $\boldsymbol{x}=0$，$\dot{V}(\boldsymbol{x})=0$；$\boldsymbol{x}\neq 0$，$\dot{V}(\boldsymbol{x})\geqslant 0$，且在非零状态不恒为零。由定理 4-5 知，系统不稳定。

使用定理 4-1～4-5 时应注意到，李雅普诺夫函数的选取是不唯一的，但只要找到一个 $V(\boldsymbol{x})$满足定理所述条件，便可对原点的稳定性作出判断，并不因选取的 $V(\boldsymbol{x})$不同而有所影响。应用李雅普诺夫第二法稳定理论的关键在于是否能找到李雅普诺夫函数。若能找到满足条件的李雅普诺夫函数，则可以相应地作出稳定判断；但若找不到，就不能判定该平衡状态是稳定或不稳定的。诸稳定性定理所述条件都是充分条件。

4.3 线性定常连续系统的李雅普诺夫稳定性分析

对于线性定常系统 $\dot{\boldsymbol{x}}=\boldsymbol{A}\boldsymbol{x}$，其渐近稳定性的判别方法很多。可以采用第 2 章介绍的方法求出系统的齐次解，通过 $\boldsymbol{x}(t)$的形态来判断；也可以通过 $\boldsymbol{A}$ 的所有特征值或特征方程 $|s\boldsymbol{I}-\boldsymbol{A}|=s^n+a_1s^{n-1}+\cdots+a_{n-1}s+a_n=0$ 的根来判断，当特征值或特征方程的根具有负实部时，系统渐近稳定。但为了避开困难的特征值计算，可采用劳斯稳定性判据，通过判断特征多项式的系数来直接判定稳定性，或通过奈奎斯特稳定性判据，根据开环频率特性来判断闭环系统的稳定性。这里将介绍的线性系统的李雅普诺夫稳定性方法，也是一种代数方法。

设系统状态方程为 $\dot{\boldsymbol{x}}=\boldsymbol{A}\boldsymbol{x}$，$\boldsymbol{A}$ 为非奇异矩阵，故原点是唯一平衡状态。可以取下列正定二次型函数 $V(\boldsymbol{x})$作为李雅普诺夫函数：

$$V(\boldsymbol{x}) = \boldsymbol{x}^{\mathrm{T}}\boldsymbol{P}\boldsymbol{x} \tag{4-6}$$

求导并考虑状态方程

$$\dot{V}(\boldsymbol{x}) = \dot{\boldsymbol{x}}^{\mathrm{T}}\boldsymbol{P}\boldsymbol{x} + \boldsymbol{x}^{\mathrm{T}}\boldsymbol{P}\dot{\boldsymbol{x}} = \boldsymbol{x}^{\mathrm{T}}(\boldsymbol{A}^{\mathrm{T}}\boldsymbol{P}+\boldsymbol{P}\boldsymbol{A})\boldsymbol{x} \tag{4-7}$$

设

$$\boldsymbol{A}^{\mathrm{T}}\boldsymbol{P}+\boldsymbol{P}\boldsymbol{A} = -\boldsymbol{Q} \tag{4-8}$$

则式(4-7)可写为

$$\dot{V}(\boldsymbol{x}) = -\boldsymbol{x}^{\mathrm{T}}\boldsymbol{Q}\boldsymbol{x} \tag{4-9}$$

当要求 $\boldsymbol{x}_e=0$ 为渐近稳定时，$\dot{V}(\boldsymbol{x})$应为负定的，即式(4-9)中 $\boldsymbol{Q}$ 应为正定对称矩阵。

在判别 $\dot{V}(\boldsymbol{x})$时，方便的方法不是先指定一个正定矩阵 $\boldsymbol{P}$，然后检查 $\boldsymbol{Q}$ 是否也是正定的，而是先指定一个正定的矩阵 $\boldsymbol{Q}$，然后检查由 $\boldsymbol{A}^{\mathrm{T}}\boldsymbol{P}+\boldsymbol{P}\boldsymbol{A}=-\boldsymbol{Q}$ 确定的 $\boldsymbol{P}$ 是否也是正定的。这可归纳为如下定理：

定理 4-6 系统 $\dot{\boldsymbol{x}}=\boldsymbol{A}\boldsymbol{x}$ 渐近稳定的充要条件为：给定正定实对称矩阵 $\boldsymbol{Q}$，存在正定实对称矩阵 $\boldsymbol{P}$ 使式(4-8)成立。

由于正定矩阵 $\boldsymbol{Q}$ 的形式可以任意给定，并且最终的判断结果与 $\boldsymbol{Q}$ 的不同选择无关，故可以选取 $\boldsymbol{Q}=\boldsymbol{I}$，即单位阵，再根据式(4-8)求出 $\boldsymbol{P}$ 阵，用赛尔维斯特判据来验证其正定性。当 $\boldsymbol{P}$ 阵是正定阵时，可知 $\boldsymbol{x}_e=0$ 为大范围一致渐近稳定的。另外，根据定理 4-2，如果 $\dot{V}(\boldsymbol{x})=-\boldsymbol{x}^{\mathrm{T}}\boldsymbol{Q}\boldsymbol{x}$ 沿任一条轨迹不恒等于零，则 $\boldsymbol{Q}$ 可取正半定矩阵。

例 4-9　利用李雅普诺夫第二法判断下列系统是否为大范围渐近稳定的：

$$\dot{\boldsymbol{x}}=\begin{bmatrix}-1 & 1\\ 2 & -3\end{bmatrix}\boldsymbol{x}$$

解：令矩阵

$$\boldsymbol{P}=\begin{bmatrix}p_{11} & p_{12}\\ p_{12} & p_{22}\end{bmatrix}$$

则由 $\boldsymbol{A}^{\mathrm{T}}\boldsymbol{P}+\boldsymbol{P}\boldsymbol{A}=-\boldsymbol{I}$ 得

$$\begin{bmatrix}-1 & 2\\ 1 & -3\end{bmatrix}\begin{bmatrix}p_{11} & p_{12}\\ p_{12} & p_{22}\end{bmatrix}+\begin{bmatrix}p_{11} & p_{12}\\ p_{12} & p_{22}\end{bmatrix}\begin{bmatrix}-1 & 1\\ 2 & -3\end{bmatrix}=\begin{bmatrix}-1 & 0\\ 0 & -1\end{bmatrix}$$

解上述矩阵方程，有

$$\begin{cases}-2p_{11}+4p_{12}=-1\\ p_{11}-4p_{12}+2p_{22}=0\\ 2p_{12}-6p_{22}=-1\end{cases}\Rightarrow\begin{cases}p_{11}=\dfrac{7}{4}\\ p_{22}=\dfrac{3}{8}\\ p_{12}=\dfrac{5}{8}\end{cases}$$

即得

$$\boldsymbol{P}=\begin{bmatrix}p_{11} & p_{12}\\ p_{12} & p_{22}\end{bmatrix}=\begin{bmatrix}\dfrac{7}{4} & \dfrac{5}{8}\\ \dfrac{5}{8} & \dfrac{3}{8}\end{bmatrix}$$

因为

$$p_{11}=\frac{7}{4}>0,\quad\begin{vmatrix}p_{11} & p_{12}\\ p_{12} & p_{22}\end{vmatrix}=\begin{vmatrix}\dfrac{7}{4} & \dfrac{5}{8}\\ \dfrac{5}{8} & \dfrac{3}{8}\end{vmatrix}=\frac{17}{64}>0$$

可知 $\boldsymbol{P}$ 是正定的。因此系统在原点处是大范围渐近稳定的。

这时系统对应的李雅普诺夫函数及其沿轨迹的导数分别为

$$V(\boldsymbol{x})=\boldsymbol{x}^{\mathrm{T}}\boldsymbol{P}\boldsymbol{x}=\frac{1}{8}(14x_1^2+10x_1x_2+3x_2^2)>0$$

$$\dot{V}(\boldsymbol{x})=-\boldsymbol{x}^{\mathrm{T}}\boldsymbol{Q}\boldsymbol{x}=-\boldsymbol{x}^{\mathrm{T}}\boldsymbol{x}=-(x_1^2+x_2^2)<0$$

4.4　线性定常离散系统的李雅普诺夫稳定性分析

线性定常离散系统的状态方程为

$$\boldsymbol{x}(k+1)=\boldsymbol{G}\boldsymbol{x}(k)\tag{4-10}$$

原点 $\boldsymbol{x}_e=0$ 是平衡状态。取正定二次型函数

$$V[\boldsymbol{x}(k)]=\boldsymbol{x}^{\mathrm{T}}(k)\boldsymbol{P}\boldsymbol{x}(k)\tag{4-11}$$

对 $V[\boldsymbol{x}(k)]$ 取前向差分，有

$$\Delta V[\boldsymbol{x}(k)]=V[\boldsymbol{x}(k+1)]-V[\boldsymbol{x}(k)]\tag{4-12}$$

考虑状态方程，有

$$
\begin{aligned}
\Delta V[\boldsymbol{x}(k)] &= \boldsymbol{x}^{\mathrm{T}}(k+1)\boldsymbol{P}\boldsymbol{x}(k+1) - \boldsymbol{x}^{\mathrm{T}}(k)\boldsymbol{P}\boldsymbol{x}(k) \\
&= [\boldsymbol{G}\boldsymbol{x}(k)]^{\mathrm{T}}\boldsymbol{P}\boldsymbol{G}\boldsymbol{x}(k) - \boldsymbol{x}^{\mathrm{T}}(k)\boldsymbol{P}\boldsymbol{x}(k) \\
&= \boldsymbol{x}^{\mathrm{T}}(k)[\boldsymbol{G}^{\mathrm{T}}\boldsymbol{P}\boldsymbol{G} - \boldsymbol{P}]\boldsymbol{x}(k)
\end{aligned}
\tag{4-13}
$$

令

$$
\boldsymbol{G}^{\mathrm{T}}\boldsymbol{P}\boldsymbol{G} - \boldsymbol{P} = -\boldsymbol{Q} \tag{4-14}
$$

于是有

$$
\Delta V[\boldsymbol{x}(k)] = -\boldsymbol{x}^{\mathrm{T}}(k)\boldsymbol{Q}\boldsymbol{x}(k) \tag{4-15}
$$

由此可得到如下定理：

定理 4-7 系统 $\boldsymbol{x}(k+1)=\boldsymbol{G}\boldsymbol{x}(k)$渐近稳定的充要条件是：给定任一正定实对称矩阵 $\boldsymbol{Q}$(常取 $\boldsymbol{Q}=\boldsymbol{I}$)，存在正定对称矩阵 $\boldsymbol{P}$，使式(4-14)成立。

例 4-10 利用李雅普诺夫第二法判断下列系统是否为大范围渐近稳定的：

$$
\dot{\boldsymbol{x}}(k+1) = \begin{bmatrix} \lambda_1 & 0 \\ 0 & \lambda_2 \end{bmatrix}\boldsymbol{x}(k)
$$

解：令矩阵

$$
\boldsymbol{P} = \begin{bmatrix} p_{11} & p_{12} \\ p_{12} & p_{22} \end{bmatrix}
$$

选取 $\boldsymbol{Q}=\boldsymbol{I}$，代入矩阵方程 $\boldsymbol{G}^{\mathrm{T}}\boldsymbol{P}\boldsymbol{G}-\boldsymbol{P}=-\boldsymbol{I}$，有

$$
\begin{bmatrix} \lambda_1 & 0 \\ 0 & \lambda_2 \end{bmatrix}\begin{bmatrix} p_{11} & p_{12} \\ p_{12} & p_{22} \end{bmatrix}\begin{bmatrix} \lambda_1 & 0 \\ 0 & \lambda_2 \end{bmatrix} - \begin{bmatrix} p_{11} & p_{12} \\ p_{12} & p_{22} \end{bmatrix} = \begin{bmatrix} -1 & 0 \\ 0 & -1 \end{bmatrix}
$$

解上述矩阵方程，有

$$
\begin{cases} p_{11}(1-\lambda_1^2) = 1 \\ p_{12}(1-\lambda_1\lambda_2) = 0 \\ p_{22}(1-\lambda_2^2) = 1 \end{cases} \Rightarrow \begin{cases} p_{11} = \dfrac{1}{1-\lambda_1^2} \\ p_{22} = 0 \\ p_{12} = \dfrac{1}{1-\lambda_2^2} \end{cases}
$$

即得

$$
\boldsymbol{P} = \begin{bmatrix} p_{11} & p_{12} \\ p_{12} & p_{22} \end{bmatrix} = \begin{bmatrix} \dfrac{1}{1-\lambda_1^2} & 0 \\ 0 & \dfrac{1}{1-\lambda_2^2} \end{bmatrix}
$$

要使 $\boldsymbol{P}$ 为正定的实对称矩阵，要求$|\lambda_1|<1$，$|\lambda_2|<1$。

也就是说，当系统的特征根位于单位圆内时，系统的平衡点是渐近稳定的。这一结论与经典理论中离散系统稳定的充要条件是相同的。

4.5 非线性系统的稳定性分析

由于非线性系统的复杂性和多样性，还没有构造李雅普诺夫函数的一般方法。针对不同类型，有用于判断非线性系统渐近稳定性充分条件的克拉索夫斯基方法、有用于构成非线性系统李雅普诺夫函数的变量梯度法，还有用于某些非线性控制系统稳定性分析的傅里

叶法，以及用于构成吸引域的波波夫方法等。下面仅讨论克拉索夫斯基方法。

考虑如下非线性系统

$$\dot{\boldsymbol{x}} = \boldsymbol{f}(\boldsymbol{x})$$

式中，$\boldsymbol{x}$ 为 n 维状态向量，$\boldsymbol{f}(\boldsymbol{x})$ 为 $x_1, x_2, \cdots, x_n$ 的非线性 n 维向量函数。假定 $\boldsymbol{f}(0)=0$，且 $\boldsymbol{f}(\boldsymbol{x})$ 对 x_i 可微 $(i=1, 2, \cdots, n)$，系统平衡状态为 $\boldsymbol{x}_e=0$。

该系统的一阶偏微分定义为

$$\boldsymbol{J}(\boldsymbol{x}) = \left[\frac{\partial(f_1, \cdots, f_n)}{\partial(x_1, \cdots, x_n)}\right] = \begin{bmatrix} \frac{\partial f_1}{\partial x_1} & \frac{\partial f_1}{\partial x_2} & \cdots & \frac{\partial f_1}{\partial x_n} \\ \frac{\partial f_2}{\partial x_1} & \frac{\partial f_2}{\partial x_2} & \cdots & \frac{\partial f_2}{\partial x_n} \\ \vdots & \vdots & & \vdots \\ \frac{\partial f_n}{\partial x_1} & \frac{\partial f_n}{\partial x_2} & \cdots & \frac{\partial f_n}{\partial x_n} \end{bmatrix} \tag{4-16}$$

又定义

$$\boldsymbol{S}(\boldsymbol{x}) = \boldsymbol{J}^{\mathrm{T}}(\boldsymbol{x}) + \boldsymbol{J}(\boldsymbol{x}) \tag{4-17}$$

式中，$\boldsymbol{J}(\boldsymbol{x})$ 称为雅可比矩阵，$\boldsymbol{J}^{\mathrm{T}}(\boldsymbol{x})$ 是 $\boldsymbol{J}(\boldsymbol{x})$ 的共轭转置矩阵。

定理 4-8（克拉索夫斯基定理）　如果矩阵 $\boldsymbol{S}(\boldsymbol{x})$ 是负定的，则平衡状态 $\boldsymbol{x}_e=0$ 是渐近稳定的。此时该系统的李雅普诺夫函数为

$$V(\boldsymbol{x}) = \boldsymbol{f}^{\mathrm{T}}(\boldsymbol{x})\boldsymbol{f}(\boldsymbol{x}) \tag{4-18}$$

若随着 $\|\boldsymbol{x}\| \to \infty$，$\boldsymbol{f}^{\mathrm{T}}(\boldsymbol{x})\boldsymbol{f}(\boldsymbol{x}) \to \infty$，则平衡状态是大范围渐近稳定的。

证明：由于 $V(\boldsymbol{x})=\boldsymbol{f}^{\mathrm{T}}(\boldsymbol{x})\boldsymbol{f}(\boldsymbol{x})$，因此 $V(\boldsymbol{x})$ 是正定的。对 $V(\boldsymbol{x})$ 求导，有

$$\begin{aligned} \dot{V}(\boldsymbol{x}) &= \dot{\boldsymbol{f}}^{\mathrm{T}}(\boldsymbol{x})\boldsymbol{f}(\boldsymbol{x}) + \boldsymbol{f}^{\mathrm{T}}(\boldsymbol{x})\dot{\boldsymbol{f}}(\boldsymbol{x}) \\ &= [\boldsymbol{J}(\boldsymbol{x})\boldsymbol{f}(\boldsymbol{x})]^{\mathrm{T}}\boldsymbol{f}(\boldsymbol{x}) + \boldsymbol{f}^{\mathrm{T}}(\boldsymbol{x})\boldsymbol{J}(\boldsymbol{x})\boldsymbol{f}(\boldsymbol{x}) \\ &= \boldsymbol{f}^{\mathrm{T}}(\boldsymbol{x})[\boldsymbol{J}^{\mathrm{T}}(\boldsymbol{x}) + \boldsymbol{J}(\boldsymbol{x})]\boldsymbol{f}(\boldsymbol{x}) \\ &= \boldsymbol{f}^{\mathrm{T}}(\boldsymbol{x})\boldsymbol{S}(\boldsymbol{x})\boldsymbol{f}(\boldsymbol{x}) \end{aligned}$$

因为 $\boldsymbol{S}(\boldsymbol{x})$ 是负定的，所以 $\dot{V}(\boldsymbol{x})$ 也是负定的。因此，$V(\boldsymbol{x})$ 是一个李雅普诺夫函数。所以原点是渐近稳定的。如果随着 $\|\boldsymbol{x}\| \to \infty$，$V(\boldsymbol{x})=\boldsymbol{f}^{\mathrm{T}}(\boldsymbol{x})\boldsymbol{f}(\boldsymbol{x}) \to \infty$，则平衡状态是大范围渐近稳定的。

例 4-11　考虑下列非线性定常二阶系统的稳定性：

$$\begin{aligned} \dot{x}_1 &= -x_1 \\ \dot{x}_2 &= x_1 - x_2 - x_2^3 \end{aligned}$$

解：$\boldsymbol{f}(\boldsymbol{x})=\begin{bmatrix} -x_1 \\ x_1 - x_2 - x_2^3 \end{bmatrix}$，对应的雅可比矩阵为

$$\boldsymbol{J}(x) = \begin{bmatrix} \frac{\partial f_1}{\partial x_1} & \frac{\partial f_1}{\partial x_2} \\ \frac{\partial f_2}{\partial x_1} & \frac{\partial f_2}{\partial x_2} \end{bmatrix} = \begin{bmatrix} -1 & 0 \\ 1 & -1-3x_2^2 \end{bmatrix}$$

$$\boldsymbol{S}(\boldsymbol{x}) = \boldsymbol{J}^{\mathrm{T}}(x) + \boldsymbol{J}(x) = \begin{bmatrix} -1 & 1 \\ 0 & -1-3x_2^2 \end{bmatrix} + \begin{bmatrix} -1 & 0 \\ 1 & -1-3x_2^2 \end{bmatrix} = \begin{bmatrix} -2 & 1 \\ 1 & -2-6x_2^2 \end{bmatrix}$$

检验 $-\boldsymbol{S}(\boldsymbol{x})$ 各阶主子式有

$$2>0,\quad \begin{vmatrix} 2 & -1 \\ -1 & 2+6x_2^2 \end{vmatrix} = 3+12x_2^2>0$$

由赛尔维斯特判据知，$-\boldsymbol{S}(\boldsymbol{x})>0$，故 $\boldsymbol{S}(\boldsymbol{x})<0$，负定，且 $\|\boldsymbol{x}\|\to\infty$，$V(\boldsymbol{x})=\boldsymbol{f}^{\mathrm{T}}(\boldsymbol{x})\boldsymbol{f}(\boldsymbol{x})\to\infty$。故由克拉索夫斯基定理可知系统的平衡状态 $\boldsymbol{x}=0$ 是大范围渐近稳定的。

值得注意的是，定理 4-8 应用到非线性系统是大范围渐近稳定性的充分条件，应用到线性系统则是充要条件。非线性系统的平衡状态即使不满足上述定理所要求的条件，也可能是稳定的。因此，在应用克拉索夫斯基定理时，必须十分小心，以防止分析给定的非线性系统平衡状态的稳定性时做出错误的结论。

4.6　MATLAB 在系统稳定性分析中的应用

4.6.1　利用特征根判断稳定性

在 MATLAB 控制系统工具箱中，求取一个线性定常系统特征根只需要利用函数 eig( ) 即可。调用格式为

p=eig(G)

其中 p 为返回系统的全部特征根。无论系统模型 G 是传递函数、状态方程还是零极点模型，且不论系统是连续或离散，都可以用这样简单的命令求解系统的全部特征根，这就使得系统的稳定性判定变得十分容易。

另外，由 pzmap(G) 函数能绘出系统的所有特征根在 s 复平面上的位置，所以判定连续系统是否渐进稳定，只需要看一下系统所有极点是否均位于虚轴左侧即可。

此外还有其他函数，如 pole() 和 zero() 可以求出系统的极点和零点，ss2zp() 可以将状态空间模型转换为零极点模型，这些函数都可以用来判断系统稳定性。

4.6.2　利用李雅普诺夫方程判断稳定性

MATLAB 中有一个 lyap(A, Q) 函数可以求出如下形式的李雅普诺夫方程：

$$\boldsymbol{AP}+\boldsymbol{PA}^{\mathrm{T}}=-\boldsymbol{Q} \tag{4-19}$$

注意式(4-19)与式(4-9)的区别。要用 lyap 函数求解如式(4-19)所示的李雅普诺夫方程时，应该先将 $\boldsymbol{A}$ 矩阵转置后再代入 lyap 函数。

例 4-12　利用 MATLAB 判断例 4-9 中系统 $\dot{\boldsymbol{x}}=\begin{bmatrix} -1 & 1 \\ 2 & -3 \end{bmatrix}\boldsymbol{x}$ 是否为大范围渐近稳定。

```
≫A=[-1 1; 2 -3];              %输入系数矩阵
≫A=A';                        %将系数矩阵 A 转置
≫Q=eye(2)                     %给定正定实对称矩阵 Q 为二阶单位矩阵
≫P=lyap(A, Q)                 %求式(4-19)所示的李雅普诺夫方程
```

结果为

P =

```
    1.7500    0.6250
    0.6250    0.3750
```

需判断 P 是否为对称正定阵。由赛尔维斯特判据，判断主子行列式是否都大于零。

```
>>det(P(1, 1))                           %求 P 阵的一阶主子行列式
ans =
    1.7500
>>det(P)                                 %求 P 阵的二阶主子行列式
ans =
    0.2656
```

由此可知，P 为对称正定阵。因此系统在原点处是大范围渐近稳定的。

习　题

4-1　判断下列函数的正定性。

(1) $V(\boldsymbol{x})=2x_1{}^2+x_2{}^2+2x_3{}^2+x_1x_2-8x_2x_3-4x_1x_3$

(2) $V(\boldsymbol{x})=10x_1{}^2+4x_2{}^2+4x_3{}^2-x_1x_2+x_1x_3-2x_2x_3$

(3) $V(\boldsymbol{x})=4x_1{}^2+x_3{}^2-x_1x_2+6x_2x_3$

4-2　试用李雅普诺夫稳定性定理判定下列系统在平衡状态的稳定性。

(1) $\begin{cases}\dot{x}_1=x_2\\ \dot{x}_2=-x_1-x_1^2x_2\end{cases}$　　(2) $\begin{cases}\dot{x}_1=x_2\\ \dot{x}_2=-x_1-(1+x_2)^2x_2\end{cases}$

(3) $\begin{cases}\dot{x}_1=3x_2\\ \dot{x}_2=-x_1^3-5x_2\end{cases}$　　(4) $\begin{cases}\dot{x}_1=-x_1+x_2+x_1(x_1{}^2+x_2{}^2)\\ \dot{x}_2=-x_1-x_2+x_2(x_1{}^2+x_2{}^2)\end{cases}$

4-3　系统状态方程如下，试确定其平衡状态的稳定性。

(1) $\dot{\boldsymbol{x}}=\begin{bmatrix}1 & -1\\ 2 & -1\end{bmatrix}\boldsymbol{x}$　　(2) $\dot{\boldsymbol{x}}=\begin{bmatrix}1 & -2\\ 1 & -4\end{bmatrix}\boldsymbol{x}$

(3) $\dot{\boldsymbol{x}}=\begin{bmatrix}1 & 2 & 0\\ 0 & -1 & 0\\ -1 & 0 & 2\end{bmatrix}\boldsymbol{x}+\begin{bmatrix}0\\ 0\\ 1\end{bmatrix}\boldsymbol{u}$　　(4) $\dot{x}=\begin{bmatrix}1 & 2 & 0\\ 3 & -1 & 1\\ 0 & 2 & 0\end{bmatrix}\boldsymbol{x}+\begin{bmatrix}2\\ 1\\ 1\end{bmatrix}\boldsymbol{u}$

4-4　试确定下列非线性系统在原点稳定时，参数 a 的取值范围。

$$\dot{x}_1 = x_2$$
$$\dot{x}_2 =- x_1^3 - ax_2$$

4-5　试证明系统

$$\dot{x}_1 = x_2$$
$$\dot{x}_2 =- ax_1 - a_2x_1^2x_2$$

在 $a_1>0$，$a_2>0$ 时是大范围渐进稳定的。

4-6　设线性离散时间系统为

$$\boldsymbol{x}(k+1)=\begin{bmatrix}0 & 1 & 0\\ 0 & 0 & 1\\ 0 & \frac{m}{2} & 0\end{bmatrix}\boldsymbol{x}(k),\quad m>0$$

试求在平衡状态系统渐近稳定的 m 值范围。

4-7　试确定下列线性离散时间系统平衡状态的稳定性。

(1) $\boldsymbol{x}(k+1)=\begin{bmatrix}-1 & 1\\ -\dfrac{1}{2} & 0\end{bmatrix}\boldsymbol{x}(k)$

(2) $\boldsymbol{x}(k+1)=\begin{bmatrix}1 & 4 & 0\\ -3 & -2 & -3\\ 2 & 0 & 0\end{bmatrix}\boldsymbol{x}(k)$

4-8　试用克拉索夫斯基定理判断下列系统是否是大范围渐近稳定的。

$$\dot{x}_1=-x_1+5x_2$$
$$\dot{x}_2=2x_1-x_2-3x_2^3$$

4-9　试用克拉索夫斯基定理确定使下列系统

$$\dot{x}_1=ax_1+x_2$$
$$\dot{x}_2=x_1-x_2+bx_2{}^5$$

的原点为大范围渐近稳定的参数 a 和 b 的取值范围。

4-10　下面的非线性微分方程式称为关于两种生物个体群的沃尔特纳(Volterra)方程式

$$\frac{\mathrm{d}x_1}{\mathrm{d}t}=\alpha x_1+\beta x_1x_2$$
$$\frac{\mathrm{d}x_2}{\mathrm{d}t}=\gamma x_2+\delta x_1x_2$$

式中，x_1、x_2 分别是生物个体数，α、β、γ、δ 是不为零的实数。关于这个系统，① 试求平衡点；② 在平衡点的附近线性化，试讨论平衡点的稳定性。

4-11　试用 MATLAB 求解习题 4-3、4-7。

第 5 章　极点配置与观测器的设计

第 1 章主要解决了系统的建模、各种数学模型(时域、频域、内部、外部描述)之间的相互转换等系统描述问题；第 2、3、4 章着重于系统的分析，主要研究系统的定量变化规律(如状态方程的解，即系统的运动分析等)和定性行为(如能控性、能观性、稳定性等)。本章将研究系统的综合与设计问题，即在已知系统结构和参数(被控系统数学模型)的基础上，寻求控制规律，以使系统具有某种期望的性能。一般来说，这种控制规律常取反馈形式。经典控制理论用调整开环增益及引入串联和反馈校正装置来配置闭环极点，以改善系统性能；而在状态空间的分析综合中，除了利用输出反馈以外，更主要的是利用状态反馈配置极点，它能提供更多的校正信息。由于状态反馈提取的状态变量通常不是在物理上都可测量，需要用可测量的输入、输出重新构造状态观测器得到状态估计值，因此，状态反馈与状态观测器的设计便构成了现代控制系统综合设计的主要内容。

5.1　反馈控制结构

反馈控制具有抑制扰动影响、改善系统性能的功能，在系统控制中应用最为广泛。由被控系统和反馈控制律构成闭环系统是自动控制系统最基本的结构。按照从反馈信号的来源分类，系统反馈主要有状态反馈和输出反馈两种基本形式。

5.1.1　状态反馈

设被控系统的动态方程为

$$\dot{\boldsymbol{x}} = \boldsymbol{A}\boldsymbol{x} + \boldsymbol{B}\boldsymbol{u}$$
$$\boldsymbol{y} = \boldsymbol{C}\boldsymbol{x} + \boldsymbol{D}\boldsymbol{u}$$

状态向量 $\boldsymbol{x}$ 通过待设计的状态反馈矩阵 $\boldsymbol{K}$，经负反馈至控制输入处，和参考输入 $\boldsymbol{V}$ 一起组成状态反馈控制律，因而有

$$\boldsymbol{u} = \boldsymbol{V} - \boldsymbol{K}\boldsymbol{x} \tag{5-1}$$

其中，$\boldsymbol{K}$ 为 $r\times n$ 型反馈增益矩阵；$\boldsymbol{V}$ 为 r 维输入向量。这就构成了状态反馈系统，其结构如图 5-1 所示。

由图 5-1 可知，状态反馈系统的动态方程为

$$\begin{cases}\dot{\boldsymbol{x}} = \boldsymbol{A}\boldsymbol{x} + \boldsymbol{B}\boldsymbol{u} = \boldsymbol{A}\boldsymbol{x} + \boldsymbol{B}(\boldsymbol{V} - \boldsymbol{K}\boldsymbol{x}) = (\boldsymbol{A} - \boldsymbol{B}\boldsymbol{K})\boldsymbol{x} + \boldsymbol{B}\boldsymbol{V} \\ \boldsymbol{y} = \boldsymbol{C}\boldsymbol{x} + \boldsymbol{D}\boldsymbol{u} = \boldsymbol{C}\boldsymbol{x} + \boldsymbol{D}(\boldsymbol{V} - \boldsymbol{K}\boldsymbol{x}) = (\boldsymbol{C} - \boldsymbol{D}\boldsymbol{K})\boldsymbol{x} + \boldsymbol{D}\boldsymbol{V}\end{cases} \tag{5-2}$$

式中，$(\boldsymbol{A}-\boldsymbol{B}\boldsymbol{K})$称为闭环状态阵，闭环特征多项式为$|\lambda\boldsymbol{I}-(\boldsymbol{A}-\boldsymbol{B}\boldsymbol{K})|$。显见状态反馈并不增加新的状态变量，只是改变了系数矩阵及其特征值，对输入矩阵 $\boldsymbol{B}$ 和直接传输矩阵 $\boldsymbol{D}$ 均无影响。

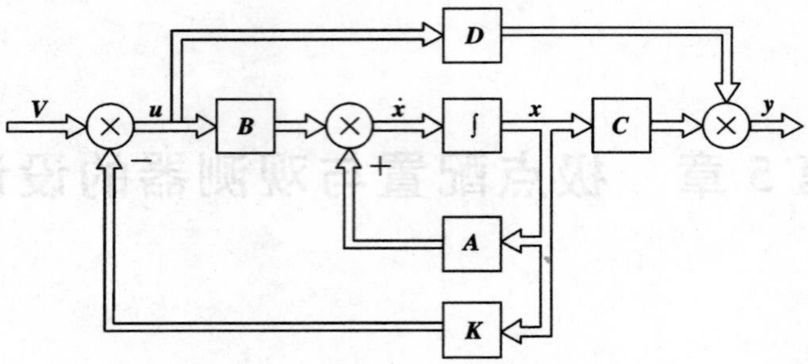

图 5-1 状态反馈系统的结构图

5.1.2 输出反馈

输出反馈是将被控系统的输出变量，按照线性反馈规律反馈到输入端，构成闭环系统。经典控制理论中所讨论的反馈就是这种反馈，其结构如图 5-2 所示。

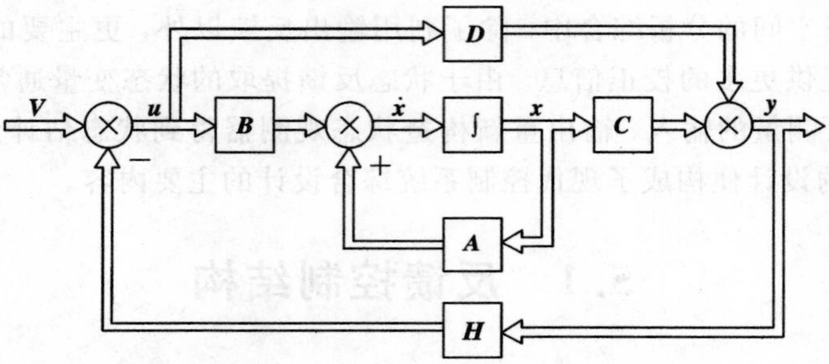

图 5-2 输出反馈系统的结构图

输出反馈系统动态方程为

$$\begin{cases} \dot{\boldsymbol{x}} = \boldsymbol{A}\boldsymbol{x} + \boldsymbol{B}(\boldsymbol{V} - \boldsymbol{H}\boldsymbol{y}) = [\boldsymbol{A} - \boldsymbol{B}\boldsymbol{H}(\boldsymbol{I} + \boldsymbol{D}\boldsymbol{H})^{-1}\boldsymbol{C}]\boldsymbol{x} + [\boldsymbol{B} - \boldsymbol{B}\boldsymbol{H}(\boldsymbol{I} + \boldsymbol{D}\boldsymbol{H})^{-1}\boldsymbol{D}]\boldsymbol{V} \\ \boldsymbol{y} = (\boldsymbol{I} + \boldsymbol{D}\boldsymbol{H})^{-1}\boldsymbol{C}\boldsymbol{x} + (\boldsymbol{I} + \boldsymbol{D}\boldsymbol{H})^{-1}\boldsymbol{D}\boldsymbol{V} \end{cases} \tag{5-3}$$

当 $\boldsymbol{D}=0$ 时，输出反馈系统动态方程为

$$\begin{cases} \dot{\boldsymbol{x}} = (\boldsymbol{A} - \boldsymbol{B}\boldsymbol{H}\boldsymbol{C})\boldsymbol{x} + \boldsymbol{B}\boldsymbol{V} \\ \boldsymbol{y} = \boldsymbol{C}\boldsymbol{x} \end{cases} \tag{5-4}$$

同样，输出反馈也可以通过适当选取输出反馈增益矩阵 $\boldsymbol{H}$ 来改变闭环系统特征值，从而改善系统的性能。

比较状态反馈和输出反馈两种控制律构成的闭环系统状态空间方程可见，当 $\boldsymbol{D}=0$ 时，只要取 $\boldsymbol{K}=\boldsymbol{H}\boldsymbol{C}$ 的状态反馈，即可达到与输出反馈相同的效果，即输出反馈只是状态反馈的一种特殊情况。

5.1.3 状态反馈系统的性质

引入状态反馈后，闭环系统的能控性和能观性相对于原被控系统来说是否发生了变化，是关系到能否实现状态控制和状态观测的重要问题。

定理 5-1　对于任何常值反馈矩阵 $\boldsymbol{K}$，状态反馈系统能控的充要条件是原系统能控。

证明：对于任意的 $\boldsymbol{K}$ 矩阵，均有

$$[\lambda \boldsymbol{I}-(\boldsymbol{A}-\boldsymbol{B}\boldsymbol{K}) \quad \boldsymbol{B}]=[\lambda \boldsymbol{I}-\boldsymbol{A} \quad \boldsymbol{B}]\begin{bmatrix}\boldsymbol{I} & 0\\ \boldsymbol{K} & \boldsymbol{I}\end{bmatrix}$$

式中，等号右边的矩阵 $\begin{bmatrix}\boldsymbol{I} & 0\\ \boldsymbol{K} & \boldsymbol{I}\end{bmatrix}$ 对任意常值矩阵 $\boldsymbol{K}$ 都是非奇异的。因此对任意的 λ 和 $\boldsymbol{K}$，均有

$$\operatorname{rank}[\lambda \boldsymbol{I}-(\boldsymbol{A}-\boldsymbol{B}\boldsymbol{K}) \quad \boldsymbol{B}]=\operatorname{rank}[\lambda \boldsymbol{I}-\boldsymbol{A} \quad \boldsymbol{B}] \tag{5-5}$$

式(5-5)说明，状态反馈不改变原系统的能控性。

但是，状态反馈可能改变系统的能观性。输出反馈不改变系统的能控性，也不改变系统的能观性。

5.2 系统的极点配置

控制系统的稳定性和动态性能主要取决于系统的闭环极点在根平面上的分布。因此在进行系统设计时，可以根据对系统性能的要求，规定系统的闭环极点应有的位置。

5.2.1 能控系统的极点配置

所谓极点配置，就是通过选择适当的反馈形式和反馈矩阵，使系统的闭环极点恰好配置在所希望的位置上，以获得所希望的动态性能。

定理 5-2　能用状态反馈任意配置系统闭环极点的充要条件是系统能控。

证明：这里仅对单输入系统进行证明。设单输入系统能控，通过 $\boldsymbol{x}=\boldsymbol{P}^{-1}\bar{\boldsymbol{x}}$，将状态方程化为能控标准形，有

$$\dot{\bar{\boldsymbol{x}}}=\begin{bmatrix}0 & 1 & 0 & \cdots & 0\\ 0 & 0 & 1 & \cdots & 0\\ \vdots & \vdots & \vdots & & \vdots\\ 0 & 0 & 0 & \cdots & 1\\ -a_0 & -a_1 & -a_2 & \cdots & -a_{n-1}\end{bmatrix}\bar{\boldsymbol{x}}+\begin{bmatrix}0\\0\\ \vdots\\0\\1\end{bmatrix}\boldsymbol{u} \tag{5-6}$$

$$\boldsymbol{y}=[\beta_0 \quad \beta_1 \quad \beta_2 \quad \cdots \quad \beta_{n-1}]\bar{\boldsymbol{x}}$$

对变换后的状态空间方程，引入状态反馈矩阵 $\bar{\boldsymbol{K}}$

$$\bar{\boldsymbol{K}}=[\bar{k}_0 \quad \bar{k}_1 \quad \cdots \quad \bar{k}_{n-1}] \tag{5-7}$$

$$\boldsymbol{u}=\boldsymbol{V}-\bar{\boldsymbol{K}}\bar{\boldsymbol{x}} \tag{5-8}$$

可求出引入状态反馈后状态空间方程为

$$\begin{cases}\dot{\bar{\boldsymbol{x}}}=(\bar{\boldsymbol{A}}-\bar{\boldsymbol{b}}\bar{\boldsymbol{K}})\bar{\boldsymbol{x}}+\bar{\boldsymbol{b}}\boldsymbol{V}\\ \boldsymbol{y}=\bar{\boldsymbol{C}}\bar{\boldsymbol{x}}\end{cases} \tag{5-9}$$

式中

$$\bar{A}-\bar{b}\bar{K}=\begin{bmatrix}0 & 1 & 0 & \cdots & 0\\ 0 & 0 & 1 & \cdots & 0\\ \vdots & \vdots & \vdots & & \vdots\\ 0 & 0 & 0 & \cdots & 1\\ -a_0-\bar{k}_0 & -a_1-\bar{k}_1 & -a_2-\bar{k}_2 & \cdots & -a_{n-1}-\bar{k}_{n-1}\end{bmatrix} \tag{5-10}$$

系统 $\Sigma(\bar{A}-\bar{b}\bar{K}, \bar{B}, \bar{C})$ 仍为能控标准形，故引入状态反馈后，系统能控性不变。其闭环特征方程为

$$\begin{aligned}\Delta_K(s)&=\det[s\boldsymbol{I}-(\bar{A}-\bar{b}\bar{K})]\\&=s^n+(a_{n-1}+\bar{k}_{n-1})s^{n-1}+(a_{n-2}+\bar{k}_{n-2})s^{n-2}+\cdots+(a_1+\bar{k}_1)s+(a_0+\bar{k}_0)\end{aligned} \tag{5-11}$$

于是，适当选择 $\bar{k}_0, \cdots, \bar{k}_{n-1}$，可满足特征方程中 n 个任意特征值的要求，因而闭环极点可任意配置。充分性得证。

再证必要性。设系统不能控，必有状态变量与输入 u 无关，不可能实现全状态反馈。于是不能控子系统的特征值不可能重新配置，传递函数不反映不能控部分的特性。必要性得证。

这里配置极点所用的状态反馈阵 $\bar{K}$ 可以通过状态反馈系统特征多项式与期望的特征多项式相比较来确定。设状态反馈系统希望的极点为 $s_1, s_2, \cdots, s_n$，其特征多项式记为

$$\Delta^*(s)=\prod_{i=1}^{n}(s-s_i)=s^n+a_{n-1}^*s^{n-1}+\cdots+a_1^*s+a_0^* \tag{5-12}$$

比较式(5-11)和式(5-12)，令 s 同次幂的系数相等，即得

$$\bar{K}=[a_0^*-a_0 \quad a_1^*-a_1 \quad a_2^*-a_2 \quad \cdots \quad a_{n-1}^*-a_{n-1}] \tag{5-13}$$

注意对应线性变换后能控标准形设计的 $\boldsymbol{K}$ 应换算回原状态空间中去。由于

$$\boldsymbol{u}=\boldsymbol{V}-\bar{K}\boldsymbol{x}=\boldsymbol{V}-\bar{K}\boldsymbol{P}\boldsymbol{x}=\boldsymbol{V}-\boldsymbol{K}\boldsymbol{x}$$

故

$$\boldsymbol{K}=\bar{K}\boldsymbol{P} \tag{5-14}$$

例 5-1 设系统状态方程为

$$\dot{\boldsymbol{x}}=\begin{bmatrix}0 & 1 & 0\\ 0 & 0 & 1\\ 0 & -2 & -3\end{bmatrix}\boldsymbol{x}+\begin{bmatrix}0\\0\\1\end{bmatrix}u$$

$$y=[10 \quad 0 \quad 0]\boldsymbol{x}$$

试用状态反馈使闭环极点配置在 -2，$-1\pm j$。

解：该系统状态方程为能控标准形，故系统能控。设状态反馈矩阵为 $\boldsymbol{K}=[k_0 \quad k_1 \quad k_2]$。

$$\boldsymbol{A}-\boldsymbol{b}\boldsymbol{K}=\begin{bmatrix}0 & 1 & 0\\ 0 & 0 & 1\\ 0 & -2 & -3\end{bmatrix}-\begin{bmatrix}0\\0\\1\end{bmatrix}[k_0 \quad k_1 \quad k_2]=\begin{bmatrix}0 & 1 & 0\\ 0 & 0 & 1\\ -k_0 & -2-k_1 & -3-k_2\end{bmatrix}$$

状态反馈系统特征方程为

$$|s\boldsymbol{I}-(\boldsymbol{A}-\boldsymbol{b}\boldsymbol{K})|=s^3+(3+k_2)s^2+(2+k_1)s+k_0=0$$

期望闭环极点对应的系统特征方程为

$$(s+2)(s+1-j)(s+1+j)=s^3+4s^2+6s+4=0$$

根据两特征方程同幂项系数应相同的原则，可得 $k_0=4$，$k_1=4$，$k_2=1$，即系统反馈阵 $\boldsymbol{K}=[4\quad 4\quad 1]$，它将系统闭环极点配置在 -2，$-1\pm\mathrm{j}$。

对于上述这种确定状态反馈阵 $\boldsymbol{K}$ 的方法，如果原系统不是能控标准形，必须先将系统方程变换为能控标准形，然后确定 $\boldsymbol{K}$ 阵。如果原系统阶数较低，则也可以不经过这一步，由待定系数法直接确定 $\boldsymbol{K}$ 阵。

例 5-2　设被控系统的状态方程为

$$\begin{bmatrix}\dot{x}_1\\ \dot{x}_2\end{bmatrix}=\begin{bmatrix}2 & 1\\ -1 & 1\end{bmatrix}\begin{bmatrix}x_1\\ x_2\end{bmatrix}+\begin{bmatrix}1\\ 2\end{bmatrix}u$$

试用状态反馈使闭环极点配置在 -1 和 -2 处。

解：因为

$$\operatorname{rank}[\boldsymbol{b}\quad \boldsymbol{Ab}]=\operatorname{rank}\begin{bmatrix}1 & 4\\ 2 & 1\end{bmatrix}=2=n$$

所以原系统是完全能控的，通过状态反馈可以实现任意的极点配置。设 $\boldsymbol{K}=[k_1\quad k_2]$，则状态反馈闭环系统的特征多项式为

$$\begin{aligned}|s\boldsymbol{I}-(\boldsymbol{A}-\boldsymbol{bK})| &= \begin{vmatrix}s-2+k_1 & -1+k_2\\ 1+2k_1 & s+2k_2-1\end{vmatrix}\\ &= s^2+(k_1+2k_2-3)s+(k_1-2)(2k_2-1)-(2k_1+1)(k_2-1)\end{aligned}$$

期望的特征多项式为

$$(s+1)(s+2)=s^2+3s+2$$

比较对应项系数，可得

$$\boldsymbol{K}=[k_1\quad k_2]=[4\quad 1]$$

经典控制中采用输出反馈方案，由于其可调参数有限，只能影响特征方程的部分系数，比如根轨迹法仅能在根轨迹上选择极点，它们往往做不到任意配置极点；而状态反馈的待选参数多，如果系统能控，特征方程的全部 n 个系数都可独立任意设置，这样便获得了任意配置闭环极点的效果。一般 $\boldsymbol{K}$ 阵元素越大，闭环极点离虚轴越远，频带越宽，响应速度越快，但稳态抗干扰能力越差。

例 5-3　设被控系统传递函数为

$$\frac{C(s)}{R(s)}=\frac{1}{s(s+6)(s+12)}=\frac{1}{s^3+18s^2+72s}$$

要求性能指标为：① 超调量 $\sigma\%\leqslant 5\%$；② 峰值时间 $t_p\leqslant 0.5$ s；③ 系统带宽 $\omega_b=10$；④ 位置误差 $e_p=0$。试用极点配置法进行综合。

解：(1) 原系统能控标准形动态方程为

$$\begin{bmatrix}\dot{x}_1\\ \dot{x}_2\\ \dot{x}_3\end{bmatrix}=\begin{bmatrix}0 & 1 & 0\\ 0 & 0 & 1\\ 0 & -72 & -18\end{bmatrix}\begin{bmatrix}x_1\\ x_2\\ x_3\end{bmatrix}+\begin{bmatrix}0\\ 0\\ 1\end{bmatrix}u$$

$$y=[1\quad 0\quad 0]\begin{bmatrix}x_1\\ x_2\\ x_3\end{bmatrix}$$

对应特征多项式为 s^3+18s^2+72s。

（2）根据技术指标确定希望极点。系统有三个极点，为方便起见，选一对主导极点 s_1，s_2，另外一个为可忽略影响的非主导极点。已知指标计算公式为

$$\begin{cases} \sigma\% = e^{-\frac{\pi\zeta}{\sqrt{1-\zeta^2}}} \\ t_p = \dfrac{\pi}{\omega_n\sqrt{1-\zeta^2}} \\ \omega_b = \omega_n\sqrt{1-2\zeta^2+\sqrt{2-4\zeta^2+4\zeta^4}} \end{cases}$$

式中，ζ 和 ω_n 分别为阻尼比和自然频率。将已知数据代入，从前两个指标可以分别求出 $\zeta\approx 0.707$；$\omega_n\approx 9.0$；代入带宽公式，可求得 $\omega_b\approx 9.0$；综合考虑响应速度和带宽要求，取 $\omega_n=10$。于是，闭环主导极点为 $s_{1,2}=-7.07\pm j7.07$，取非主导极点为 $s_3=-10\omega_n=-100$。

（3）确定状态反馈矩阵 $\boldsymbol{K}$。状态反馈系统的期望特征多项式为

$$|s\boldsymbol{I}-(\boldsymbol{A}-\boldsymbol{bK})| = (s+100)(s^2+14.1s+100) = s^3+114.1s^2+1510s+10\,000$$

由此，求得状态反馈矩阵为

$$\boldsymbol{K} = [10\,000-0 \quad 1510-72 \quad 114.1-18] = [10\,000 \quad 1438 \quad 96.1]$$

（4）确定输入放大系数。状态反馈系统闭环传递函数为

$$G_{yu}(s) = \frac{K_v}{(s+100)(s^2+14.1s+100)} = \frac{K_v}{s^3+114.1s^2+1510s+10\,000}$$

因为在单位阶跃输入情况下，有

$$e_p = \lim_{s\to 0} sE(s) = \lim_{s\to 0} s\frac{1}{s}G_{eu}(s) = \lim_{s\to 0}[1-G_{yu}(s)] = 0$$

所以 $\lim\limits_{s\to 0}G_{yu}(s)=1$，可以求出 $K_v=10\,000$。

5.2.2 镇定问题

镇定问题是一种特殊的闭环极点配置问题。可定义如下：

若被控系统通过状态反馈能使其闭环极点均具有负实部，即闭环系统渐进稳定，则称系统是状态反馈可镇定的。

显然，能控的非渐进稳定系统可通过状态反馈改变闭环极点，实现镇定。如果系统不能控，是否还可以镇定呢？基于状态反馈不改变系统能控性的认识，可得到如下定理：

定理 5-3 线性定常系统采用状态反馈可镇定的充要条件是其不能控子系统为渐进稳定系统。

对于能控系统，可直接用前面的极点配置方法实现系统镇定。对于满足可镇定条件的不能控系统，应先对系统作能控性结构分解，再对能控子系统进行极点配置，找到对应的反馈阵，最后再将其转换为原系统的状态反馈阵。

例 5-4 已知系统的状态方程为

$$\dot{\boldsymbol{x}} = \begin{bmatrix} 1 & 0 & 0 \\ 0 & 2 & 0 \\ 0 & 0 & -5 \end{bmatrix}\boldsymbol{x} + \begin{bmatrix} 1 \\ 1 \\ 0 \end{bmatrix}u$$

要求用状态反馈来镇定系统。

解：原系统为对角标准形，特征值分别为 1，2，−5。系统有两个特征值为正，故系统不稳定。同时由定理 3-2 可知，系统为不能控的。不能控子系统特征值为−5，符合可镇定条件。故原系统可用状态反馈实现镇定，镇定后极点设为 $s_{1,2}=-2\pm j2$。

能控子系统方程为

$$\dot{\boldsymbol{x}}_c=\boldsymbol{A}_c\boldsymbol{x}_c+\boldsymbol{b}_c\boldsymbol{u}=\begin{bmatrix}1&0\\0&2\end{bmatrix}\boldsymbol{x}_c+\begin{bmatrix}1\\1\end{bmatrix}u$$

引入状态反馈 $u=V-\boldsymbol{K}_c\boldsymbol{x}_c$，设 $\boldsymbol{K}_c=[k_1\quad k_2]$。

期望的特征多项式为

$$(s+2+j2)(s+2-j2)=s^2+4s+8$$

状态反馈系统特征方程为

$$|s\boldsymbol{I}-(\boldsymbol{A}_c-\boldsymbol{b}_c\boldsymbol{K}_c)|=s^2+(k_1+k_2-3)s+2-2k_1-k_2=0$$

比较对应项系数，可得

$$\boldsymbol{K}_c=[k_1\quad k_2]=[-13\quad 20]$$

特征值为−5 的系统无需配置，所以原系统的状态反馈阵可写为

$$\boldsymbol{K}=[\boldsymbol{K}_c\quad 0]=[-13\quad 20\quad 0]$$

5.3　解耦控制

解耦控制又称为一对一控制，是多输入多输出线性定常系统综合理论中的一项重要内容。

5.3.1　问题的提出

对于多输入多输出系统

$$\dot{\boldsymbol{x}}=\boldsymbol{A}\boldsymbol{x}+\boldsymbol{B}\boldsymbol{u}$$
$$\boldsymbol{y}=\boldsymbol{C}\boldsymbol{x}$$

在 $\boldsymbol{x}(0)=0$ 的条件下，输入与输出间的关系可用传递函数 $\boldsymbol{G}(s)$来描述，可写为

$$\boldsymbol{y}(s)=\boldsymbol{G}(s)\boldsymbol{u}(s)=\boldsymbol{C}(s\boldsymbol{I}-\boldsymbol{A})^{-1}\boldsymbol{B}\boldsymbol{u}(s)$$

即

$$\begin{aligned}y_1(s)&=g_{11}(s)u_1(s)+g_{12}(s)u_2(s)+\cdots+g_{1r}(s)u_r(s)\\y_2(s)&=g_{21}(s)u_1(s)+g_{22}(s)u_2(s)+\cdots+g_{2r}(s)u_r(s)\\&\vdots\\y_m(s)&=g_{m1}(s)u_1(s)+g_{m2}(s)u_2(s)+\cdots+g_{mr}(s)u_r(s)\end{aligned}\tag{5-15}$$

由式(5-15)可知，每一个输入控制着多个输出，而每一个输出又被多个输入所作用。我们称这种交互作用的现象为耦合。耦合关系的存在，往往使系统难于控制、性能很差。

所谓解耦控制系统，就是采用某种结构，寻找合适的控制规律来消除系统中各控制回路之间的相互耦合关系，使每一个输入只控制相应的一个输出，每一个输出又只受到一个输入的作用。分析多变量系统的耦合关系可以看出，控制回路之间的耦合关系是由于对象特性中的子传递函数 $g_{ij}(s)(i\neq j)$造成的。若

$$\boldsymbol{G}(s)=\begin{bmatrix} g_{11}(s) & & & \boldsymbol{0} \\ & g_{22}(s) & & \\ & & \ddots & \\ \boldsymbol{0} & & & g_{mm}(s) \end{bmatrix} \tag{5-16}$$

是一个非奇异对角形有理多项式矩阵，则该系统是解耦的。寻找消除耦合的办法实际就是使系统传递函数阵对角化，这样就在实际系统中消除了通道间的联系，将系统分解为多个独立的单输入单输出系统，实现了一对一的控制。解耦控制要求原系统输入与输出的维数要相同，反映在传递函数矩阵上就是$\boldsymbol{G}(s)$应是方阵，且非奇异。

常用的实现解耦控制的方法有串联解耦和状态解耦两种方法。

5.3.2 串联解耦

串联解耦系统的结构图如图5-3所示。

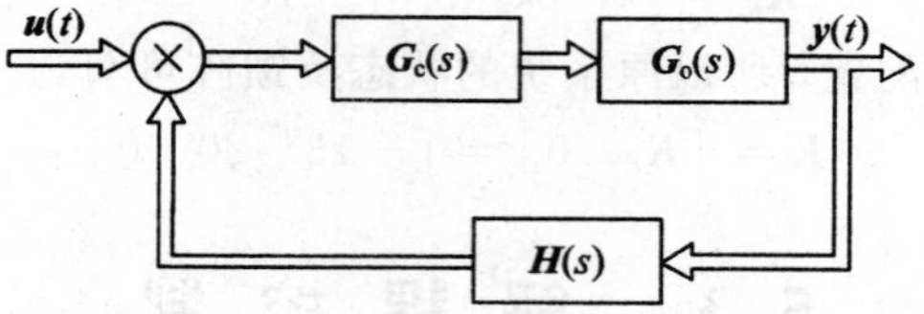

图5-3 串联解耦结构图

其中，$\boldsymbol{G}_o(s)$为受控对象的传递矩阵；$\boldsymbol{H}(s)$为输出反馈矩阵。由图5-3可知，串联解耦是一种比较简单的方法，只需在待解耦系统中串联一个前馈补偿器$\boldsymbol{G}_c(s)$，使串联组合系统的传递函数矩阵变为对角形的有理函数矩阵$\boldsymbol{G}(s)$即可。

设$\boldsymbol{G}_p(s)$为前向通道的传递矩阵，$\boldsymbol{G}_f(s)$为系统闭环传递矩阵。由图5-3可得

$$\boldsymbol{G}_f(s)=[\boldsymbol{I}+\boldsymbol{G}_p(s)\boldsymbol{H}(s)]^{-1}\boldsymbol{G}_p(s)=\boldsymbol{G}(s)$$

两边同时乘以$\boldsymbol{I}+\boldsymbol{G}_p(s)\boldsymbol{H}(s)$，并化简得

$$\boldsymbol{G}_p(s)=\boldsymbol{G}(s)[\boldsymbol{I}-\boldsymbol{H}(s)\boldsymbol{G}(s)]^{-1}$$

而

$$\boldsymbol{G}_p(s)=\boldsymbol{G}_o(s)\boldsymbol{G}_c(s)$$

因此串联补偿器的传递矩阵为

$$\boldsymbol{G}_c(s)=\boldsymbol{G}_o^{-1}(s)\boldsymbol{G}(s)[\boldsymbol{I}-\boldsymbol{H}(s)\boldsymbol{G}(s)]^{-1} \tag{5-17}$$

若是单位反馈，即$\boldsymbol{H}(s)=\boldsymbol{I}$，则

$$\boldsymbol{G}_c(s)=\boldsymbol{G}_o^{-1}(s)\boldsymbol{G}(s)[\boldsymbol{I}-\boldsymbol{G}(s)]^{-1} \tag{5-18}$$

一般情况下，只要$\boldsymbol{G}_o(s)$是非奇异的，系统就可以通过串联补偿器$\boldsymbol{G}_c(s)$来实现解耦控制。

例5-5 设某串联解耦系统受控对象传递函数矩阵$\boldsymbol{G}_o(s)$、反馈阵$\boldsymbol{H}(s)$、期望的闭环传递矩阵$\boldsymbol{G}(s)$分别为

$$\boldsymbol{G}_o(s)=\begin{bmatrix} \dfrac{1}{2s+1} & \dfrac{1}{s+1} \\ \dfrac{2}{2s+1} & \dfrac{1}{s+1} \end{bmatrix},\ \boldsymbol{H}(s)=\begin{bmatrix} 1 & 0 \\ 0 & 1 \end{bmatrix},\ \boldsymbol{G}(s)=\begin{bmatrix} \dfrac{1}{s+2} & 0 \\ 0 & \dfrac{1}{s+5} \end{bmatrix}$$

求串联补偿器 $G_c(s)$。

解：由式(5-18)得

$$G_c(s)=G_o^{-1}(s)G(s)[I-G(s)]^{-1}$$

$$=\begin{bmatrix}\frac{1}{2s+1} & \frac{1}{s+1}\\ \frac{2}{2s+1} & \frac{1}{s+1}\end{bmatrix}^{-1}\begin{bmatrix}\frac{1}{s+2} & 0\\ 0 & \frac{1}{s+5}\end{bmatrix}\begin{bmatrix}1-\frac{1}{s+2} & 0\\ 0 & 1-\frac{1}{s+5}\end{bmatrix}^{-1}$$

$$=\begin{bmatrix}-(2s+1) & (2s+1)\\ 2(s+1) & -(s+1)\end{bmatrix}\begin{bmatrix}\frac{1}{s+1} & 0\\ 0 & \frac{1}{s+4}\end{bmatrix}$$

$$=\begin{bmatrix}-\frac{2s+1}{s+1} & \frac{2s+1}{s+4}\\ 2 & -\frac{s+1}{s+4}\end{bmatrix}$$

5.3.3　状态解耦

利用状态反馈实现解耦控制，通常采用状态反馈加输入变换器的结构形式，如图 5-4 所示。其中 K 为状态反馈阵，L 为输入变换阵。

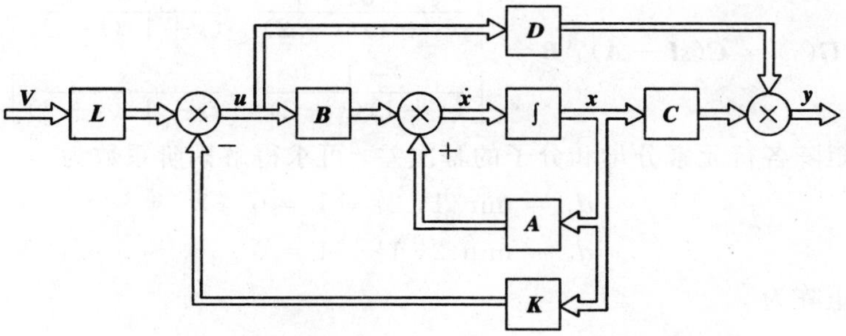

图 5-4　状态反馈实现解耦控制

由图 5-4 可知，状态解耦问题可描述为：对多输入多输出系统(设 $D=0$)，设计反馈解耦控制律

$$u=-Kx+LV \tag{5-19}$$

使得闭环系统

$$\begin{cases}\dot{x}=(A-BK)x+BLV\\ y=Cx\end{cases} \tag{5-20}$$

的传递函数矩阵

$$G_{KL}(s)=C(sI-A+BK)^{-1}BL \tag{5-21}$$

为对角形，即式(5-16)的形式。

定义两个特征量：

(1) 解耦阶系数：

$$d_i=\min\{G_i(s)\text{ 中各元素分母与分子多项式幂次之差}\}-1 \tag{5-22}$$

式中 $G_i(s)$ 为被控系统传递函数矩阵 $G(s)$ 中的第 i 个行向量。

(2) 可解耦性矩阵：

$$E = \begin{bmatrix} E_1 \\ E_2 \\ \vdots \\ E_m \end{bmatrix} \tag{5-23}$$

其中

$$E_i = \lim_{s\to\infty} s^{d_i+1} G_i(s) \tag{5-24}$$

定理 5-4 被控系统实现解耦控制的充分必要条件是可解耦性矩阵 E 为非奇异的。

例 5-6 已知系统状态空间方程为

$$\dot{x} = \begin{bmatrix} 0 & 0 & 0 \\ 0 & 0 & 1 \\ -1 & -2 & -3 \end{bmatrix} x + \begin{bmatrix} 1 & 0 \\ 0 & 0 \\ 0 & 1 \end{bmatrix} u$$

$$y = \begin{bmatrix} 1 & 1 & 0 \\ 0 & 0 & 1 \end{bmatrix} x$$

试判断该系统是否可通过状态反馈实现解耦控制。

解：先求出系统传递函数矩阵

$$G(s) = C(sI - A)^{-1}B = \begin{bmatrix} \dfrac{s^2+3s+1}{s(s+1)(s+2)} & \dfrac{1}{(s+1)(s+2)} \\ \dfrac{-1}{(s+1)(s+2)} & \dfrac{s}{(s+1)(s+2)} \end{bmatrix}$$

比较传递函数矩阵各行元素分母和分子的幂次差，可求得解耦阶系数为

$$d_1 = \min\{1, 2\} - 1 = 0$$

$$d_2 = \min\{2, 1\} - 1 = 0$$

系统可解耦性矩阵为

$$E = \begin{bmatrix} E_1 \\ E_2 \end{bmatrix} = \begin{bmatrix} \lim\limits_{s\to\infty} s^{d_1+1} G_1(s) \\ \lim\limits_{s\to\infty} s^{d_2+1} G_2(s) \end{bmatrix} = \lim_{s\to\infty} s \begin{bmatrix} \dfrac{s^2+3s+1}{s(s+1)(s+2)} & \dfrac{1}{(s+1)(s+2)} \\ \dfrac{-1}{(s+1)(s+2)} & \dfrac{s}{(s+1)(s+2)} \end{bmatrix} = \begin{bmatrix} 1 & 0 \\ 0 & 1 \end{bmatrix}$$

很明显，矩阵 E 是非奇异的，系统可以实现状态解耦。

如果系统满足定理 5-4，那么如何选取状态反馈解耦控制的矩阵 K 和 L 呢？有如下定理：

定理 5-5 如果系统满足解耦条件，可采用状态反馈 $u=-Kx+LV$ 来实现状态解耦。这时可选取

$$L = E^{-1} \tag{5-25}$$

$$K = E^{-1} \begin{bmatrix} C_1 A^{d_1+1} \\ C_2 A^{d_2+1} \\ \vdots \\ C_m A^{d_m+1} \end{bmatrix} \tag{5-26}$$

使状态解耦系统的闭环传递矩阵 $G_{KL}(s)$ 变换为

$$G_{KL}(s)=\begin{bmatrix}\frac{1}{s^{d_1+1}} & & & \mathbf{0}\\ & \frac{1}{s^{d_2+1}} & & \\ & & \ddots & \\ \mathbf{0} & & & \frac{1}{s^{d_m+1}}\end{bmatrix} \tag{5-27}$$

式(5-26)中 C_i 为输出矩阵 C 中的第 i 个行向量。该定理的证明比较复杂，此处从略。

由式(5-27)可以看出，解耦后系统实现了一对一控制，并且每个输入与相应的输出之间都是积分关系。因此称上述形式的解耦控制为积分型解耦。

例 5-7　已知系统的状态空间方程为

$$\dot{x}=\begin{bmatrix}-\frac{1}{2} & 0\\ 0 & -1\end{bmatrix}x+\begin{bmatrix}\frac{1}{2} & 0\\ 0 & 1\end{bmatrix}u$$

$$y=\begin{bmatrix}1 & 1\\ 2 & 1\end{bmatrix}x$$

试用状态反馈实现系统解耦。

解：系统传递函数为

$$G(s)=C(sI-A)^{-1}B=\begin{bmatrix}\frac{1}{2s+1} & \frac{1}{s+1}\\ \frac{2}{2s+1} & \frac{1}{s+1}\end{bmatrix}$$

所以有 $d_1=0$，$d_2=0$。对应系统可解耦性矩阵为

$$E=\begin{bmatrix}E_1\\ E_2\end{bmatrix}=\begin{bmatrix}\lim\limits_{s\to\infty}s^{d_1+1}G_1(s)\\ \lim\limits_{s\to\infty}s^{d_2+1}G_2(s)\end{bmatrix}=\begin{bmatrix}\lim\limits_{s\to\infty}s\begin{bmatrix}\frac{1}{2s+1} & \frac{1}{s+1}\end{bmatrix}\\ \lim\limits_{s\to\infty}s\begin{bmatrix}\frac{2}{2s+1} & \frac{1}{s+1}\end{bmatrix}\end{bmatrix}=\begin{bmatrix}\frac{1}{2} & 1\\ 1 & 1\end{bmatrix}$$

$$\det E=\begin{vmatrix}\frac{1}{2} & 1\\ 1 & 1\end{vmatrix}=-\frac{1}{2}\neq 0$$

满足状态反馈解耦控制的充要条件。所以

$$L=E^{-1}=\begin{bmatrix}\frac{1}{2} & 1\\ 1 & 1\end{bmatrix}^{-1}=\begin{bmatrix}-2 & 2\\ 2 & -1\end{bmatrix}$$

$$K=E^{-1}\cdot\begin{bmatrix}C_1A^{d_1+1}\\ C_2A^{d_2+1}\end{bmatrix}=E^{-1}\begin{bmatrix}C_1A\\ C_2A\end{bmatrix}=\begin{bmatrix}-2 & 2\\ 2 & -1\end{bmatrix}\begin{bmatrix}-\frac{1}{2} & -1\\ -1 & -1\end{bmatrix}=\begin{bmatrix}-1 & 0\\ 0 & -1\end{bmatrix}$$

解耦后的闭环传递函数为

$$G_{KL}(s)=\begin{bmatrix}\frac{1}{s^{d_1+1}} & 0\\ 0 & \frac{1}{s^{d_2+1}}\end{bmatrix}=\begin{bmatrix}\frac{1}{s} & 0\\ 0 & \frac{1}{s}\end{bmatrix}$$

对应闭环系统状态空间方程为

$$\dot{x} = (A - BK)x + BLV = \begin{bmatrix} 0 & 0 \\ 0 & 0 \end{bmatrix} x + \begin{bmatrix} -1 & 1 \\ 2 & -1 \end{bmatrix} V$$

$$y = Cx = \begin{bmatrix} 1 & 1 \\ 2 & 1 \end{bmatrix} x$$

由于积分型解耦将系统极点配置到了原点处，实际上不满足渐进稳定的要求，故在实际中不能使用，还需要进一步改善控制律，使极点配置到 s 平面希望的位置上。下面介绍可解耦系统是能控且能观情况下，通过状态反馈任意配置解耦系统极点的方法。

定理 5-6 若系统可用状态反馈解耦，且

$$d_1 + d_2 + \cdots + d_m + m = n \tag{5-28}$$

则采用状态反馈

$$L = E^{-1},\ K = E^{-1} \begin{bmatrix} C_1(A^{d_1+1} + k_{1d_1}A^{d_1} + k_1 d_{1-1} A^{d_1-1} \cdots + k_{11}A + k_{10}I) \\ C_2(A^{d_2+1} + k_{2d_2}A^{d_2} + k_2 d_{2-1} A^{d_2-1} \cdots + k_{21}A + k_{20}I) \\ \vdots \\ C_m(A^{d_m+1} + k_{md_m}A^{d_m} + k_{md_m-1} A^{d_m-1} \cdots + k_{m1}A + k_{m0}I) \end{bmatrix} \tag{5-29}$$

可以将闭环传递函数矩阵对角化为

$$G(s) = \mathrm{diag}\left[\cdots \frac{1}{s^{d_i+1} + k_{id_i}s^{d_i} + k_{id_i-1}s^{d_i-1} + \cdots + k_{i1}s + k_{i0}} \cdots\right] \tag{5-30}$$

式(5-29)和式(5-30)的参数 k_{ij} 彼此对应，用来对闭环传递函数矩阵的对角元素进行极点配置。

例 5-8 已知系统的状态空间方程为

$$\dot{x} = \begin{bmatrix} 2 & 0 & 1 \\ 0 & 3 & 1 \\ 1 & 2 & 1 \end{bmatrix} x + \begin{bmatrix} 0 & -1 \\ 1 & 1 \\ 0 & 1 \end{bmatrix} u$$

$$y = \begin{bmatrix} 1 & 0 & 0 \\ 1 & 0 & 1 \end{bmatrix} x$$

试用状态反馈实现系统解耦，使解耦后闭环传递函数为

$$G(s) = \begin{bmatrix} \dfrac{1}{s+1} & 0 \\ 0 & \dfrac{1}{s^2+3s+1} \end{bmatrix}$$

解：原系统闭环传递函数为

$$G_f(s) = \frac{\begin{bmatrix} 2 & -s^2+5s-2 \\ 2s-2 & s+3 \end{bmatrix}}{s^3 - 6s^2 + 8s + 1}$$

由传递函数可知 $d_1 = 0$，$d_2 = 1$。对应系统可解耦性矩阵为

$$E = \begin{bmatrix} E_1 \\ E_2 \end{bmatrix} = \begin{bmatrix} \lim\limits_{s\to\infty} s^{d_1+1} G_1(s) \\ \lim\limits_{s\to\infty} s^{d_2+1} G_2(s) \end{bmatrix} = \begin{Bmatrix} \lim\limits_{s\to\infty} s \dfrac{[2 \quad -s^2+5s-2]}{s^3-6s^2+8s+1} \\ \lim\limits_{s\to\infty} s^2 \dfrac{[2s-2 \quad s+3]}{s^3-6s^2+8s+1} \end{Bmatrix} = \begin{bmatrix} 0 & -1 \\ 2 & 1 \end{bmatrix}$$

$$\det \boldsymbol{E} = \begin{bmatrix} 0 & -1 \\ 2 & 1 \end{bmatrix} = 2 \neq 0$$

满足状态反馈解耦控制的充要条件，且 $d_1 + d_2 + m = 0 + 1 + 2 = 3 = n$

由定理 5－6 知，$k_{11} = 1$，$k_{10} = 1$；$k_{22} = 1$，$k_{21} = 3$，$k_{20} = 1$，代入公式(5－29)得

$$\boldsymbol{L} = \boldsymbol{E}^{-1} = \begin{bmatrix} 0 & -1 \\ 2 & 1 \end{bmatrix}^{-1} = \frac{1}{2}\begin{bmatrix} 1 & 1 \\ -2 & 0 \end{bmatrix}$$

$$\boldsymbol{K} = \boldsymbol{E}^{-1}\begin{bmatrix} \boldsymbol{C}_1(\boldsymbol{A}+\boldsymbol{I}) \\ \boldsymbol{C}_2(\boldsymbol{A}^2+3\boldsymbol{A}+\boldsymbol{I}) \end{bmatrix} = \frac{1}{2}\begin{bmatrix} 1 & 1 \\ -2 & 0 \end{bmatrix}\begin{bmatrix} 3 & 0 & 1 \\ 18 & 16 & 14 \end{bmatrix} = \begin{bmatrix} 10.5 & 8 & 7.5 \\ -3 & 0 & -1 \end{bmatrix}$$

5.4　观测器及其设计方法

对于线性定常系统，在一定的条件下，可以通过状态反馈实现任意的极点配置，但前提是状态变量必须能直接测量到。这就给状态反馈的实现带来了困难。因此人们想到了通过系统的可测量参量(输入量和输出量)来重构估计状态的方法。在一定指标下该重构状态和系统真实状态等价。实现状态重构的系统称为状态观测器。本节讲述在确定性控制条件下系统状态观测器的设计原理与方法。

5.4.1　观测器的设计思路

考虑如下线性定常系统

$$\begin{cases} \dot{\boldsymbol{x}} = \boldsymbol{A}\boldsymbol{x} + \boldsymbol{B}\boldsymbol{u} \\ \boldsymbol{y} = \boldsymbol{C}\boldsymbol{x} \end{cases} \tag{5-31}$$

解决系统状态重构问题的直观想法就是按原系统的结构，构造一个完全相同的系统。由于该系统是人为构造的，因此这个系统的状态变量是全部可以测量的。于是得到如下系统方程：

$$\begin{cases} \dot{\hat{\boldsymbol{x}}} = \boldsymbol{A}\hat{\boldsymbol{x}} + \boldsymbol{B}\boldsymbol{u} \\ \hat{\boldsymbol{y}} = \boldsymbol{C}\hat{\boldsymbol{x}} \end{cases} \tag{5-32}$$

式(5－32)中的 $\hat{\boldsymbol{x}}$ 称为原系统的重构状态，也即是式(5－31)中 $\boldsymbol{x}$ 的估计值。

用式(5－31)减去式(5－32)，可得到

$$\begin{cases} \dot{\boldsymbol{x}} - \dot{\hat{\boldsymbol{x}}} = \boldsymbol{A}(\boldsymbol{x} - \hat{\boldsymbol{x}}) \\ \boldsymbol{y} - \hat{\boldsymbol{y}} = \boldsymbol{C}(\boldsymbol{x} - \hat{\boldsymbol{x}}) \end{cases} \tag{5-33}$$

其解为

$$\boldsymbol{x} - \hat{\boldsymbol{x}} = \mathrm{e}^{\boldsymbol{A}t}[\boldsymbol{x}(0) - \hat{\boldsymbol{x}}(0)] \tag{5-34}$$

当 $\boldsymbol{x}(0) = \hat{\boldsymbol{x}}(0)$ 时，有 $\hat{\boldsymbol{x}} = \boldsymbol{x}$，于是可用 $\hat{\boldsymbol{x}}$ 作为状态反馈信息。但是，被控对象的初始状态一般不可能知道，模拟系统状态初值只能预估值，因而两个系统的初始状态总有差异，即使两个系统的 $\boldsymbol{A}$、$\boldsymbol{B}$、$\boldsymbol{C}$ 矩阵完全一样，估计状态与实际状态也必然存在误差，用 $\hat{\boldsymbol{x}}$ 代替 $\boldsymbol{x}$，难以实现真正的状态反馈。但是 $\hat{\boldsymbol{x}} - \boldsymbol{x}$ 的存在必导致 $\hat{\boldsymbol{y}} - \boldsymbol{y}$ 的存在，如果利用 $\hat{\boldsymbol{y}} - \boldsymbol{y}$，并

负反馈至 $\dot{\hat{x}}$ 处，控制 $\hat{y}-y$ 尽快衰减至零，从而使 $\hat{x}-x$ 也尽快衰减至零，便可以利用 $\hat{x}$ 来形成状态反馈。按以上原理构成状态观测器并实现状态反馈的方案如图 5-5 所示。状态观测器有两个输入即 u 和 y，其输出为 $\hat{x}$。G 为状态观测器输出反馈矩阵，目的是配置状态观测器极点，提高其动态性能，使 $\hat{x}-x$ 尽快逼近零。

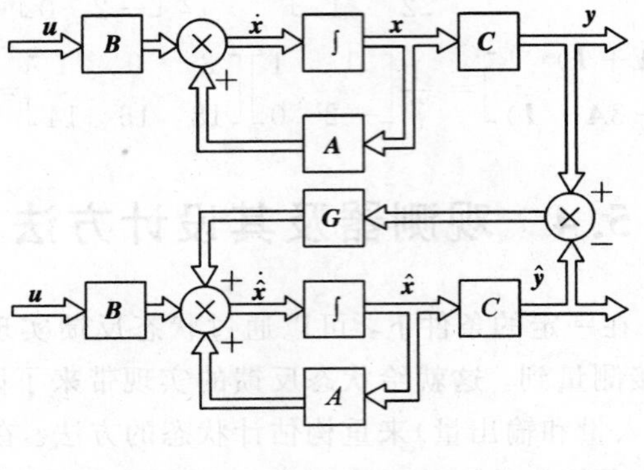

图 5-5　状态观测器的结构图

由图 5-5 可得到状态观测器的状态方程为

$$\dot{\hat{x}} = A\hat{x} + G(y - \hat{y}) + Bu = (A - GC)\hat{x} + Bu + Gy \tag{5-35}$$

所以状态估计的误差为

$$\dot{x} - \dot{\hat{x}} = (A - GC)(x - \hat{x}) \tag{5-36}$$

该方程的解为

$$x - \hat{x} = e^{(A-GC)t}[x(0) - \hat{x}(0)]$$

显然只要选择观测器的系数矩阵$(A-GC)$的特征值，使之均具有负实部，就可以使状态估计 $\hat{x}$ 逐渐逼近状态的真实值 x，即$\lim\limits_{t\to\infty}(x-\hat{x})=0$。

通过上述讨论可知，实现系统状态重构，关键在于 G 阵的存在和适当的选择。那在什么条件下，观测器的极点才可以任意配置呢？

定理 5-7　若被控系统(A, B, C)可观测，则可用式(5-35)的全维观测器来给出状态估值。观测器输出反馈矩阵 G 可按极点配置的需要来设计，以决定状态估计误差衰减的速率。

该定理可以由对偶原理来证明。它表明若原系统能观测，则其状态可用图 5-5 中的闭环状态观测器给出估计值，且其中输出偏差反馈增益矩阵 G 按使观测器系统矩阵$(A-GC)$具有任意所期望特征值的需要选择，以使观测误差以期望的收敛速率趋于零。实际选择矩阵 G 参数时，既要防止状态反馈失真，又要防止数值过大导致饱和效应和噪声加剧等。通常希望观测器的响应速度比状态反馈系统的响应速度快 2～5 倍为好。

5.4.2　全维状态观测器的设计

状态观测器根据其维数的不同可分为两类。一类是观测器的维数与被控系统的维数 n 相同，称为全维状态观测器。前面构造的观测器，就是全维状态观测器。其设计方法类似于状态反馈极点配置问题。

现以单输入单输出系统为例说明状态观测器特征值的配置方法与步骤。

(1) 设单输入系统能观，通过 $\boldsymbol{x}=\boldsymbol{P}^{-1}\bar{\boldsymbol{x}}$，将状态方程化为能观标准形。有

$$\dot{\bar{\boldsymbol{x}}}=\begin{bmatrix}0 & 0 & \cdots & 0 & -a_0\\ 1 & 0 & \cdots & 0 & -a_1\\ 0 & 1 & \cdots & 0 & -a_2\\ \vdots & \vdots & & \vdots & \vdots\\ 0 & 0 & \cdots & 1 & -a_{n-1}\end{bmatrix}\bar{\boldsymbol{x}}+\begin{bmatrix}\beta_0\\ \beta_1\\ \beta_2\\ \vdots\\ \beta_{n-1}\end{bmatrix}u \tag{5-37}$$

$$y=[0\quad 0\quad \cdots\quad 0\quad 1]\bar{\boldsymbol{x}}$$

线性变换阵 $\boldsymbol{P}$ 可以由第 3 章式(3-30)求出。

(2) 构造状态观测器。

$$\dot{\bar{\boldsymbol{x}}}=(\bar{\boldsymbol{A}}-\bar{\boldsymbol{G}}\bar{\boldsymbol{C}})\bar{\boldsymbol{x}}+\bar{\boldsymbol{b}}u+\bar{\boldsymbol{G}}y \tag{5-38}$$

令 $\bar{\boldsymbol{G}}=[\bar{g}_0\quad \bar{g}_1\quad \cdots\quad \bar{g}_{n-1}]^{\mathrm{T}}$，得到

$$\bar{\boldsymbol{A}}-\bar{\boldsymbol{G}}\bar{\boldsymbol{C}}=\begin{bmatrix}0 & 0 & \cdots & 0 & -a_0-\bar{g}_0\\ 1 & 0 & \cdots & 0 & -a_1-\bar{g}_1\\ 0 & 1 & \cdots & 0 & -a_2-\bar{g}_2\\ \vdots & \vdots & & \vdots & \vdots\\ 0 & 0 & \cdots & 1 & -a_{n-1}-\bar{g}_{n-1}\end{bmatrix} \tag{5-39}$$

其闭环特征方程为

$$|s\boldsymbol{I}-(\bar{\boldsymbol{A}}-\bar{\boldsymbol{G}}\bar{\boldsymbol{C}})|=s^n+(a_{n-1}+\bar{g}_{n-1})s^{n-1}+\cdots+(a_1+\bar{g}_1)s+(a_0+\bar{g}_0)=0 \tag{5-40}$$

设状态观测器期望的极点为 s_1，s_2，…，s_n，其特征多项式记为

$$\Delta_K^*(s)=\prod_{i=1}^{n}(s-s_i)=s^n+a_{n-1}^*s^{n-1}+\cdots+a_1^*s+a_0^* \tag{5-41}$$

令 s 同次幂的系数相等，即得

$$\bar{\boldsymbol{G}}=[a_0^*-a_0\quad a_1^*-a_1\quad a_2^*-a_2\quad \cdots\quad a_{n-1}^*-a_{n-1}]^{\mathrm{T}} \tag{5-42}$$

(3) 令 $\boldsymbol{G}=\boldsymbol{P}^{-1}\bar{\boldsymbol{G}}$，代入式(5-38)中就得到系统的状态观测器。

例 5-9　给定系统的状态空间方程为

$$\dot{\boldsymbol{x}}=\begin{bmatrix}1 & 0 & 0\\ 0 & 2 & 1\\ 0 & 0 & 2\end{bmatrix}\boldsymbol{x}+\begin{bmatrix}1\\ 0\\ 1\end{bmatrix}u$$

$$y=[1\quad 1\quad 0]\boldsymbol{x}$$

设计一个具有特征值为−3，−4，−5 的全维状态观测器。

解：原系统特征多项式为

$$\Delta(s)=\det(s\boldsymbol{I}-\boldsymbol{A})=\begin{vmatrix}s-1 & 0 & 0\\ 0 & s-2 & -1\\ 0 & 0 & s-2\end{vmatrix}=s^3-5s^2+8s-4$$

观测器的期望特征多项式为

$$\Delta^*(s) = (s+3)(s+4)(s+5) = s^3 + 12s^2 + 47s + 60$$

所以有

$$\bar{\boldsymbol{G}} = [a_0^* - a_0 \quad a_1^* - a_1 \quad a_2^* - a_2]^{\mathrm{T}} = [64 \quad 39 \quad 17]^{\mathrm{T}}$$

线性变换阵

$$\boldsymbol{P} = \begin{bmatrix} a_1 & a_2 & 1 \\ a_2 & 1 & 0 \\ 1 & 0 & 0 \end{bmatrix} \begin{bmatrix} \boldsymbol{C} \\ \boldsymbol{CA} \\ \boldsymbol{CA}^2 \end{bmatrix} = \begin{bmatrix} 8 & -5 & 1 \\ -5 & 1 & 0 \\ 1 & 0 & 0 \end{bmatrix} \begin{bmatrix} 1 & 1 & 0 \\ 1 & 2 & 1 \\ 2 & 4 & 4 \end{bmatrix} = \begin{bmatrix} 5 & 2 & -1 \\ -4 & -3 & 1 \\ 1 & 1 & 0 \end{bmatrix}$$

$$\boldsymbol{P}^{-1} = \frac{1}{2} \begin{bmatrix} 1 & 1 & 1 \\ -1 & -1 & 1 \\ 1 & 3 & 7 \end{bmatrix}$$

原系统对应 $\boldsymbol{G}$ 阵为

$$\boldsymbol{G} = \boldsymbol{P}^{-1}\bar{\boldsymbol{G}} = \frac{1}{2} \begin{bmatrix} 1 & 1 & 1 \\ -1 & -1 & 1 \\ 1 & 3 & 7 \end{bmatrix} \begin{bmatrix} 64 \\ 39 \\ 17 \end{bmatrix} = \begin{bmatrix} 60 \\ -43 \\ 150 \end{bmatrix}$$

状态观测器的状态方程为

$$\dot{\hat{\boldsymbol{x}}} = (\boldsymbol{A} - \boldsymbol{GC})\hat{\boldsymbol{x}} + \boldsymbol{b}u + \boldsymbol{G}y = \begin{bmatrix} -59 & -60 & 0 \\ 43 & 45 & 1 \\ 150 & -150 & 2 \end{bmatrix} \hat{\boldsymbol{x}} + \begin{bmatrix} 1 \\ 0 \\ 1 \end{bmatrix} u + \begin{bmatrix} 60 \\ -43 \\ 150 \end{bmatrix} y$$

对于比较简单的控制系统，状态观测器可以采用待定系数法直接计算，不必经过转换能观标准形这一步骤。

例 5-10 设被控对象传递函数为$\dfrac{C(s)}{R(s)} = \dfrac{2}{(s+1)(s+2)}$，试设计全维状态观测器，将其极点配置在$-10$，$-10$。

解：该单输入单输出系统传递函数无零极点对消，故系统能控且能观。若写出其能控标准形，则有

$$\dot{\boldsymbol{x}} = \begin{bmatrix} 0 & 1 \\ -2 & -3 \end{bmatrix} \boldsymbol{x} + \begin{bmatrix} 0 \\ 1 \end{bmatrix} u$$

$$y = [2 \quad 0]\boldsymbol{x}$$

设反馈阵 $\boldsymbol{G} = [g_0 \quad g_1]^{\mathrm{T}}$。全维观测器的系统矩阵为

$$\boldsymbol{A} - \boldsymbol{GC} = \begin{bmatrix} 0 & 1 \\ -2 & -3 \end{bmatrix} - \begin{bmatrix} g_0 \\ g_1 \end{bmatrix} [2 \quad 0] = \begin{bmatrix} -2g_0 & 1 \\ -2-2g_1 & -3 \end{bmatrix}$$

观测器的特征方程为

$$| s\boldsymbol{I} - (\boldsymbol{A} - \boldsymbol{GC}) | = s^2 + (2g_0 + 3)s + (6g_0 + 2g_1 + 2) = 0$$

期望特征方程为

$$(s+10)^2 = s^2 + 20s + 100 = 0$$

由特征方程同幂系数相等可得 $g_0 = 8.5$，$g_1 = 23.5$。

5.4.3 降维状态观测器的设计

实际应用中，由于被控系统的输出量总是可以测量到的，因此可以利用系统的输出直

接产生部分状态变量。这样所需估计的状态变量的个数就可以减少，从而降低观测器的维数，简化观测器的结构。若状态观测器的维数小于被控系统的维数，就称之为降维状态观测器。若输出 m 维，则需要观测的状态为 $n-m$ 维。

已知 n 维系统($\boldsymbol{A}$，$\boldsymbol{B}$，$\boldsymbol{C}$)完全能观，设

$$\boldsymbol{C} = [\boldsymbol{C}_1 \quad \boldsymbol{C}_2]_{m\times n}$$

其中 $\boldsymbol{C}_1$ 为 $m\times m$ 维，$\boldsymbol{C}_2$ 为 $m\times(n-m)$维。令 $\boldsymbol{x}=\boldsymbol{P}^{-1}\bar{\boldsymbol{x}}$，

$$\boldsymbol{P}^{-1} = \begin{bmatrix} \boldsymbol{C}_1 & \boldsymbol{C}_2 \\ 0 & \boldsymbol{I}_{n-m} \end{bmatrix}^{-1} = \begin{bmatrix} \boldsymbol{C}_1^{-1} & -\boldsymbol{C}_1^{-1}\boldsymbol{C}_2 \\ 0 & \boldsymbol{I}_{n-m} \end{bmatrix} \tag{5-43}$$

作线性变换 $\bar{\boldsymbol{A}}=\boldsymbol{PAP}^{-1}$，$\bar{\boldsymbol{B}}=\boldsymbol{PB}$，$\bar{\boldsymbol{C}}=\boldsymbol{CP}^{-1}$，将原系统方程化为如下形式：

$$\begin{cases} \begin{bmatrix} \dot{\bar{\boldsymbol{x}}}_1 \\ \dot{\bar{\boldsymbol{x}}}_2 \end{bmatrix} = \begin{bmatrix} \bar{\boldsymbol{A}}_{11} & \bar{\boldsymbol{A}}_{12} \\ \bar{\boldsymbol{A}}_{21} & \bar{\boldsymbol{A}}_{22} \end{bmatrix} \begin{bmatrix} \bar{\boldsymbol{x}}_1 \\ \bar{\boldsymbol{x}}_2 \end{bmatrix} + \begin{bmatrix} \bar{\boldsymbol{B}}_1 \\ \bar{\boldsymbol{B}}_2 \end{bmatrix} \boldsymbol{u} \\ \boldsymbol{y} = [\boldsymbol{I}_m \quad 0] \begin{bmatrix} \bar{\boldsymbol{x}}_1 \\ \bar{\boldsymbol{x}}_2 \end{bmatrix} \end{cases} \tag{5-44}$$

或写作

$$\begin{cases} \dot{\bar{\boldsymbol{x}}}_1 = \bar{\boldsymbol{A}}_{11}\bar{\boldsymbol{x}}_1 + \bar{\boldsymbol{A}}_{12}\bar{\boldsymbol{x}}_2 + \bar{\boldsymbol{B}}_1\boldsymbol{u} \\ \dot{\bar{\boldsymbol{x}}}_2 = \bar{\boldsymbol{A}}_{21}\bar{\boldsymbol{x}}_1 + \bar{\boldsymbol{A}}_{22}\bar{\boldsymbol{x}}_2 + \bar{\boldsymbol{B}}_2\boldsymbol{u} \\ \boldsymbol{y} = \bar{\boldsymbol{x}}_1 \end{cases} \tag{5-45}$$

从式(5-44)、式(5-45)可知，输入 $\bar{\boldsymbol{x}}_1$ 可直接由输出 $\boldsymbol{y}$ 获得，不必通过观测器。因此状态估计问题就简化为对剩下的 $n-m$ 维状态 $\bar{\boldsymbol{x}}_2$ 进行估计。

因为 $\boldsymbol{y}=\bar{\boldsymbol{x}}_1$，式(5-45)可改写成

$$\begin{cases} \dot{\boldsymbol{y}} = \bar{\boldsymbol{A}}_{11}\boldsymbol{y} + \bar{\boldsymbol{A}}_{12}\bar{\boldsymbol{x}}_2 + \bar{\boldsymbol{B}}_1\boldsymbol{u} \\ \dot{\bar{\boldsymbol{x}}}_2 = \bar{\boldsymbol{A}}_{21}\boldsymbol{y} + \bar{\boldsymbol{A}}_{22}\bar{\boldsymbol{x}}_2 + \bar{\boldsymbol{B}}_2\boldsymbol{u} \end{cases} \tag{5-46}$$

令 $\bar{\boldsymbol{u}}=\bar{\boldsymbol{A}}_{21}\boldsymbol{y}+\bar{\boldsymbol{B}}_2\boldsymbol{u}$，$\boldsymbol{w}=\dot{\boldsymbol{y}}-\bar{\boldsymbol{A}}_{11}\boldsymbol{y}-\bar{\boldsymbol{B}}_1\boldsymbol{u}$，则有

$$\begin{cases} \dot{\bar{\boldsymbol{x}}}_2 = \bar{\boldsymbol{A}}_{22}\bar{\boldsymbol{x}}_2 + \bar{\boldsymbol{u}} \\ \boldsymbol{w} = \bar{\boldsymbol{A}}_{12}\bar{\boldsymbol{x}}_2 \end{cases} \tag{5-47}$$

式(5-47)是 $n-m$ 维子系统，输入为 $\bar{\boldsymbol{u}}$，输出为 $\boldsymbol{w}$。由于原系统是完全能观的，所以该子系统也完全能观，可构造该子系统的状态观测器为

$$\dot{\hat{\bar{\boldsymbol{x}}}}_2 = (\bar{\boldsymbol{A}}_{22} - \bar{\boldsymbol{G}}\bar{\boldsymbol{A}}_{12})\hat{\bar{\boldsymbol{x}}}_2 + \bar{\boldsymbol{u}} + \bar{\boldsymbol{G}}\boldsymbol{w} = (\bar{\boldsymbol{A}}_{22} - \bar{\boldsymbol{G}}\bar{\boldsymbol{A}}_{12})\hat{\bar{\boldsymbol{x}}}_2 + \bar{\boldsymbol{A}}_{21}\boldsymbol{y} + \bar{\boldsymbol{B}}_2\boldsymbol{u} + \bar{\boldsymbol{G}}(\dot{\boldsymbol{y}} - \boldsymbol{A}_{11}\boldsymbol{y} - \bar{\boldsymbol{B}}_1\boldsymbol{u}) \tag{5-48}$$

由式(5-48)可知，降维观测器的方程含有 $\dot{\boldsymbol{y}}$。为消去 $\dot{\boldsymbol{y}}$，令 $\boldsymbol{z}=\hat{\bar{\boldsymbol{x}}}_2-\bar{\boldsymbol{G}}\boldsymbol{y}$，有 $\dot{\boldsymbol{z}}=\dot{\hat{\bar{\boldsymbol{x}}}}_2-\bar{\boldsymbol{G}}\dot{\boldsymbol{y}}$，代入式(5-48)中可得到

$$\begin{cases} \dot{\boldsymbol{z}} = (\bar{\boldsymbol{A}}_{22} - \bar{\boldsymbol{G}}\bar{\boldsymbol{A}}_{12})(\boldsymbol{z} + \bar{\boldsymbol{G}}\boldsymbol{y}) + (\bar{\boldsymbol{A}}_{21} - \bar{\boldsymbol{G}}\bar{\boldsymbol{A}}_{11})\boldsymbol{y} + (\bar{\boldsymbol{B}}_2 - \bar{\boldsymbol{G}}\bar{\boldsymbol{B}}_1)\boldsymbol{u} \\ \hat{\bar{\boldsymbol{x}}}_2 = \boldsymbol{z} + \bar{\boldsymbol{G}}\boldsymbol{y} \end{cases} \tag{5-49}$$

式(5-49)即为降维状态观测器的状态方程。

变换后系统状态变量的估计值为

$$\hat{\bar{\boldsymbol{x}}} = \begin{bmatrix} \hat{\bar{\boldsymbol{x}}}_1 \\ \hat{\bar{\boldsymbol{x}}}_2 \end{bmatrix} = \begin{bmatrix} \boldsymbol{y} \\ \boldsymbol{z} + \bar{\boldsymbol{G}}\boldsymbol{y} \end{bmatrix} \tag{5-50}$$

由 $\boldsymbol{x}=\boldsymbol{P}^{-1}\bar{\boldsymbol{x}}$，可得到原系统状态变量估计值为

$$\hat{\boldsymbol{x}}=\boldsymbol{P}^{-1}\hat{\bar{\boldsymbol{x}}}=\begin{bmatrix}\boldsymbol{C}_1^{-1} & -\boldsymbol{C}_1^{-1}\boldsymbol{C}_2\\ 0 & \boldsymbol{I}_{n-m}\end{bmatrix}\begin{bmatrix}\boldsymbol{y}\\ \boldsymbol{z}+\bar{\boldsymbol{G}}\boldsymbol{y}\end{bmatrix} \tag{5-51}$$

此时系统降维观测器的结构可参看图 5－6。

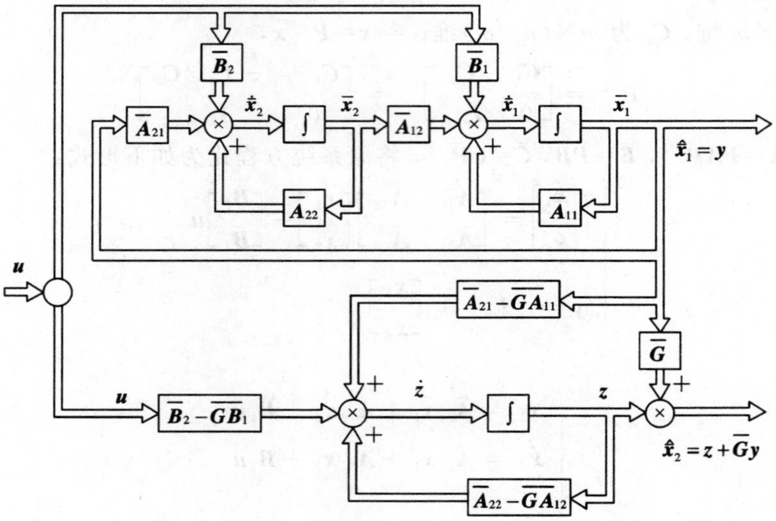

图 5－6 降维状态观测器的结构图

例 5－11 已知

$$\dot{\boldsymbol{x}}=\begin{bmatrix}0 & 1 & 0\\ 0 & 0 & 1\\ -6 & -11 & -6\end{bmatrix}\boldsymbol{x}+\begin{bmatrix}0\\0\\1\end{bmatrix}u$$

$$y=\begin{bmatrix}1 & 0 & 0\\ 0 & 1 & 0\end{bmatrix}\boldsymbol{x}$$

试设计降维状态观测器，并使它的极点位于－5 处。

解：(1) 经判断，系统完全能观，且 $n=3$，$m=2$，$n-m=1$，设计一维状态观测器。

(2) 求线性变换阵 $\boldsymbol{P}$ 和子系统：

$$\boldsymbol{C}=[\boldsymbol{C}_1\quad \boldsymbol{C}_2]=\begin{bmatrix}1 & 0 & 0\\ 0 & 1 & 0\end{bmatrix}$$

$$\boldsymbol{P}=\begin{bmatrix}\boldsymbol{C}_1 & \boldsymbol{C}_2\\ 0 & \boldsymbol{I}_{n-m}\end{bmatrix}=\begin{bmatrix}1 & 0 & 0\\ 0 & 1 & 0\\ 0 & 0 & 1\end{bmatrix},\ \boldsymbol{P}^{-1}=\begin{bmatrix}1 & 0 & 0\\ 0 & 1 & 0\\ 0 & 0 & 1\end{bmatrix}$$

$$\bar{\boldsymbol{A}}=\boldsymbol{PAP}^{-1}=\begin{bmatrix}0 & 1 & 0\\ 0 & 0 & 1\\ -6 & -11 & -6\end{bmatrix}=\begin{bmatrix}\bar{\boldsymbol{A}}_{11} & \bar{\boldsymbol{A}}_{12}\\ \bar{\boldsymbol{A}}_{21} & \bar{\boldsymbol{A}}_{22}\end{bmatrix},\ \bar{\boldsymbol{B}}=\boldsymbol{PB}=\begin{bmatrix}0\\0\\1\end{bmatrix}=\begin{bmatrix}\bar{\boldsymbol{B}}_1\\ \bar{\boldsymbol{B}}_2\end{bmatrix}$$

(3) 求观测器反馈阵 $\bar{\boldsymbol{G}}$，设 $\bar{\boldsymbol{G}}=[\bar{g}_1,\ \bar{g}_2]$。降维观测器的特征方程式为

$$f(s)=|s\boldsymbol{I}-(\bar{\boldsymbol{A}}_{22}-\bar{\boldsymbol{G}}\bar{\boldsymbol{A}}_{12})|=\left|s-\left(-6-[\bar{g}_1,\ \bar{g}_2]\begin{bmatrix}0\\1\end{bmatrix}\right)\right|=s+6+\bar{g}_2$$

期望的特征方程式为 $f^*(s)=s-(-5)=s+5$，所以有 $6+\bar{g}_2=5$，即 $\bar{g}_2=-1$。$\bar{g}_1$ 可任选，设 $\bar{g}_1=0$，有 $\bar{\boldsymbol{G}}=[0\quad -1]$。

（4）求降维观测器状态方程：

$$\begin{aligned}\dot{z}&=(\bar{\boldsymbol{A}}_{22}-\bar{\boldsymbol{G}}\bar{\boldsymbol{A}}_{12})(z+\bar{\boldsymbol{G}}\boldsymbol{y})+(\bar{\boldsymbol{A}}_{21}-\bar{\boldsymbol{G}}\bar{\boldsymbol{A}}_{11})\boldsymbol{y}+(\bar{\boldsymbol{B}}_2-\bar{\boldsymbol{G}}\bar{\boldsymbol{B}}_1)u\\&=(-6+1)\left(z+[0\quad -1]\begin{bmatrix}y_1\\y_2\end{bmatrix}\right)+\left([-6\quad -11]-[0\quad 0]\begin{bmatrix}y_1\\y_2\end{bmatrix}\right)+(1-0)u\\&=-5z-6x_1-6x_2+u\end{aligned}$$

（5）变换后系统状态变量的估计值为

$$\hat{\bar{\boldsymbol{x}}}=\begin{bmatrix}\hat{\bar{\boldsymbol{x}}}_1\\ \hat{\bar{\boldsymbol{x}}}_2\end{bmatrix}=\begin{bmatrix}\boldsymbol{y}\\ z+\bar{\boldsymbol{G}}\boldsymbol{y}\end{bmatrix}=\begin{bmatrix}y_1\\y_2\\z-y_2\end{bmatrix}$$

原系统状态变量估计值

$$\boldsymbol{x}=\boldsymbol{P}^{-1}\hat{\bar{\boldsymbol{x}}}=\hat{\bar{\boldsymbol{x}}}=\begin{bmatrix}y_1\\y_2\\z-y_2\end{bmatrix}$$

5.5　带状态观测器的反馈系统

状态观测器解决了被控系统的状态重构问题，为系统实现状态反馈创造了条件。但它又带来两个问题：在状态反馈系统中，用状态估计值是否要重新计算状态反馈增益矩阵？当观测器被引入系统后，状态反馈部分是否会改变已经设计好的观测器的极点配置？以下将分析这两个问题。

5.5.1　系统结构

带状态观测器的反馈系统如图 5－7 所示，包括原被控系统、观测器和状态反馈三部分。

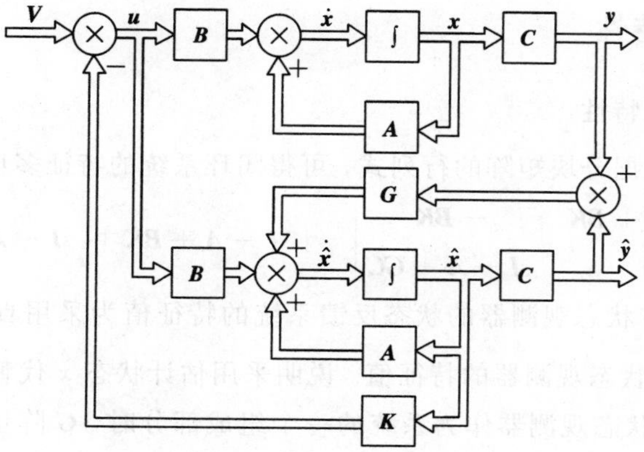

图 5－7　带状态观测器的反馈系统结构图

设被控系统能控能观，其状态空间方程为

$$\begin{cases}\dot{\boldsymbol{x}} = \boldsymbol{Ax} + \boldsymbol{Bu} \\ \boldsymbol{y} = \boldsymbol{Cx}\end{cases}$$

设状态反馈控制律为

$$\boldsymbol{u} = \boldsymbol{V} - \boldsymbol{K}\hat{\boldsymbol{x}}$$

全维状态观测器

$$\dot{\hat{\boldsymbol{x}}} = (\boldsymbol{A} - \boldsymbol{GC})\hat{\boldsymbol{x}} + \boldsymbol{Bu} + \boldsymbol{Gy}$$

综合以上 3 式可得到带状态观测器的状态反馈闭环系统状态空间方程为

$$\begin{cases}\dot{\boldsymbol{x}} = \boldsymbol{Ax} - \boldsymbol{BK}\hat{\boldsymbol{x}} + \boldsymbol{BV} \\ \dot{\hat{\boldsymbol{x}}} = \boldsymbol{GCx} + (\boldsymbol{A} - \boldsymbol{GC} - \boldsymbol{BK})\hat{\boldsymbol{x}} + \boldsymbol{BV} \\ \boldsymbol{y} = \boldsymbol{Cx}\end{cases} \tag{5-52}$$

由式(5-52)构造 $2n$ 维复合系统：

$$\begin{cases}\begin{bmatrix}\dot{\boldsymbol{x}} \\ \dot{\hat{\boldsymbol{x}}}\end{bmatrix} = \begin{bmatrix}\boldsymbol{A} & -\boldsymbol{BK} \\ \boldsymbol{GC} & \boldsymbol{A} - \boldsymbol{BK} - \boldsymbol{GC}\end{bmatrix}\begin{bmatrix}\boldsymbol{x} \\ \hat{\boldsymbol{x}}\end{bmatrix} + \begin{bmatrix}\boldsymbol{B} \\ \boldsymbol{B}\end{bmatrix}\boldsymbol{V} \\ \boldsymbol{y} = [\boldsymbol{C} \quad 0]\begin{bmatrix}\boldsymbol{x} \\ \hat{\boldsymbol{x}}\end{bmatrix}\end{cases} \tag{5-53}$$

定义误差 $\tilde{\boldsymbol{x}} = \boldsymbol{x} - \hat{\boldsymbol{x}}$：

$$\dot{\tilde{\boldsymbol{x}}} = (\boldsymbol{Ax} + \boldsymbol{Bu}) - [(\boldsymbol{A} - \boldsymbol{GC})\hat{\boldsymbol{x}} + \boldsymbol{Bu} + \boldsymbol{GCx}] = (\boldsymbol{A} - \boldsymbol{GC})\tilde{\boldsymbol{x}}$$

$$\dot{\boldsymbol{x}} = \boldsymbol{Ax} + \boldsymbol{B}(\boldsymbol{V} - \boldsymbol{K}\hat{\boldsymbol{x}}) = \boldsymbol{Ax} + \boldsymbol{BV} - \boldsymbol{BK}(\boldsymbol{x} - \tilde{\boldsymbol{x}}) = (\boldsymbol{A} - \boldsymbol{BK})\boldsymbol{x} + \boldsymbol{BK}\tilde{\boldsymbol{x}} + \boldsymbol{BV}$$

写成矩阵形式为

$$\begin{bmatrix}\dot{\boldsymbol{x}} \\ \dot{\tilde{\boldsymbol{x}}}\end{bmatrix} = \begin{bmatrix}\boldsymbol{A} - \boldsymbol{BK} & \boldsymbol{BK} \\ 0 & \boldsymbol{A} - \boldsymbol{GC}\end{bmatrix}\begin{bmatrix}\boldsymbol{x} \\ \tilde{\boldsymbol{x}}\end{bmatrix} + \begin{bmatrix}\boldsymbol{B} \\ 0\end{bmatrix}\boldsymbol{V} \tag{5-54}$$

5.5.2 系统基本特性

1. 特征值的分离特性

由式(5-54)，根据分块矩阵的行列式，可得闭环系统的特征多项式为

$$\begin{vmatrix}s\boldsymbol{I} - \boldsymbol{A} + \boldsymbol{BK} & -\boldsymbol{BK} \\ 0 & s\boldsymbol{I} - \boldsymbol{A} + \boldsymbol{GC}\end{vmatrix} = |s\boldsymbol{I} - \boldsymbol{A} + \boldsymbol{BK}|\,|s\boldsymbol{I} - \boldsymbol{A} + \boldsymbol{GC}| \tag{5-55}$$

式(5-55)表明带状态观测器的状态反馈系统的特征值为采用真实状态反馈的状态反馈系统的特征值加上状态观测器的特征值。说明采用估计状态 $\hat{\boldsymbol{x}}$ 代替真实状态 $\boldsymbol{x}$ 进行反馈时，反馈阵 $\boldsymbol{K}$ 不变；状态观测器作为系统的一个组成部分时，$\boldsymbol{G}$ 阵也不改变，所以有下列定理：

定理 5-8(分离定理) 若被控系统($\boldsymbol{A}$, $\boldsymbol{B}$, $\boldsymbol{C}$)能控能观，用状态观测器估值形成的状

态反馈，其系统的极点配置和观测器设计可以分别进行。

2. 传递矩阵的不变性

由式(5-54)可得，带状态观测器的状态反馈系统的传递矩阵为

$$G(s)=[C\quad 0]\begin{bmatrix}sI-A+BK & -BK\\ 0 & sI-A+GC\end{bmatrix}^{-1}\begin{bmatrix}B\\ 0\end{bmatrix}=C(sI-A+BK)^{-1}B \tag{5-56}$$

由此可见，带状态观测器的状态反馈闭环系统的传递矩阵等于直接状态反馈闭环系统的传递矩阵。换句话说，两者的外部特性完全相同，而与是否采用状态观测器无关。

例 5-12　已知被控系统的状态空间方程为

$$\dot{x}=\begin{bmatrix}0 & 1\\ 0 & -6\end{bmatrix}x+\begin{bmatrix}0\\ 1\end{bmatrix}u$$

$$y=[1\quad 0]x$$

试设计全维状态观测器(设极点为-10，-10)，构成状态反馈系统，将闭环极点配置到$-4\pm j6$。

解：(1) 判断能控性和能观性。

$$Q_c=[b\quad Ab]=\begin{bmatrix}0 & 1\\ 1 & -6\end{bmatrix},\ Q_o=\begin{bmatrix}C\\ CA\end{bmatrix}=\begin{bmatrix}1 & 0\\ 0 & 1\end{bmatrix}$$

能控判别矩阵 Q_c 和能观判别矩阵 Q_o 均满秩，所以系统能控能观。

(2) 设计状态反馈矩阵。设 $K=[k_1\quad k_2]$，对应闭环特征方程式为

$$|sI-(A-bK)|=\begin{vmatrix}s & -1\\ k_1 & s+k_2+6\end{vmatrix}=s^2+(k_2+6)s+k_1$$

期望的特征多项式为

$$(s+4-j6)(s+4+j6)=s^2+8s+52$$

比较对应项系数，可得

$$K=[k_1\quad k_2]=[52\quad 2]$$

(3) 设计全维状态观测器。设反馈阵 $G=[g_0\quad g_1]^T$。状态观测器的特征方程为

$$|sI-(A-GC)|=s^2+(g_1+6)s+(6g_1+g_2)$$

期望特征方程为

$$(s+10)^2=s^2+20s+100=0$$

由特征方程同幂系数相等可得

$$G=\begin{bmatrix}14\\ 16\end{bmatrix}$$

所以观测器方程为

$$\dot{\hat{x}}=(A-GC)\hat{x}+Gy+bu=\begin{bmatrix}-14 & 1\\ -16 & -6\end{bmatrix}\hat{x}+\begin{bmatrix}14\\ 16\end{bmatrix}y+\begin{bmatrix}0\\ 1\end{bmatrix}u$$

5.6 MATLAB 在控制系统综合中的应用

5.6.1 极点配置

在 MATLAB 控制系统工具箱中，提供了两种函数 place( )和 acker()，可以完成极点配置的计算。

1. place 函数

place 函数调用格式为

K=place(A, B, P)

式中，(A, B)为系统状态方程模型，P 为包含期望极点的向量，返回的变量 K 为状态反馈向量。

该算法即前面讲过的用能控标准形进行极点配置的方法。即先通过变换矩阵 $\boldsymbol{P}$ 将状态方程转换为能控标准形 $\bar{\boldsymbol{A}}$，然后对其施加状态反馈，并将期望的特征方程 $\Delta^*(s)$ 和加入状态反馈阵后的特征方程 $\Delta_K(s)$ 比较，令对应项系数相等，从而求出状态反馈阵 $\bar{\boldsymbol{K}}$，然后按定义的变换关系 $\boldsymbol{K}=\bar{\boldsymbol{K}}\boldsymbol{P}$ 求出 $\boldsymbol{K}$ 阵。

例 5-13 已知系统的状态方程为

$$\dot{\boldsymbol{x}}=\begin{bmatrix}1 & 2 & 3\\ 4 & 5 & 6\\ 7 & 8 & 9\end{bmatrix}\boldsymbol{x}+\begin{bmatrix}0\\ 0\\ 1\end{bmatrix}u$$

希望极点为−2、−3、−4。试设计状态反馈阵 $\boldsymbol{K}$，并检验引入状态反馈后的特征值与希望极点是否一致。

```
>>A=[1 2 3; 4 5 6; 7 8 9]; B=[0; 0; 1];      %输入系统矩阵
>>Qc=ctrb(A, B);                             %求能控性矩阵
>>rank(Qc)                                   %求能控性矩阵的秩
```

结果为

```
ans =

    3
```

说明系统能控，可以进行极点配置。

```
>>P=[-2 -3 -4];                              %输入期望极点
>>K=place(A, B, P)                           %求状态反馈阵
```

结果为

```
K =
    15.4333   23.6667   24.0000
>>eig(A-B*K)                                 %求引入状态反馈后的特征值
ans =
        -4.0000
        -2.0000
        -3.0000
```

该结果和期望极点一致。

2. acker 函数

acker 函数的调用格式为

K=acker(A, B, P)

式中参数和 place 函数一样。该函数是按照 acker 公式求反馈阵的。注意该函数仅用于单变量系统极点配置问题。对单变量系统，acker 函数和 place 函数求出的结果应相同。例 5－13 如果用 acker 函数进行极点配置的话，可输入

```
>>K=acker(A, B, P)
```

结果为

```
K =

    15.4333    23.6667    24.0000
```

和用 place 函数求出的结果一样。

5.6.2 状态观测器设计

状态观测器的状态方程为

$$\dot{\hat{\boldsymbol{x}}} = (\boldsymbol{A} - \boldsymbol{GC})\hat{\boldsymbol{x}} + \boldsymbol{Bu} + \boldsymbol{Gy}$$

我们注意到观测器的系数矩阵的转置

$$(\boldsymbol{A} - \boldsymbol{GC})^{\mathrm{T}} = (\boldsymbol{A}^{\mathrm{T}} - \boldsymbol{C}^{\mathrm{T}}\boldsymbol{G}^{\mathrm{T}})$$

其形式与原系统状态反馈系数阵 $\boldsymbol{A}-\boldsymbol{BK}$ 相似，可视其为对偶系统的状态反馈。因此，在 MATLAB 中，可以直接用 place( )或 acker( )来进行状态观测器反馈阵的计算。其格式为

G=place(A′, C′, P)′或 G=acker(A′, C′, P)′

式中，A′, C′是系统矩阵 $\boldsymbol{A}$ 和输出矩阵 $\boldsymbol{C}$ 的转置，P 为观测器希望极点，G 为观测器反馈矩阵。

例 5－14　试用 MATLAB 求给定系统

$$\dot{\boldsymbol{x}} = \begin{bmatrix} 1 & 0 & 0 \\ 0 & 2 & 1 \\ 1 & 0 & 2 \end{bmatrix}\boldsymbol{x} + \begin{bmatrix} 1 \\ 0 \\ 1 \end{bmatrix}u$$

$$y = [1 \quad 1 \quad 0]\boldsymbol{x}$$

具有特征值为－3，－4，－5 的全维状态观测器，并验证。

```
>>A=[1 0 0; 0 2 1; 1 0 2]; B=[1; 0; 1]; C=[1 1 0]; D=0;
                                              %输入系统状态空间方程
>>Q0=obsv(A, C);                              %求能观矩阵
>>rank(Q0)                                    %求能观矩阵的秩
```

结果为

```
ans =

     3
```

能观矩阵满秩，所以系统能观，可以得到系统状态观测器。

```
>>P=[-3 -4 -5];
```

```
≫G=place(A′, C′, P)′
```

所以状态观测器矩阵为

```
G =
    60.0000
   -43.0000
   150.0000
≫Ao=A-G*C;                          %求观测器的系数矩阵
≫eig(Ao)                            %检验观测器特征值
```

结果为

```
ans =
    -5.0000
    -4.0000
    -3.0000
```

设计状态观测器的极点和期望极点一致。

习　题

5-1　已知系统状态方程为

$$\dot{\boldsymbol{x}}=\begin{bmatrix}1 & 2\\ 3 & 1\end{bmatrix}\boldsymbol{x}+\begin{bmatrix}1\\ 0\end{bmatrix}\boldsymbol{u}$$

试设计状态反馈控制器，使闭环极点为-1，-3。

5-2　已知线性定常系统的传递函数为

$$G_{yu}(s)=\frac{3}{s(s+2)(s+4)}$$

试确定状态反馈阵 $\boldsymbol{K}$，使闭环极点配置为-1，-2±j。

5-3　已知系统状态空间方程为

$$\dot{\boldsymbol{x}}=\begin{bmatrix}0 & 1 & 0\\ 0 & -1 & 1\\ 1 & 0 & -5\end{bmatrix}\boldsymbol{x}+\begin{bmatrix}0\\ 0\\ 1\end{bmatrix}\boldsymbol{u}$$

$$\boldsymbol{y}=\begin{bmatrix}1 & 1 & 0\end{bmatrix}\boldsymbol{x}$$

试设计状态反馈控制器，使闭环极点为-1，-1±2j。

5-4　已知系统状态空间方程为

$$\dot{\boldsymbol{x}}=\begin{bmatrix}-1 & 1\\ 1 & -2\end{bmatrix}\boldsymbol{x}+\begin{bmatrix}0\\ 1\end{bmatrix}\boldsymbol{u}$$

$$\boldsymbol{y}=\begin{bmatrix}1 & 0\end{bmatrix}\boldsymbol{x}$$

设计状态观测器使其极点为-3，-5。

5-5　已知系统状态空间方程为

$$\dot{\boldsymbol{x}}=\begin{bmatrix}-1 & -2 & -2\\ 0 & -1 & 1\\ 1 & 0 & -1\end{bmatrix}\boldsymbol{x}+\begin{bmatrix}2\\ 0\\ 1\end{bmatrix}\boldsymbol{u}$$

$$y = [1 \quad 1 \quad 0]x$$

设计状态观测器使其极点为−3、−5、−7。

5-6　已知系统状态空间方程为

$$\dot{x} = \begin{bmatrix} 1 & 0 \\ 0 & 0 \end{bmatrix}x + \begin{bmatrix} 1 \\ 1 \end{bmatrix}u$$

$$y = [2 \quad -1]x$$

设计降维状态观测器使其极点为−5。

5-7　已知系统状态空间方程为

$$\dot{x} = \begin{bmatrix} 1 & 0 & 2 \\ 2 & 1 & 1 \\ 1 & 0 & 2 \end{bmatrix}x + \begin{bmatrix} 1 \\ 2 \\ 1 \end{bmatrix}u$$

$$y = [0 \quad 1 \quad 1]x$$

(1) 设计全维状态观测器使其极点为−1、−2、−3。

(2) 设计降维状态观测器使其极点为−3、−4。

5-8　已知系统传递函数为

$$G_{yu}(s) = \frac{1}{s(s+2)(s+3)}$$

(1) 设计状态反馈阵 $\boldsymbol{K}$，使其闭环极点为−1，$-1\pm\frac{1}{2}\text{j}$。

(2) 设计全维状态观测器，使其极点均为−3。

(3) 设计降维状态观测器，使其极点均为−4。

5-9　被控系统的结构图如图 5-8 所示，试设计状态反馈阵 $\boldsymbol{K}$，使闭环系统满足下列动态指标：

(1) 超调量 $\sigma\%\leqslant 5\%$。

(2) 峰值时间 $t_p \leqslant 0.5$ s。

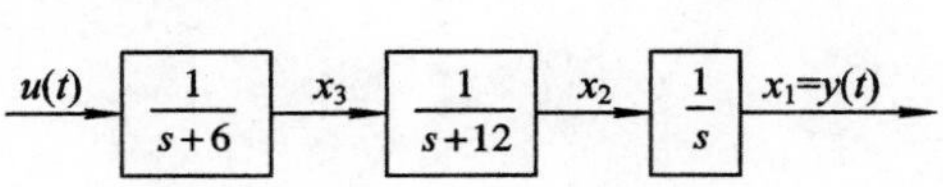

图 5-8　被控系统结构图

5-10　试用 MATLAB 求解习题 5-1～习题 5-5。

*第 6 章　最 优 控 制

最优控制是系统设计的一种方法，是现代控制理论的核心之一，是从大量实际问题中提炼出来的。它与航空航天的制导、导航和控制技术密不可分。最优控制理论所研究的问题可以概括为：对一个受控的动力学系统或运动过程，从一类允许的控制方案中找出一个最优的控制方案，使系统的运动在由某个初始状态转移到指定的目标状态的同时，其性能指标值为最优。这类问题广泛存在于技术领域或社会问题中。例如，确定一个最优控制方式使空间飞行器由一个轨道转换到另一轨道过程中燃料消耗最少，选择一个温度的调节规律和相应的原料配比使化工反应过程的产量最多，制定一项最合理的人口政策使人口发展过程中的老化指数、抚养指数和劳动力指数为最优，等等，都是一些典型的最优控制问题。常用的最优化求解方法有变分法、最大值原理以及动态规划法等。与解析法相比，用最优控制理论设计系统有如下特点：

(1) 适用于多变量、非线性、时变系统的设计。

(2) 初始条件可以任意。

(3) 可以满足多个目标函数的要求，并可用于多个约束的情况。

6.1　最优控制问题概述

6.1.1　引言

什么是最优控制呢？下面举例说明。

例 6-1　飞船的月球软着陆问题。飞船从宇宙中飞到月球表面，靠其发动机产生一个与月球重力方向相反的推力 f，以控制飞船实现软着陆（落到月球表面上时速度为零）。要求选择一个最好的发动机推力程序 $f(t)$，使燃料消耗最少。

解：如图 6-1 所示，设飞船质量为 m，它的高度和垂直速度分别为 h 和 v。月球的重力加速度可视为常数 g，飞船的自身质量及所带燃料分别为 M 和 F。

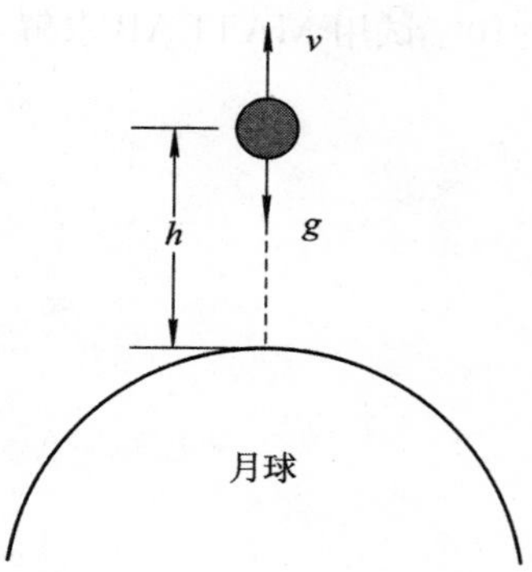

图 6-1　飞船着陆示意图

自 $t=0$ 时刻开始飞船进入着陆过程。其运动方程为

$$\begin{cases}\dot{h}=v\\ \dot{v}=\dfrac{f}{m}-g\\ \dot{m}=-kf\end{cases}$$

其中 k 为一常数。要求控制飞船从初始状态

$$h(0)=h_0$$
$$v(0)=v_0$$
$$m(0)=M+F$$

出发，于某一时刻 t_f 实现软着陆，即

$$h(t_f)=0$$
$$v(t_f)=0$$

控制过程中推力 $f(t)$不能超过发动机所能提供的最大推力 $f_{\max}$，即

$$0\leqslant f(t)\leqslant f_{\max}$$

满足上述限制，使飞船实现软着陆的推力程序 $f(t)$不止一种，其中消耗燃料最少者才是最佳推力程序，问题可归结为求性能指标

$$J=m(t_f)$$

为最大的数学问题。

6.1.2 最优控制问题的提法

由上面的具体实例可知，为了解决最优控制问题，必须建立描述受控运动过程的运动方程，给出控制变量的允许取值范围，指定运动过程的初始状态和目标状态，并且规定一个评价运动过程品质优劣的性能指标。通常，性能指标的好坏取决于所选择的控制函数和相应的运动状态。系统的运动状态受到运动方程的约束，而控制函数只能在允许的范围内选取。因此，从数学上看，最优控制问题可以表述为：在运动方程和允许控制范围的约束下，对以控制函数和运动状态为变量的性能指标函数(称为泛函)求取极值(极大值或极小值)。抽象为共同的数学模型，可以得到最优控制问题的一般性提法。

设动态系统的状态方程：

$$\dot{\boldsymbol{x}}(t)=f[\boldsymbol{x}(t),\ \boldsymbol{u}(t),\ t] \tag{6-1}$$

初始状态：$\boldsymbol{x}(t_0)=\boldsymbol{x}(0)$；

目标集：$\boldsymbol{x}(t_f)\in S$；

控制域：$\boldsymbol{u}(t)\in U\subset\mathbf{R}^n$；

性能指标：

$$J=\varphi[\boldsymbol{x}(t_f),\ t_f]+\int_{t_0}^{t_f}F[\boldsymbol{x}(t),\ \boldsymbol{u}(t),\ t]\mathrm{d}t \tag{6-2}$$

最优控制的问题就是：从所有可供选择的允许控制中寻找一个最优控制 $\boldsymbol{u}^*(t)$，使状态 $\boldsymbol{x}(t)$由 $\boldsymbol{x}(t_0)$经过一定时间转移到目标集 S，并且沿此轨迹转移时，相应的性能指标达到极值(极大或极小)。

6.1.3 性能指标的分类

最优控制问题可归结为求性能指标的极值问题。指标函数(又称价值函数、目标函数、

性能泛函)按照实际控制性能的要求大致可以分为：

(1) 最短时间问题：

$$J = t_f - t_0 = \int_{t_0}^{t_f} dt, \quad F[\boldsymbol{x}(t), \boldsymbol{u}(t), t] = 1 \tag{6-3}$$

(2) 最小燃料消耗问题：

$$J = \int_{t_0}^{t_f} |u(t)| dt, \quad F[\boldsymbol{x}(t), \boldsymbol{u}(t), t] = |u(t)| \tag{6-4}$$

(3) 最小能量控制问题：

$$J = \int_{t_0}^{t_f} u^2(t) dt, \quad F[\boldsymbol{x}(t), \boldsymbol{u}(t), t] = u^2(t) \tag{6-5}$$

(4) 线性调节器问题：

$$J = \sum_{i=1}^{n} \int_{t_0}^{t_f} x_i^2(t) dt = \int_{t_0}^{t_f} \sum_{i=1}^{n} x_i^2(t) dt \tag{6-6}$$

或者有

$$\begin{aligned} J &= \int_{t_0}^{t_f} \frac{1}{2}[\boldsymbol{x}^{\mathrm{T}}(t)\boldsymbol{Q}\boldsymbol{x}(t) + \boldsymbol{u}^{\mathrm{T}}(t)\boldsymbol{R}\boldsymbol{u}(t)] dt \\ F[\boldsymbol{x}(t), \boldsymbol{u}(t), t] &= \frac{1}{2}[\boldsymbol{x}^{\mathrm{T}}(t)\boldsymbol{Q}\boldsymbol{x}(t) + \boldsymbol{u}^{\mathrm{T}}(t)\boldsymbol{R}\boldsymbol{u}(t)] \end{aligned} \tag{6-7}$$

(5) 状态跟踪器问题：如果在过程中要求状态 $\boldsymbol{x}(t)$ 跟踪目标轨迹 $\boldsymbol{x}_d(t)$，有

$$\begin{aligned} J &= \int_{t_0}^{t_f} \frac{1}{2}\{[\boldsymbol{x}(t) - \boldsymbol{x}_d(t)]^{\mathrm{T}}\boldsymbol{Q}[\boldsymbol{x}(t) - \boldsymbol{x}_d(t)] + \boldsymbol{u}^{\mathrm{T}}(t)\boldsymbol{R}\boldsymbol{u}(t)\} dt \\ F[\boldsymbol{x}(t), \boldsymbol{u}(t), t] &= \frac{1}{2}\{[\boldsymbol{x}(t) - \boldsymbol{x}_d(t)]^{\mathrm{T}}\boldsymbol{Q}[\boldsymbol{x}(t) - \boldsymbol{x}_d(t)] + \boldsymbol{u}^{\mathrm{T}}(t)\boldsymbol{R}\boldsymbol{u}(t)\} \end{aligned} \tag{6-8}$$

(4)、(5)两类性能指标统称为二次型性能指标，这是工程实践中应用最广的一类性能指标。

6.2 用变分法求解最优控制问题

变分法是研究用泛函求极值的一种数学方法。下面先介绍一下泛函和变分。

6.2.1 泛函与变分

1. 泛函的基本定义

如果对于某个函数集合$\{x(t)\}$中的每一个函数 $x(t)$，变量 J 都有一个值与之对应，则称变量 J 为依赖于函数 $x(t)$ 的泛函，记作 $J[x(t)]$。可见，泛函为标量，可以理解为“函数的函数”。

例如：

$$J[x] = \int_0^3 x(t) dt \quad \text{（其中，} x(t) \text{ 为连续可积函数）}$$

当 $x(t)=t$ 时，有 $J=4.5$；当 $x(t)=e^t$ 时，有 $J=e^3-1$。

2. 泛函的变分

设 $J[x(t)]$ 是线性赋泛空间 $\mathbf{R}^n$ 上的连续泛函，其增量可表示为

$$\Delta J[x] = J[x+\delta x] - J[x] = L[x, \delta x] + r[x, \delta x] \tag{6-9}$$

其中，$L[x, \delta x]$ 是关于 δx 的线性连续泛函，$r[x, \delta x]$ 是关于 δx 的高阶无穷小，则 $\delta J = L[x, \delta x]$ 称为泛函 $J[x(t)]$ 的变分。

若定义自变量的变分为 $\alpha f(x)$，则泛函的变分 δJ 也可以定义为

$$\delta J = L[x, \delta x] = \frac{\partial}{\partial \alpha} J[x(t) + \alpha \delta x]\bigg|_{\alpha=0} \tag{6-10}$$

3. 泛函的极值

设 $J[x(t)]$ 是在线性赋泛空间 $\mathbf{R}^n$ 上某个子集 D 中的线性连续泛函，$x_0 \in D$，若在 x_0 的某邻域内有

$$U(x_0, \sigma) = \{x \mid \| x - x_0 \| < \sigma, x \in \mathbf{R}^n\} \tag{6-11}$$

且在 $x \in U(x_0, \sigma) \subset D$ 时，均有

$$\Delta J[x] = J[x] - J[x_0] \leqslant 0 \quad 或 \quad \Delta J[x] = J[x] - J[x_0] \geqslant 0 \tag{6-12}$$

则称 $J[x(t)]$ 在 x_0 处达到极大值或极小值。

定理 6-1 设 $J[x(t)]$ 是在线性赋泛空间 $\mathbf{R}^n$ 上某个开子集 D 中定义的可微泛函，且在 $x=x_0$ 处达到极值，则泛函 $J[x(t)]$ 在 $x=x_0$ 处必有

$$\delta J[x_0, \delta x] = 0 \tag{6-13}$$

证明从略。

4. 欧拉方程

定理 6-2 设有如下泛函极值问题：

$$\min_{x(t)} J[x] = \int_{t_0}^{t_f} L(x, \dot{x}, t)\mathrm{d}t \tag{6-14}$$

其中，$L(x, \dot{x}, t)$ 及 $x(t)$ 在 $[t_0, t_f]$ 上连续可微，t_0 和 t_f 给定，已知 $x(t_0)=x_0$，$x(t_f)=x_f$，则极值轨迹 $x^*(t)$ 满足如下欧拉方程：

$$\frac{\partial L}{\partial x} - \frac{\mathrm{d}}{\mathrm{d}t}\frac{\partial L}{\partial \dot{x}} = 0 \tag{6-15}$$

及横截条件

$$\left(\frac{\partial L}{\partial \dot{x}}\right)^{\mathrm{T}}\bigg|_{t_f} \delta x(t_f) - \left(\frac{\partial L}{\partial \dot{x}}\right)^{\mathrm{T}}\bigg|_{t_0} \delta x(t_0) = 0 \tag{6-16}$$

注意：满足欧拉方程是必要条件，不是充分条件。

如果 x 代表一个控制系统的输出，那么式(6-14)就是系统全部性能的一个指标，而衡量性能的标准就在于使这个积分最小化。由于控制问题多种多样，性能指标也有多种，变分问题也就各不相同。对此，我们分别加以讨论。

6.2.2 末值时刻固定、末值状态自由情况下的最优控制

非线性时变系统状态方程为

$$\dot{\boldsymbol{x}} = \boldsymbol{f}(\boldsymbol{x}, \boldsymbol{u}, t), \ \boldsymbol{x}(t)\big|_{t=t_0} = \boldsymbol{x}(t_0) \tag{6-17}$$

其中，$\boldsymbol{x}$ 为 n 维状态向量；$\boldsymbol{u}$ 为 r 维控制向量；$\boldsymbol{f}$ 为 n 维向量函数。要求在控制空间中寻求

一个最优控制向量 $\boldsymbol{u}(t)$，使以下性能指标

$$J = \varphi[\boldsymbol{x}(t_f)] + \int_{t_0}^{t_f} L(\boldsymbol{x}, \boldsymbol{u}, t)\mathrm{d}t \tag{6-18}$$

沿最优轨迹 $\boldsymbol{x}(t)$ 取极小值。

引入拉格朗日乘子

$$\boldsymbol{\lambda}(t) = \begin{bmatrix} \lambda_1(t) \\ \lambda_2(t) \\ \vdots \\ \lambda_n(t) \end{bmatrix} \tag{6-19}$$

将性能指标式(6－18)改写为其等价形式

$$J = \varphi[\boldsymbol{x}(t_f)] + \int_{t_0}^{t_f} \{L(\boldsymbol{x}, \boldsymbol{u}, t) + \boldsymbol{\lambda}^{\mathrm{T}}(t)[\boldsymbol{f}(\boldsymbol{x}, \boldsymbol{u}, t) - \dot{\boldsymbol{x}}]\}\mathrm{d}t \tag{6-20}$$

定义哈密顿函数

$$H(\boldsymbol{x}, \boldsymbol{u}, \boldsymbol{\lambda}, t) = L(\boldsymbol{x}, \boldsymbol{u}, t) + \boldsymbol{\lambda}^{\mathrm{T}}(t)\boldsymbol{f}(\boldsymbol{x}, \boldsymbol{u}, t) \tag{6-21}$$

则

$$\begin{aligned} J &= \varphi[\boldsymbol{x}(t_f)] + \int_{t_0}^{t_f} [H(\boldsymbol{x}, \boldsymbol{u}, \boldsymbol{\lambda}, t) - \boldsymbol{\lambda}^{\mathrm{T}}(t)\dot{\boldsymbol{x}}]\mathrm{d}t \\ &= \varphi[\boldsymbol{x}(t_f)] + \int_{t_0}^{t_f} H(\boldsymbol{x}, \boldsymbol{u}, \boldsymbol{\lambda}, t)\mathrm{d}t - \int_{t_0}^{t_f} \boldsymbol{\lambda}^{\mathrm{T}}(t)\dot{\boldsymbol{x}}\mathrm{d}t \end{aligned} \tag{6-22}$$

对式(6－22)中的第三项进行分部积分，得

$$J = \varphi[\boldsymbol{x}(t_f)] + \int_{t_0}^{t_f} H(\boldsymbol{x}, \boldsymbol{u}, \boldsymbol{\lambda}, t)\mathrm{d}t - \boldsymbol{\lambda}^{\mathrm{T}}(t)\boldsymbol{x}\Big|_{t_0}^{t_f} + \int_{t_0}^{t_f} \dot{\boldsymbol{\lambda}}^{\mathrm{T}}(t)\boldsymbol{x}\,\mathrm{d}t \tag{6-23}$$

当泛函 J 取极值时，其一次变分等于零，即 $\delta J = 0$。

求出 J 的一次变分并令其为零。

$$\delta J = \left[\frac{\partial \varphi}{\partial \boldsymbol{x}(t_f)}\right]^{\mathrm{T}} \delta \boldsymbol{x}(t_f) - \boldsymbol{\lambda}^{\mathrm{T}}(t_f)\delta \boldsymbol{x}(t_f) + \int_{t_0}^{t_f} \left\{\left[\frac{\partial H}{\partial \boldsymbol{x}}\right]^{\mathrm{T}} \delta \boldsymbol{x} + \left[\frac{\partial H}{\partial \boldsymbol{u}}\right]^{\mathrm{T}} \delta \boldsymbol{u} + \dot{\boldsymbol{\lambda}}^{\mathrm{T}} \delta \boldsymbol{x}\right\}\mathrm{d}t = 0$$

将上式改写成

$$\delta J = \left[\frac{\partial \varphi}{\partial \boldsymbol{x}(t_f)} - \boldsymbol{\lambda}(t_f)\right]^{\mathrm{T}} \delta \boldsymbol{x}(t_f) + \int_{t_0}^{t_f} \left\{\left[\frac{\partial H}{\partial \boldsymbol{x}} + \dot{\boldsymbol{\lambda}}\right]^{\mathrm{T}} \delta \boldsymbol{x} + \left[\frac{\partial H}{\partial \boldsymbol{u}}\right]^{\mathrm{T}} \delta \boldsymbol{u}\right\}\mathrm{d}t = 0 \tag{6-24}$$

由于 $\boldsymbol{\lambda}(t)$ 未加限制，可以选择 $\boldsymbol{\lambda}(t)$ 使上式中 $\delta \boldsymbol{x}$ 和 $\delta \boldsymbol{x}(t_f)$ 的系数等于零，即

$$\dot{\boldsymbol{\lambda}} = -\frac{\partial H}{\partial \boldsymbol{x}} = -\frac{\partial L}{\partial \boldsymbol{x}} - \frac{\partial f}{\partial \boldsymbol{x}}\lambda \tag{6-25}$$

以及

$$\boldsymbol{\lambda}(t_f) = \frac{\partial \varphi}{\partial \boldsymbol{x}(t_f)} \tag{6-26}$$

此时式(6－24)可简化为

$$\delta \boldsymbol{J} = \int_{t_0}^{t_f} \left[\frac{\partial H}{\partial \boldsymbol{u}}\right]^{\mathrm{T}} \delta \boldsymbol{u}\mathrm{d}t = 0 \tag{6-27}$$

由于 $\delta \boldsymbol{u}$ 是任意的变分，所以要满足式(6－27)只有

$$\frac{\partial H}{\partial \boldsymbol{u}} = \frac{\partial L}{\partial \boldsymbol{u}} + \frac{\partial \boldsymbol{f}}{\partial \boldsymbol{u}}\boldsymbol{\lambda} = 0 \tag{6-28}$$

式(6－28)说明哈密顿函数 H 对控制 $\boldsymbol{u}$ 有极值，称为最优控制问题的极值条件，式

(6-25)称为伴随方程。这样前面的推导就将最优控制问题转化为求解微分方程的两点边界值问题。

例 6-2　已知系统状态方程 $\dot{x}=ax+u$，$x(0)=x_0$，t_f 固定，$x(t_f)$ 自由。试写出为使 $J(x)=\frac{1}{2}\int_0^{t_f}(x^2+r^2u^2)\mathrm{d}t$ 为最小值的欧拉方程和横截条件。a，r 为常数。

解：将状态方程代入 J 消去 u，得到

$$J(x)=\frac{1}{2}\int_0^{t_f}[x^2+r^2(\dot{x}-ax)^2]\mathrm{d}t$$

其中

$$L=\frac{1}{2}[x^2+r^2(\dot{x}-ax)^2]$$

根据 $\frac{\partial L}{\partial x}-\frac{\mathrm{d}}{\mathrm{d}t}\frac{\partial L}{\partial \dot{x}}=0$，得到

$$x+r^2(\dot{x}-ax)(-a)-\frac{\mathrm{d}}{\mathrm{d}t}[r^2(\dot{x}-ax)]=0$$

故极值条件的欧拉方程为

$$r^2(\ddot{x}-a\dot{x})+ar^2(\dot{x}-ax)-x=0$$

边界条件为

(1) $x(0)=x_0$；

(2) 由 $\left|\frac{\partial L}{\partial \dot{x}}\right|_{t_f}=r^2(\dot{x}-ax)|_{t_f}=0$，得 $(\dot{x}-ax)|_{t_f}=0$。

联立求解上述方程可求出 $u^*(t)$ 和 $x^*(t)$。

6.2.3　末值时刻和末值状态固定情况下的最优控制

非线性时变系统状态方程为

$$\dot{\boldsymbol{x}}=\boldsymbol{f}(\boldsymbol{x},\boldsymbol{u},t),\ \boldsymbol{x}(t)|_{t=t_0}=\boldsymbol{x}(t_0),\ \boldsymbol{x}(t)|_{t=t_f}=\boldsymbol{x}(t_f) \tag{6-29}$$

其中，$\boldsymbol{x}$ 为 n 维状态向量；$\boldsymbol{u}$ 为 r 维控制向量；$\boldsymbol{f}$ 为 n 维向量函数。要求在控制空间中寻求一个最优控制向量 $\boldsymbol{u}^*$，将系统从 $\boldsymbol{x}(t_0)$ 转移到 $\boldsymbol{x}(t_f)$ 时使以下性能指标

$$J=\int_{t_0}^{t_f}L(\boldsymbol{x},\boldsymbol{u},t)\mathrm{d}t \tag{6-30}$$

沿最优轨线 $\boldsymbol{x}(t)$ 取极小值。比较式(6-20)和式(6-30)，式(6-30)中由于末值状态已给定，所以性能指标中不包括末值项，只有积分项。

引入哈密顿函数，于是式(6-30)可化为

$$J=\int_{t_0}^{t_f}[H(\boldsymbol{x},\boldsymbol{u},\lambda,t)-\lambda^{\mathrm{T}}\dot{\boldsymbol{x}}]\mathrm{d}t \tag{6-31}$$

对式(6-31)右边第 2 项进行分部积分，可以得到

$$J=\boldsymbol{\lambda}^{\mathrm{T}}(t_0)\boldsymbol{x}(t_0)-\boldsymbol{\lambda}^{\mathrm{T}}(t_f)\boldsymbol{x}(t_f)+\int_{t_0}^{t_f}[\boldsymbol{H}(\boldsymbol{x},\boldsymbol{u},\boldsymbol{\lambda},t)+\dot{\boldsymbol{\lambda}}^{\mathrm{T}}\boldsymbol{x}]\mathrm{d}t \tag{6-32}$$

令性能指标 J 的一次变分等于零，得

$$\delta J=\int_{t_0}^{t_f}\left\{\left[\frac{\partial \boldsymbol{H}}{\partial \boldsymbol{x}}+\dot{\lambda}\right]^{\mathrm{T}}\delta\boldsymbol{x}+\left[\frac{\partial \boldsymbol{H}}{\partial \boldsymbol{u}}\right]^{\mathrm{T}}\delta\boldsymbol{u}\right\}\mathrm{d}t=0 \tag{6-33}$$

选择 $\boldsymbol{\lambda}(t)$，使其满足 $\dot{\boldsymbol{\lambda}}=-\dfrac{\partial \boldsymbol{H}}{\partial \boldsymbol{x}}$，则

$$\delta J=\int_{t_0}^{t_f}\left[\frac{\partial \boldsymbol{H}}{\partial \boldsymbol{u}}\right]^T \delta \boldsymbol{u} \mathrm{d} t=0 \tag{6-34}$$

在末值状态固定情况下，$\delta \boldsymbol{u}$ 不是任意的。若系统能控，仍然有控制方程 $\dfrac{\partial H}{\partial \boldsymbol{u}}=0$。

例 6-3 系统状态方程为 $\dot{x}=u$，以 x_0 和 x_f 为边界，求 $u^*(t)$ 使下列性能泛函取最小值。

$$J=\int_0^{t_f}(x^2+u^2)\mathrm{d}t$$

解：显然该系统是能控的。将方程 $\dot{x}=u$ 代入性能泛函有

$$J=\int_0^{t_f}(x^2+u^2)\mathrm{d}t=\int_0^{t_f}(x^2+\dot{x}^2)\mathrm{d}t$$

在此 $L[x,\dot{x}]=x^2+\dot{x}^2$，故欧拉方程为

$$\frac{\partial L}{\partial x}-\frac{\mathrm{d}}{\mathrm{d}t}\frac{\partial L}{\partial \dot{x}}=2x-2\ddot{x}=0$$

可解得 $x(t)=C_1\mathrm{e}^t+C_2\mathrm{e}^{-t}$，将边界条件代入得

$$x_0=C_1+C_2$$
$$x_f=C_1\mathrm{e}^{t_f}+C_2\mathrm{e}^{-t_f}$$

解出积分常数

$$C_1=\frac{x_f-x_0\mathrm{e}^{-t_f}}{\mathrm{e}^{t_f}-\mathrm{e}^{-t_f}}$$

$$C_2=\frac{x_0\mathrm{e}^{t_f}-x_f}{\mathrm{e}^{t_f}-\mathrm{e}^{-t_f}}$$

故极值曲线为

$$x^*(t)=\frac{x_f-x_0\mathrm{e}^{-t_f}}{\mathrm{e}^{t_f}-\mathrm{e}^{-t_f}}\mathrm{e}^t+\frac{x_0\mathrm{e}^{t_f}-x_f}{\mathrm{e}^{t_f}-\mathrm{e}^{-t_f}}\mathrm{e}^{-t}=\frac{x_f\sinh t+x_0\sinh(t_f-t)}{\sinh t_f}$$

极值控制曲线为

$$u^*(t)=\dot{x}^*(t)=\frac{x_f\cosh t+x_0\cosh(t_f-t)}{\sinh t_f}$$

6.3 极小值原理

用变分法求解最优控制时，认为控制向量 $\boldsymbol{u}(t)$ 不受限制。但是实际系统的控制信号都是受到某种限制的。本节介绍的最小值原理，是分析力学中哈密顿方法的推广，其突出优点是可用于控制变量受限制的情况，能给出问题中最优控制所必须满足的条件。

非线性定常系统的状态方程为

$$\dot{\boldsymbol{x}}=\boldsymbol{f}(\boldsymbol{x},\boldsymbol{u}) \tag{6-35}$$

初始时刻 t_0，初始状态 $\boldsymbol{x}(t_0)$，末值时刻 t_f，末值状态 $\boldsymbol{x}(t_f)$ 自由，且 $\boldsymbol{u}(t)\in \boldsymbol{U}$。

性能指标为末值型性能指标

$$J=\int_{t_0}^{t_f} L[\boldsymbol{x},\boldsymbol{u},t]\mathrm{d}t \tag{6-36}$$

令

$$H[\boldsymbol{x},\boldsymbol{u},\boldsymbol{\lambda},t]=L(\boldsymbol{x},\boldsymbol{u},t)+\boldsymbol{\lambda}^{\mathrm{T}}\boldsymbol{f}(\boldsymbol{x},\boldsymbol{u},t) \tag{6-37}$$

则泛函极值存在的必要条件为

伴随方程
$$\dot{\boldsymbol{\lambda}}^*=-\frac{\partial H}{\partial \boldsymbol{x}} \tag{6-38}$$

状态方程
$$\dot{\boldsymbol{x}}^*=\frac{\partial H}{\partial \boldsymbol{\lambda}} \tag{6-39}$$

则哈密顿函数 H 相对最优控制取极小值，即

$$H(\boldsymbol{x}^*,\boldsymbol{u}^*,\boldsymbol{\lambda}^*,t)=\min_{\boldsymbol{u}\in U}H[\boldsymbol{x}^*,\boldsymbol{u},\boldsymbol{\lambda}^*,t] \tag{6-40}$$

或者

$$H(\boldsymbol{x}^*,\boldsymbol{u}^*,\boldsymbol{\lambda}^*,t)\leqslant H[\boldsymbol{x}^*,\boldsymbol{u},\boldsymbol{\lambda}^*,t] \tag{6-41}$$

对极小值原理有以下几点说明：

(1) 极小值原理给出的只是最优控制应该满足的必要条件。

(2) 极小值原理的结果与用变分法求解最优问题的结果相比，差别仅在于极值条件。

(3) 这里给出了极小值原理，而在庞德里亚金著作中论述的是极大值原理。因为求性能指标 J 的极小值与求 $-J$ 的极大值等价。

(4) 非线性时变系统也有极小值原理。

例 6-4　有一转动系统，其方框图如图 6-2 所示。在电机力矩 $u(t)$作用下，系统由初始状态 $\theta(0)=1$，$\omega(0)=1$ 开始，在 T 秒钟内使系统静止在原点，即$\theta(T)=0$，$\omega(T)=0$，求最短时间 T。其中力矩的约束条件为$|u(t)|\leqslant 1$。

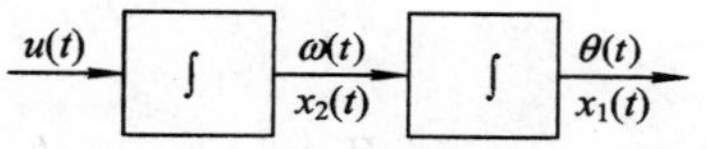

图 6-2　转动系统方框图

解：这是一个时间最优控制问题。取状态变量 $x_1(t)=\theta(t)$，$x_2(t)=\omega(t)$，可得到系统状态方程为

$$\dot{x}_1(t)=x_2(t)$$
$$\dot{x}_2(t)=u(t)$$

性能指标为

$$T=\int_0^{t_f}1\mathrm{d}t=t_f\rightarrow\min$$

端点条件为

$$\boldsymbol{x}(0)=\begin{bmatrix}1\\1\end{bmatrix},\ \boldsymbol{x}(t_f)=\begin{bmatrix}0\\0\end{bmatrix}$$

哈密顿函数为

$$H(\boldsymbol{x},u,\boldsymbol{\lambda},t)=1+\lambda_1x_2+\lambda_2u$$

根据最小值原理，控制函数满足

$$\lim_{|u(t)|\leqslant 1}H(\boldsymbol{x},u,\boldsymbol{\lambda},t)=\lim_{|u(t)|\leqslant 1}(1+\lambda_1x_2+\lambda_2u)$$

由上式可知，要使 H 取最小值，必须让 $\lambda_2 u$ 取负值。即

$$u^* = -\operatorname{sign}[\lambda_2(t)] = \begin{cases} +1, & \lambda_2(t) < 0 \\ -1, & \lambda_2(t) > 0 \end{cases}$$

伴随方程为

$$\dot{\lambda}_1 = -\frac{\partial H}{\partial x_1} = 0, \Rightarrow \lambda_1 = C_1$$

$$\dot{\lambda}_2 = -\frac{\partial H}{\partial x_2} = -\lambda_1, \Rightarrow \lambda_2 = -C_1 t + C_2$$

由最优控制规律可知 $u^*(t)$ 的符号最多改变一次，也可能不切换。用相平面法分析系统的运动形态，可知系统的最优控制规律可以写成系统状态的函数，即

$$u^*(x_1, x_2) = \begin{cases} +1, & h(x_1, x_2) = x_1 + 0.5x_2 \mid x_2 \mid < 0 \\ -\operatorname{sign}(x_2), & h(x_1, x_2) = x_1 + 0.5x_2 \mid x_2 \mid = 0 \\ -1, & h(x_1, x_2) = x_1 + 0.5x_2 \mid x_2 \mid > 0 \end{cases}$$

6.4 用动态规划法求解最优控制问题

动态规划法是数学规划的一种，同样可用于控制变量受限制的情况，是一种很适合于在计算机上进行计算的比较有效的方法。

6.4.1 动态规划法的基本思想

在介绍理论之前，我们先研究一个走路的例子。假设有人要从 A 点走到 I 点。街道分布和走每条街道所花的时间如图 6-3 所示。现要求选择一条路线走法，使用的时间最少。这是一个最优控制问题。

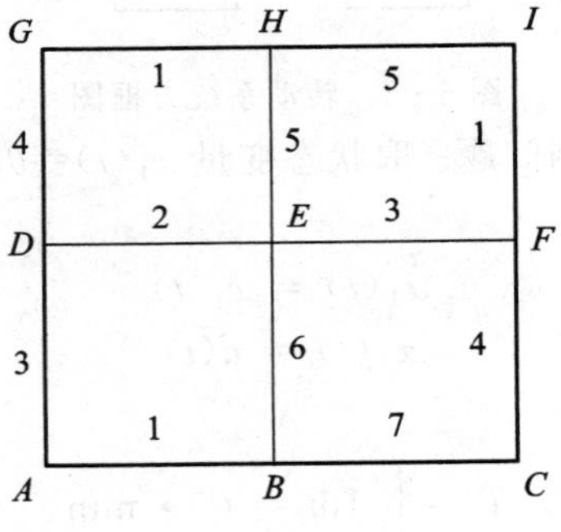

图 6-3　街道分布图

一种办法是将从 A 点到 I 点所有可能的走法都列出来，并且把每种走法用的时间进行比较，找出最短的。这样做很直接，但当街道数目比较多时，这种方法很繁琐。

第二个办法：从最后一段开始，向前倒推。当倒推到某一站时，计算该站到终点站的总里程，并选择里程最少的走法。先求出与 I 相邻的两点 H 点和 F 点走到 I 点所需的最短时间为 1。然后看从 E 点走到 I 点所需的最短时间。这时要作一个抉择，要先横走还是先竖走，可以看出应该先横后竖，最短时间为 4。同样依次找出其余点，包括 A 点到 I 点的所

需的最短时间。

第二个办法有两个特点：第一，它把一个复杂的问题(即决定一条路线的选择问题)变成许多个简单的问题(即每次只决定横向走还是竖向走的问题)，因此问题的求解变得简单容易了；第二，它是从 I 点倒着往 A 点计算，每个点到 I 点的最短时间都要算出来。这两个特点就是动态规划法所依据的不变嵌入原理和最优性原理。

不变嵌入原理的含义是：为了解决一个特定的最优控制问题，把原问题嵌入到一系列相似的但易于求解的问题中去。对于一个多级最优控制过程来说，就是把原来的多级最优控制问题代换成一系列单级最优控制问题。本例就是这样来解决的。

6.4.2 最优性原理

贝尔曼提出的最优性原理的含义是：在一个多级决策问题中的最优决策具有这样的性质，不管初始级、初始状态和初始决策是什么，当把其中任何一级和这一级的状态再作为初始级和初始状态时，余下的决策对此必定构成一个最优决策。

如果将最优性原理应用到离散系统中，则系统状态方程为

$$\boldsymbol{x}(k+1)=\boldsymbol{f}[\boldsymbol{x}(k),\ \boldsymbol{u}(k)],\quad \boldsymbol{x}(k)\big|_{k=0}=\boldsymbol{x}(0) \tag{6-42}$$

性能指标为

$$J=\sum_{k=0}^{N}L[\boldsymbol{x}(k),\ \boldsymbol{u}(k)] \tag{6-43}$$

要求确定 $\boldsymbol{u}(k)$，使性能指标最优，即 $J=\text{opt}$。

一般认为，第 k 级决策 $\boldsymbol{u}(k)$ 与第 k 级以及 k 以前各级状态 $\boldsymbol{x}(k-i)$ 和决策 $\boldsymbol{u}(k-i)$ 有关，即

$$\boldsymbol{u}(k)=\boldsymbol{u}[\boldsymbol{x}(k),\ \boldsymbol{x}(k-1),\ \cdots,\ \boldsymbol{u}(k),\ \boldsymbol{u}(k-1),\ \cdots] \tag{6-44}$$

则以上函数称为策略函数。若将最优控制问题从 $\boldsymbol{x}(0)$ 到 $\boldsymbol{x}(N)$ 的最优性能指标记为 $J^*[\boldsymbol{x}(0),\ 0]$，则

$$\begin{aligned}J^*[\boldsymbol{x}(0),\ 0]&=\underset{u(0),\ u(1),\ \cdots,\ u(N)}{\text{opt}}\{L[\boldsymbol{x}(0),\ \boldsymbol{u}(0)]+L[\boldsymbol{x}(1),\ \boldsymbol{u}(1)]+\cdots+L[\boldsymbol{x}(N),\ \boldsymbol{u}(N)]\}\\&=\underset{u(0)}{\text{opt}}\{L[\boldsymbol{x}(0),\ \boldsymbol{u}(0)]\}+\underset{u(1),\ u(2),\ \cdots,\ u(N)}{\text{opt}}\{L[\boldsymbol{x}(1),\ \boldsymbol{u}(1)]+\cdots\\&\quad+L[\boldsymbol{x}(N),\ \boldsymbol{u}(N)]\}\end{aligned}$$

如果记

$$J^*[\boldsymbol{x}(1),\ 1]=\underset{u(1),\ u(2),\ \cdots,\ u(N)}{\text{opt}}\{L[\boldsymbol{x}(1),\ \boldsymbol{u}(1)]+\cdots+L[\boldsymbol{x}(N),\ \boldsymbol{u}(N)]\}$$

则

$$J^*[\boldsymbol{x}(0),\ 0]=\underset{u(0)}{\text{opt}}\{L[\boldsymbol{x}(0),\ \boldsymbol{u}(0)]+J^*[\boldsymbol{x}(1),\ 1]\}$$

对于任意级 k，有

$$J^*[\boldsymbol{x}(k),\ k]=\underset{u(k)}{\text{opt}}\{L[\boldsymbol{x}(k),\ \boldsymbol{u}(k)]+J^*[\boldsymbol{x}(k+1),\ k+1]\} \tag{6-45}$$

需要指出，最优性原理有两个基本假设：一是 J 具有这样的性质，即现在和将来的决策 $\boldsymbol{u}(k)$ 不影响过去的状态 $\boldsymbol{x}(k)$；二是存在状态反馈控制，且 $\boldsymbol{x}(k)$ 可以获得。无论直接测量或重构，根据 $\boldsymbol{x}(k)$ 立刻可以作出决策 $\boldsymbol{u}(k)$。

6.4.3 用动态规划法求解离散系统最优控制问题

设系统状态方程为

$$x(k+1)=f(x(k),\ u(k)),\quad x(k)\mid_{k=0}=x(0) \tag{6-46}$$

性能指标为

$$J=\sum_{k=0}^{N}L(x(k),\ u(k)) \tag{6-47}$$

寻求 $u(k)$ 使 $J=\min$。

当 $u(k)$ 不受限制时，可写出最优控制序列为

$$J^*[x(k),\ k]=\min_{u(k)}\{L[x(k),\ u(k)]+J^*[x(k+1),\ k+1]\} \tag{6-48}$$

例 6-5 已知一线性定常离散系统的状态方程为

$$x(k+1)=x(k)+u(k)$$

初始状态为 $x(0)$，性能指标为

$$J=\frac{1}{2}cx^2(N)+\frac{1}{2}\sum_{k=0}^{N-1}u^2(k)$$

寻求最优控制序列 $u(k)$，使 $J=\min$。

解：运用动态规划法来求解，设 $N=2$。

(1) 从最后一级开始，即 $k=2$，

$$J^*=[x(2),\ 2]=\frac{1}{2}cx^2(2)$$

(2) 向前倒推一级，即 $k=1$，

$$\begin{aligned}J^*[x(1),\ 1]&=\min_{u(1)}\left\{\frac{1}{2}u^2(1)+J^*[x(2),\ 2]\right\}\\&=\min_{u(1)}\left\{\frac{1}{2}u^2(1)+\frac{1}{2}cx^2(2)\right\}\\&=\min_{u(1)}\left\{\frac{1}{2}u^2(1)+\frac{1}{2}c[x(1)+u(1)]^2\right\}\end{aligned}$$

因为 $u(k)$ 不受限制，故 $u^*(1)$ 可以通过下式求得

$$\frac{\partial J^*[x(1),\ 1]}{\partial u(1)}=u(1)+cx(1)+cu(1)=0$$

$$u^*(1)=-\frac{cx(1)}{1+c}$$

$$J^*[x(1),\ 1]=\frac{cx^2(1)}{2(1+c)}$$

$$x^*(2)=x(1)+u^*(1)=\frac{x(1)}{1+c}$$

(3) 再向前倒推一级，即 $k=0$，

$$\begin{aligned}J^*[x(0),\ 0]&=\min_{u(0)}\left\{\frac{1}{2}u^2(0)+J^*[x(1),\ 1]\right\}\\&=\min_{u(0)}\left\{\frac{1}{2}u^2(0)+\frac{cx^2(1)}{2(1+c)}\right\}\\&=\min_{u(0)}\left\{\frac{1}{2}u^2(0)+\frac{c[x(0)+u(0)]^2}{2(1+c)}\right\}\end{aligned}$$

由 $\dfrac{\partial J^*[x(0),\ 0]}{\partial u(0)}=0$，解得

$$u^*(0) = -\frac{cx(0)}{1+c}$$

$$J^*[x(0), 0] = \frac{cx^2(0)}{2(1+c)}$$

$$x^*(1) = \frac{1+c}{1+2c}x(0)$$

$$x^*(2) = \frac{1}{1+2c}x(0)$$

6.5　线性二次型最优控制调节器

与前面讲过的极点配置方法形成的调节器相比，二次型最优控制方法的优点是能够提供一套系统的方法，来计算状态反馈控制增益矩阵。

6.5.1　二次型最优调节器

考虑最优调节器问题。已知线性时变系统的状态方程为

$$\dot{\boldsymbol{x}} = \boldsymbol{A}(t)\boldsymbol{x} + \boldsymbol{B}(t)\boldsymbol{u},\ \boldsymbol{x}(t)\big|_{t=t_0} = \boldsymbol{x}(t_0) \tag{6-49}$$

确定最优控制向量的矩阵 $\boldsymbol{K}$，使 $\boldsymbol{u} = -\boldsymbol{K}\boldsymbol{x}$。

设性能指标为

$$J = \int_{t_0}^{\infty} [\boldsymbol{x}^{\mathrm{T}}\boldsymbol{Q}(t)\boldsymbol{x} + \boldsymbol{u}^{\mathrm{T}}\boldsymbol{R}(t)\boldsymbol{u}]\mathrm{d}t \tag{6-50}$$

寻找一个最优控制 $\boldsymbol{u}^*$，使 J 取极小值。

如果线性时变系统是能控的，那么无限时间状态调节器问题一定有解，并且可以通过有限时间状态调节器的解，取 $t_f \to \infty$ 来获得。采用状态反馈的方法可解出最优控制

$$\boldsymbol{u}^* = -\boldsymbol{K}\boldsymbol{x} = -\boldsymbol{R}^{-1}(t)\boldsymbol{B}^{\mathrm{T}}(t)\boldsymbol{P}(t)\boldsymbol{x} \tag{6-51}$$

此时有

$$\dot{\boldsymbol{x}} = (\boldsymbol{A} - \boldsymbol{B}\boldsymbol{R}^{-1}\boldsymbol{B}^{\mathrm{T}}\boldsymbol{P})\boldsymbol{x} = \boldsymbol{G}\boldsymbol{x} \tag{6-52}$$

最优状态轨迹 $\boldsymbol{x}^*$ 可由式(6-49)和式(6-52)求出。最优性能指标

$$J^* = \frac{1}{2}\boldsymbol{x}^{\mathrm{T}}(t_0)\boldsymbol{P}(t_0)\boldsymbol{x}(t_0) \tag{6-53}$$

式(6-53)中的 $\boldsymbol{P}(t)$ 可由下式求出：

$$\dot{\boldsymbol{P}}(t) + \boldsymbol{P}(t)\boldsymbol{A}(t) + \boldsymbol{A}^{\mathrm{T}}(t)\boldsymbol{P}(t) - \boldsymbol{P}(t)\boldsymbol{B}(t)\boldsymbol{R}^{-1}(t)\boldsymbol{B}^{\mathrm{T}}(t)\boldsymbol{P}(t) + \boldsymbol{Q}(t) = 0 \tag{6-54}$$

方程式(6-54)就是著名的黎卡提代数方程。

注意，当这个无限时间状态调节器满足以下条件时，状态反馈增益矩阵 $\boldsymbol{K}$ 才为常数矩阵。

(1) 系统为线性定常系统。

(2) 系统为能控。

(3) 末值时刻 $t_f \to \infty$。

(4) J 中不含末值项，即 $\boldsymbol{F}=0$。

(5) $\boldsymbol{Q}$，$\boldsymbol{R}$ 为正定阵。

6.5.2 定常情况下二次型调节器的稳定性

通常用李亚普诺夫第二法来研究线性定常系统稳定性。取 Lyapunov 函数

$$V(\boldsymbol{x}) = \boldsymbol{x}^{\mathrm{T}}\boldsymbol{P}\boldsymbol{x} \tag{6-55}$$

假设 $\boldsymbol{P}$ 正定，所以 $V(\boldsymbol{x})$正定。

使 $\boldsymbol{P}$ 为正定对称阵的充要条件是：$\{\boldsymbol{A}, \boldsymbol{D}\}$能观测。其中 $\boldsymbol{D}$ 是任意一个使$\boldsymbol{D}\boldsymbol{D}^{\mathrm{T}}=\boldsymbol{Q}$ 成立的矩阵。

$$\dot{V}(\boldsymbol{x}) = \dot{\boldsymbol{x}}^{\mathrm{T}}\boldsymbol{P}\boldsymbol{x} + \boldsymbol{x}^{\mathrm{T}}\boldsymbol{P}\dot{\boldsymbol{x}} \tag{6-56}$$

将式(6-52)代入式(6-56)，并且考虑式(6-54)，有

$$\dot{V}(\boldsymbol{x}) = -\boldsymbol{x}^{\mathrm{T}}\boldsymbol{Q}\boldsymbol{x} - \boldsymbol{x}^{\mathrm{T}}\boldsymbol{P}\boldsymbol{B}\boldsymbol{R}^{-1}\boldsymbol{B}^{\mathrm{T}}\boldsymbol{P}\boldsymbol{x} \tag{6-57}$$

由于$\boldsymbol{Q}$ 和$\boldsymbol{R}$ 为正定阵，而$\boldsymbol{P}$ 阵也为正定，则 $\dot{V}(\boldsymbol{x})$为负定，因此，定常情况下状态调节器平衡状态 $\boldsymbol{x}_e=0$ 是渐近稳定的。即使开环系统 $\dot{\boldsymbol{x}}=\boldsymbol{A}\boldsymbol{x}$ 是不稳定的，也不管$\boldsymbol{Q}$ 阵和$\boldsymbol{R}$ 阵如何选取，只要$\boldsymbol{Q}$ 阵和$\boldsymbol{R}$ 阵为正定的，则状态调节器总是渐近稳定的。

例 6-6 考虑一阶系统 $\dot{x}=x+u$，设二次型性能指标 $J=\int_0^{\infty}(x^2+u^2)\mathrm{d}t$，求系统的状态反馈最优控制律。

解：模型参数 $A=B=1$，加权矩阵 $R=Q=1$，

$$\boldsymbol{P}\boldsymbol{A}+\boldsymbol{A}^{\mathrm{T}}\boldsymbol{P}-\boldsymbol{P}\boldsymbol{B}\boldsymbol{R}^{-1}\boldsymbol{B}^{\mathrm{T}}\boldsymbol{P}+\boldsymbol{Q}=0 \Rightarrow 2P-P^2+1=0$$

解出 $P=1\pm\sqrt{2}$。由于要求对称正定解，故取 $P=1+\sqrt{2}$。

所以最优状态反馈控制律：

$$\boldsymbol{u}^*=-R^{-1}B^{\mathrm{T}}Px=-(1+\sqrt{2})x$$

最优闭环系统：

$$\dot{x}=-\sqrt{2}x$$

最小值依赖系统的初始状态。

6.6 MATLAB 在系统最优控制中的应用

6.6.1 线性二次型指标最优调节器的设计

线性二次型最优调节器问题需要求解黎卡提方程，而该方程通常是比较难求解的。MATLAB 最优控制工具箱中提供了 lqr( )函数，可以用来依照给定加权矩阵设计线性二次型最优调节器。该函数的调用格式为

[K, P]=lqr(A, B, Q, R)

其中(A, B)为给定的对象状态方程模型，返回的向量 K 为状态反馈向量，P 为黎卡提方程的解。如果针对离散系统，控制规律 K 可以由 dlqr( )函数求解，调用格式为

[K, S]=dlqr(G, H, Q, R)

从最优控制规律可以看出，控制的最优性完全取决于加权矩阵 Q、R 的选择。如果 Q、R 选择不当，虽然可以求出最优解，但这样的“最优解”没有意义。通常情况下，如果希望

输入信号小，可选择较大的 R 矩阵，这样可以迫使输入信号变小，否则目标函数将增大，不能达到最优化的要求。对多输入系统来说，如果希望第 i 个输入小些，则 R 的第 i 列的值应该选得大些；如果希望第 j 个状态变量的值比较小，则应该相应地让 Q 矩阵的第 j 列元素选择较大的值，这时最优化功能会迫使该变量变小。

例 6-7 假设连续系统的状态方程模型参数为

$$\boldsymbol{A}=\begin{bmatrix}2 & 0 & 4 & 1\\1 & -2 & -4 & 0\\1 & 4 & 3 & 0\\2 & -2 & 2 & 3\end{bmatrix},\ \boldsymbol{B}=\begin{bmatrix}1 & 2\\0 & 1\\0 & 0\\0 & 0\end{bmatrix}$$

选择加权矩阵

$$\boldsymbol{Q}=\begin{bmatrix}1000 & 0 & 0 & 0\\0 & 0 & 0 & 0\\0 & 0 & 1000 & 0\\0 & 0 & 0 & 500\end{bmatrix},\ \boldsymbol{R}=\begin{bmatrix}1 & 0\\0 & 1\end{bmatrix}$$

设计出系统的线性二次型指标最优调节器。

```
≫A=[2 0 4 1; 1 -2 -4 0; 1 4 3 0; 2 -2 2 3]; B=[1 2; 0 1; 0 0; 0 0];
                                                  %输入连续系统模型
≫R=eye(2); Q=diag([1000 0 1000 500]);             %输入加权矩阵
≫[K, P]=lqr(A, B, Q, R)                            %求线性二次型最优调节器
```

这样直接得到状态反馈矩阵 K 与黎卡提方程的解析阵。求出结果为

```
K =
      21.7922   -16.6914   -2.1192    36.1480
      26.8931    15.0992   81.1360    69.9160
P =
      21.7922   -16.6914   -2.1192    36.1480
     -16.6914    48.4820   85.3745   -4.3801
     -2.1192     85.3745   655.4702  588.6683
      36.1480   -4.3801    588.6683  948.9877
```

6.6.2 最优化工具使用简介

最优化工具(Optimization Tool)是一个用于解决最优化问题的图形界面程序。使用这个工具，可以从一系列解决方案中选择一个待求问题的方案。如果用户对待求问题足够熟悉的话，这个工具可以方便用户选择优化方法、参数以及运行方案。用户也可以从工作空间中输入、输出数据，产生 M 文件来设置方案和参数。这里介绍如何使用这个功能强大的优化工具程序。

在 MATLAB 的命令窗口键入 optimtool，就会显示如图 6-4 所示的窗口。

最优控制工具箱中的最优化方法有多种，如 fminbndFind、fmincon、fminimax、fminsearchFind 等，默认是 fmincon。下面举例说明最优化工具的使用。

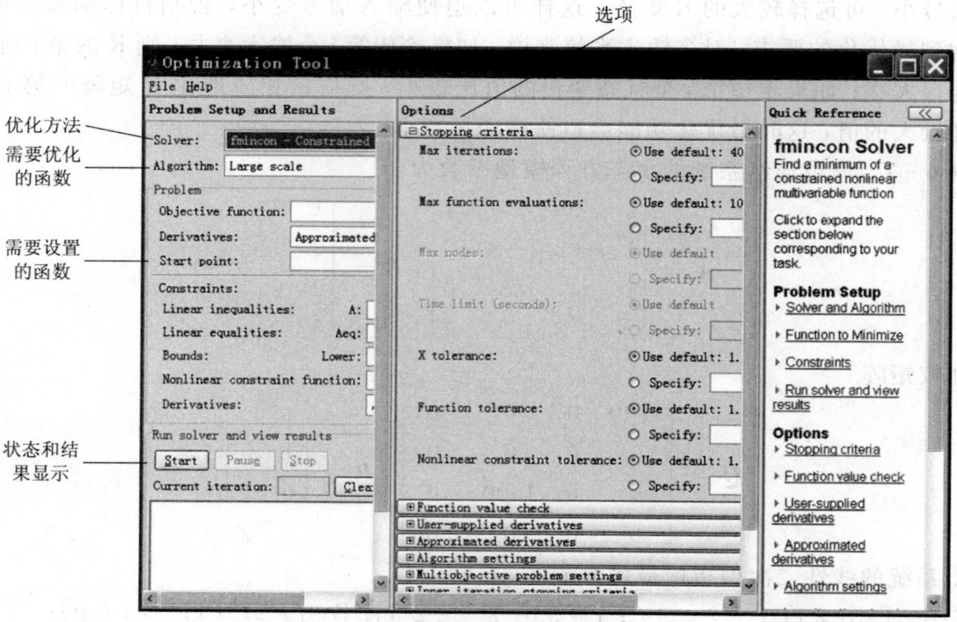

图 6-4 最优化工具界面

例 6-8 考虑下列问题，找出最优解。

$$\min_{x} f(x) = x_1^2 + x_2^2$$

已知约束条件为

$$\begin{gathered} 0.5 \leqslant x_1 \\ -x_1 - x_2 + 1 \leqslant 0 \\ -x_1^2 - x_2^2 + 1 \leqslant 0 \\ -9x_1^2 - x_2^2 + 9 \leqslant 0 \\ -x_1^2 - x_2 \leqslant 0 \\ -x_2^2 + x_1 \leqslant 0 \end{gathered}$$

下面用 MATLAB 解题：

(1) 编写目标函数如下：

```
function f = objfun(x)
f = x(1)^2+x(2)^2;
```

(2) 编写约束函数如下：

```
function [c, ceq] = nonlconstr(x)
c=[-x(1)^2-x(2)^2+1
    -9*x(1)^2-x(2)^2+9
    -x(1)^2+x(2)
    -x(2)^2+x(1)];
ceq=[ ];
```

(3) 使用最优化工具设置和解决问题。从命令窗口中打开最优化工具界面，在 solver

中选择 fmincon，改变 Algorithm 为 Medium scale。在 Objective function 中填入已经编好的目标函数名称@objfun，以便调用 objfun.m 函数。在 Start point 中输入[3, 1]，这是事先估计的最优解。接下来定义约束，为了产生相等的约束条件，A 中填入[−1 −1]，在 b 中填入−1。在 Bounds 中 Lower 后的空格里输入 0.5，在Upper 中输入 Inf，以设置 x_1 的限制。在 Nonlinear constraint function 中填 @nonlconstr，用来调用 nonlconstr.m 函数设置约束。点击 Start 按钮，计算完成后，结果会显示在左下角的 Run solver and view results 之中，如图 6-5 所示。

从结果可以看出，目标函数的最终值为 2，是在[1　1]处取得的。

最优控制工具箱中除了优化工具以外还有很多内容，这里不再赘述。

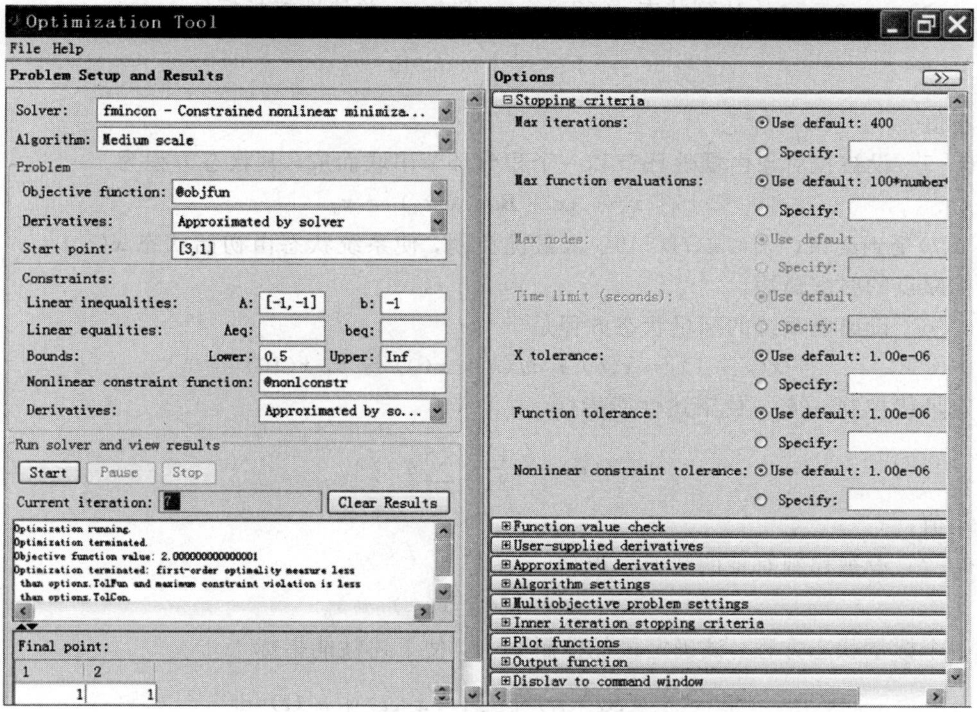

图 6-5　采用优化工具求最优化问题

习　　题

6-1　设一 LC 振荡器的时间常数为 $T=\dfrac{1}{LC}=1$，其状态方程为

$$\dot{\boldsymbol{x}}=\begin{bmatrix}0 & 1\\ -1 & 0\end{bmatrix}\boldsymbol{x}+\begin{bmatrix}0\\ 1\end{bmatrix}u,\quad \begin{bmatrix}x_1(t_0)\\ x_2(t_0)\end{bmatrix}=\begin{bmatrix}x_{10}\\ x_{20}\end{bmatrix}$$

式中 u 为控制电压。求按性能指标组成的线性调节器的控制规律。

6-2　给定系统的状态方程为

$$\dot{\boldsymbol{x}}=\begin{bmatrix}0 & 0\\ 0 & 1\end{bmatrix}\boldsymbol{x}+\begin{bmatrix}1\\ 1\end{bmatrix}u$$

系统在 $t=0$ 时的状态为 $x_1(0)=x_2(0)=0$；系统在 $t=1$ 时的状态为 $x_1(1)=x_2(1)=1$。求使系统从 $t=0$ 的初态转移到 $t=1$ 的终态时的最优控制 $u_1(t)$ 与 $u_2(t)$，以及与其相应的最优轨迹 $x_1(t)$ 与 $x_2(t)$，并使性能指标为最小值。

6-3　设被控对象由一个一阶非周期环节和一个积分环节串联而成，其状态方程为

$$\dot{\boldsymbol{x}} = \begin{bmatrix} 0 & 1 \\ 0 & -a \end{bmatrix}\boldsymbol{x} + \begin{bmatrix} 0 \\ 1 \end{bmatrix}u$$

式中 $u(t)$ 受到约束（$-1\leqslant u(t)\leqslant 1$）。求最优控制，使系统由初始状态 $\boldsymbol{x}(t_0)=\boldsymbol{x}$ 转移到坐标原点的时间最短。

6-4　系统方程为 $\dot{x}_1(t)=\dot{x}_2(t)$，$\dot{x}_2(t)=u(t)$，试求最优控制 $u(t)$，使系统从状态 $x_1(0)=\xi_1$，$x_2(0)=\xi_2$，达到状态 $x_1(T)=x_2(T)=0$，并使性能指标

$$J = \frac{1}{2}\int_0^T u^2(t)\mathrm{d}t$$

为极小值。

6-5　设被控对象由惯性环节和一个积分环节串联而成，其状态方程为

$$\dot{\boldsymbol{x}} = \boldsymbol{A}\boldsymbol{x} + \boldsymbol{B}u，\boldsymbol{x}(t_0) = \boldsymbol{x}_0$$

式中 $u(t)$ 受到约束（$-1\leqslant u(t)\leqslant 1$）。求最优控制，使系统状态由初始状态 $\boldsymbol{x}(t_0)=\boldsymbol{x}_0$ 转移到坐标原点的时间最短。

6-6　设离散系统的标量状态方程是

$$\boldsymbol{x}(k+1) = \boldsymbol{x}(k) + au(k)，\boldsymbol{x}(0) = 1，\boldsymbol{x}(10) = 0$$

试确定最优控制 $u(k)$，使下述性能指标

$$J(u) = \frac{1}{2}\cdot\sum_{k=0}^{9}u^2(k)$$

为极小值。

6-7　设被控制对象的状态方程是

$$\dot{\boldsymbol{x}} = a\boldsymbol{x} + u(t)，\boldsymbol{x}(t_0) = x_0$$

这是一个标量状态方程，试确定最优控制 $u(t)$，使下述性能指标

$$J = \frac{1}{2}\cdot Sx^2(t_f) + \frac{1}{2}\int_0^{t_f}[\boldsymbol{x}^2(t) + u^2(t)]\mathrm{d}t$$

为极小值。

6-8　设被控对象的状态方程为

$$\begin{bmatrix} \dot{x}_1(t) \\ \dot{x}_2(t) \end{bmatrix} = \begin{bmatrix} 1 & 0 \\ 0 & 1 \end{bmatrix}\begin{bmatrix} x_1(t) \\ x_2(t) \end{bmatrix} + \begin{bmatrix} 0 \\ 1 \end{bmatrix}u(t)，\begin{bmatrix} x_1(0) \\ x_2(0) \end{bmatrix} = \begin{bmatrix} 1 \\ 0 \end{bmatrix}$$

求最优控制，使下述性能指标取为极小值

$$J = \frac{1}{2}\int_0^{\infty}\{\boldsymbol{x}^{\mathrm{T}}(t)\boldsymbol{Q}\boldsymbol{x}(t) + u^2(t)\}\mathrm{d}t，\boldsymbol{Q} = \begin{bmatrix} 1 & 0 \\ 0 & 1 \end{bmatrix}$$

6-9　设被控对象的状态方程为

$$\begin{bmatrix} \dot{x}_1(t) \\ \dot{x}_2(t) \end{bmatrix} = \begin{bmatrix} 0 & 1 \\ 0 & 0 \end{bmatrix}\begin{bmatrix} x_1(t) \\ x_2(t) \end{bmatrix} + \begin{bmatrix} 0 \\ 1 \end{bmatrix}u(t)，\begin{bmatrix} x_1(0) \\ x_2(0) \end{bmatrix} = 0$$

输出方程为标量方程，即

$$y(t) = [1 \quad 0]\begin{bmatrix} x_1(t) \\ x_2(t) \end{bmatrix}$$

系统的参考输入为 $\eta(t)$，试设计最优控制伺服器，使性能指标

$$J = \frac{1}{2}\int_0^{\infty} [x_1(t) - \eta(t)^2 + u^2]\mathrm{d}t$$

取极小值。

参 考 文 献

[1] 钱学森，宋健. 工程控制论. 修订版. 北京：科学出版社，1980.
[2] (美)佛特曼，(澳)海兹. 线性控制系统引论. 吕林，等，译. 北京：机械工业出版社，1979.
[3] 王照林. 现代控制理论基础. 北京：国防工业出版社，1981.
[4] 夏德钤. 近代控制理论引论. 北京：清华大学出版社，1978.
[5] 谢绪凯. 现代控制理论基础. 沈阳：辽宁人民出版社，1980.
[6] (美)Katsuhiko Ohata. 现代控制工程. 4 版. 卢伯英，等，译. 北京：电子工业出版社，2003.
[7] 王孝武. 现代控制理论基础. 北京：机械工业出版社，2004.
[8] 王划一. 现代控制理论基础. 北京：国防工业出版社，2004.
[9] 谢克明. 现代控制理论基础. 北京：北京工业大学出版社，2000.
[10] 张汉全. 自动控制理论. 成都：西南交通大学出版社，2000.
[11] 胡寿松. 自动控制原理(下). 修订版. 北京：国防工业出版社，2000.
[12] 刘豹. 现代控制理论. 2 版. 北京：机械工业出版社，1999.
[13] 何钺，等. 现代控制理论基础. 北京：机械工业出版社，1988.
[14] 纳格拉思 I J，戈帕尔 M. 控制系统工程. 刘绍球，等，译. 北京：电子工业出版社，1985.
[15] 解学书. 最优控制理论与应用. 北京：清华大学出版社，1986.
[16] (美)塞奇，怀特. 最优系统设计. 汪寿基，等，译. 北京：水利电力出版社，1985.
[17] 史忠科，等. 鲁棒控制理论. 北京：国防工业出版社，2003.
[18] 梅生伟，等. 现代鲁棒控制理论与应用. 北京：清华大学出版社，2003.
[19] Landau I D. 自适应控制：模型参考方法. 吴百凡，译. 北京：国防工业出版社，1985.
[20] 韩曾晋. 自适应控制. 北京：清华大学出版社，1995.
[21] 方水良. 现代控制理论及其 MATLAB 实践. 杭州：浙江大学出版社，2005.
[22] 薛定宇. 控制系统计算机辅助设计：MATLAB 语言与应用. 2 版. 北京：清华大学出版社，2006.
[23] 魏克新，等. MATLAB 语言与自动控制系统设计. 北京：机械工业出版社，2002.
[24] 孙亮. MATLAB 语言与控制系统仿真. 北京：北京工业大学出版社，2001.